ファイバー通信のための非線形光学

井上 恭 著

森北出版株式会社

● 本書のサポート情報を当社Webサイトに掲載する場合があります．下記のURLにアクセスし，サポートの案内をご覧ください．

https://www.morikita.co.jp/support/

● 本書の内容に関するご質問は，森北出版 出版部「(書名を明記)」係宛に書面にて，もしくは下記のe-mailアドレスまでお願いします．なお，電話でのご質問には応じかねますので，あらかじめご了承ください．

editor@morikita.co.jp

● 本書により得られた情報の使用から生じるいかなる損害についても，当社および本書の著者は責任を負わないものとします．

■ 本書に記載している製品名，商標および登録商標は，各権利者に帰属します．

■ 本書を無断で複写複製（電子化を含む）することは，著作権法上での例外を除き，禁じられています．複写される場合は，そのつど事前に（一社）出版者著作権管理機構（電話03-5244-5088, FAX03-5244-5089, e-mail：info@jcopy.or.jp）の許諾を得てください．また本書を代行業者等の第三者に依頼してスキャンやデジタル化することは，たとえ個人や家庭内での利用であっても一切認められておりません．

はじめに

　本書は，光ファイバー通信に関わる光非線形現象について書かれたものである．光通信が現在の情報社会の基盤となっていることはご承知であろう．その光通信において，光非線形現象はシステム性能を決める重要な要因となっており，特に長距離大容量伝送システムは，光非線形現象への配慮を抜きにしては成り立たないといっても過言ではない．

　光の非線形現象を取り扱う非線形光学は，レーザーの発明以来盛んになった古くからの光学の一分野で，これまで初心者向けから専門家向けまで和洋いくたの教科書，専門書が出されている．しかし，それらはほとんどが光非線形一般を対象としており，格別に光通信を意識したものではない．唯一，G. P. Agrawal による「Fiber Nonlinear Optics」，およびその続編的な「Application of Nonlinear Fiber Optics」が知られており，光通信研究者の間では，光ファイバー内の光非線形現象に関する参考書の定番となっている．そのような本がありながら，あえて本書を著したのにはいくつか理由がある．ひとつは，日本人の手による成書があってもよいだろうと思ったこと（日本語訳もあるのだが，直訳調であまり読みやすくない）．また，上記の本は物理現象の説明が主となっていて，光通信への影響という視点が必ずしも十分ではないこと．そして，天下り的にこうだと書き与えて話を始めているところがあり，なぜそうであるかの記述が十分ではないと感じたことも大きな理由である．

　このような事情を背景に，光ファイバー通信における光非線形現象およびその影響を，なるべく原理的なところから書き表そうという思いで本書を執筆した．光通信を勉強する大学院レベルの読者を想定しているが，すでに光通信に携わっている方の頭の整理，あるいはさらなる理解となることも念頭に置いた．光非線形現象を取り扱う際の見方，考え方や現象のメカニズムの説明に重きをおいているため，読者によっては式の展開や記述がくどく煩雑に感じられるかもしれない．また，システム設計に直接的に応用できるようにはなっておらず，手早く結果だけを利用したい向きは不満を覚えるであろう．原理原則を説明しようという筆者の意を汲んで，ご理解を願う次第である．さらにいえば，位相が合う，合わないということ（いわゆる干渉効果）が，全編を通じて本書の根底に流れており，これは非線形現象に限らず光を扱う際の本質的な事柄である．そのようなことも読み取っていただけたら幸いである．

　内容としては，光ファイバー通信に登場する各種非線形現象を一通り網羅したつもりであるが，現象の理解を主眼としたこと，並びに筆者の得手不得手により，各項目

のバランスは，現状の光通信における非線形現象の係り具合とは必ずしも合致していない．現在の光通信研究では，自己位相変調，相互位相変調が主な話題となっており，その影響を数値計算で調べることがもっぱら行われている．これに対し，本書はまず四光波混合を取り上げ，多くのページをそこに費やしている．また，全編にわたってなるべく解析的な説明を心掛けている．四光波混合の比重が大きいのは，光通信で最初に問題となった光非線形現象であったこと，ファイバーの光非線形特性は三次の非線形分極から派生しており，その理解には四光波混合が恰好の題材であること，さらには筆者の一番得意なところであること（第4章の四光波混合はほとんどが自身の研究内容）などの理由による．解析的手法を採ったのは，その方が現象を理解しやすいと思ったためである．偏りがあることにお許しを乞う一方で，そのような独断，思い入れも含めて，本書の特色と思っていただけたらと厚かましくも願う次第である．

なお，本書を書くにあたっては，次の成書を参考にさせていただいた．G. P. Agrawal「Nonlinear Fiber Optics」，G. P. Agrawal「Application of Nonlinear Fiber Optics」，A. Yariv「Quantum Electronics」，黒田和男「非線形光学」，応用物理学会光学懇話会「結晶光学」，川上彰二郎他「光ファイバとファイバ形デバイス」．関連する項目についてさらに知りたい，あるいは別の視点からみたいという方は適宜参照されたい．

最後に，下書き原稿を丁寧に読んでいただき，さまざまなご指摘をいただいた大阪大学 丸田章博准教授に感謝します．また，大学院生の佐藤大氏，田辺沙織女史にはいくつかの数値計算をやっていただきました．あわせて感謝します．

2011年2月

著者

目 次

第1章　光ファイバー通信と非線形現象　　1
1.1　光ファイバー ─── 1
　　1.1.1　伝播モード　1　　　1.1.2　伝播損失　4
　　1.1.3　分　散　4　　　　　1.1.4　偏波モード分散　6
1.2　光ファイバー通信 ─── 8
　　1.2.1　黎明期から1.5μm帯まで　8
　　1.2.2　光ファイバー増幅器および波長多重伝送　9
　　1.2.3　光ファイバー通信における光非線形性　10

第2章　非線形分極　　12
2.1　光非線形性 ─── 12
　　2.1.1　2次非線形現象　13　　　2.1.2　3次非線形現象　14
　　2.1.3　非線形感受率について　17
2.2　伝播方程式 ─── 18
　　2.2.1　損失のない場合　18　　　2.2.2　損失のある場合　21
　　2.2.3　振幅方程式　26

第3章　四光波混合　　28
3.1　基本式 ─── 28
　　3.1.1　平面波の場合　28　　　3.1.2　導波光の場合　33
3.2　発生特性 ─── 36
　　3.2.1　入射光パワー依存性　36　　　3.2.2　伝播距離依存性　36
　　3.2.3　実効断面積依存性　38　　　3.2.4　位相整合　38
　　3.2.5　位相整合の直感的説明　39
3.3　偏波特性 ─── 42

第4章　光ファイバーにおける四光波混合　　44
4.1　位相整合特性 ─── 44
　　4.1.1　均一ファイバーの場合　44　　　4.1.2　不均一ファイバーの場合　48
　　4.1.3　光増幅中継系の場合　54　　　4.1.4　光ネットワークの場合　56
4.2　偏波特性 ─── 58
　　4.2.1　複屈折の影響　58

          4.2.2　均一複屈折ファイバーの場合　58
          4.2.3　多段接続複屈折ファイバーモデル　60
          4.2.4　補　足　63
    4.3　光伝送システムへの影響 ——————————————————— 65
          4.3.1　伝送信号光の強度揺らぎ　65
          4.3.2　抑圧法　67

第5章　自己位相変調　　　　　　　　　　　　　　　　　　　　　　70
    5.1　非線形屈折率 ————————————————————————— 70
          5.1.1　非線形分極による屈折率変化　70
          5.1.2　四光波混合的な見方　72
    5.2　パルス光の周波数変化 ——————————————————— 74
          5.2.1　周波数チャープ　74　　　5.2.2　スペクトル拡がり　75
    5.3　パルス伝播特性 ——————————————————————— 76
          5.3.1　線形パルス伝播　76
          5.3.2　非線形シュレディンガー方程式　81
          5.3.3　スプリット・ステップ・フーリエ法　84
    5.4　パルス圧縮 ————————————————————————— 86
    5.5　光ソリトン ————————————————————————— 88
          5.5.1　基本ソリトン　88　　　5.5.2　動的ソリトン　90
          5.5.3　光カー効果による時間揺らぎ　91
    5.6　偏波特性 ——————————————————————————— 92

第6章　相互位相変調　　　　　　　　　　　　　　　　　　　　　　94
    6.1　信号伝播特性への影響 ——————————————————— 94
          6.1.1　光強度揺らぎ　94
          6.1.2　システムパラメーター依存性　95
    6.2　式による取り扱い ————————————————————— 97
          6.2.1　摂動解析　97　　　6.2.2　数値解法　105
    6.3　位相変調信号伝送への影響 ————————————————— 106
    6.4　偏波特性 ——————————————————————————— 107

第7章　光パラメトリック増幅　　　　　　　　　　　　　　　　　109
    7.1　パラメトリック相互作用 —————————————————— 109
          7.1.1　結合方程式　109　　　7.1.2　パラメトリック増幅　111
          7.1.3　位相整合　113　　　　7.1.4　2ポンプ構成　114

7.2　パラメトリック増幅利得 ——————————————————— 115
　　　　7.2.1　未飽和利得　115　　　7.2.2　利得スペクトル　119
　　　　7.2.3　飽和特性　121
　　7.3　雑音特性 ————————————————————————— 122
　　　　7.3.1　一般の場合　122　　　7.3.2　位相感応増幅の場合　122
　　7.4　変調不安定性 ———————————————————————— 125

第8章　ラマン散乱　　127

　　8.1　格子振動 ————————————————————————— 127
　　8.2　光学フォノンによる散乱 ————————————————— 129
　　8.3　誘導ラマン散乱 —————————————————————— 131
　　8.4　ラマン増幅 ———————————————————————— 132
　　8.5　ファイバー・ラマン増幅器 ———————————————— 135
　　　　8.5.1　増幅利得　136　　　8.5.2　利得帯域　137
　　　　8.5.3　雑音特性　138　　　8.5.4　分布ラマン増幅伝送系　142

第9章　ブリリュアン散乱　　145

　　9.1　音響フォノンによる光散乱 ————————————————— 145
　　9.2　誘導ブリリュアン散乱 ——————————————————— 147
　　9.3　ブリリュアン増幅 ————————————————————— 149
　　9.4　入力光パワー制限 ————————————————————— 154
　　　　9.4.1　入出力特性　154　　　9.4.2　結合方程式　155
　　　　9.4.3　ブリリュアン閾値　156

第10章　周期分極反転デバイス　　159

　　10.1　差周波発生 ———————————————————————— 159
　　10.2　擬似位相整合 —————————————————————— 161
　　10.3　帯域特性 ————————————————————————— 165
　　10.4　光機能素子への応用 ——————————————————— 167
　　　　10.4.1　波長変換　167　　　10.4.2　光パラメトリック増幅　168

第11章　半導体光増幅器の光非線形性　　171

　　11.1　半導体光増幅器 —————————————————————— 171
　　　　11.1.1　誘導放出　171　　　11.1.2　基本式　172
　　　　11.1.3　利得飽和　173　　　11.1.4　時間応答特性　175
　　11.2　相互利得変調 ——————————————————————— 177

11.2.1 チャンネル間クロストーク　177
  11.2.2 デバイス応用　178
 11.3 相互位相変調 ——————————————————— 179
 11.4 四光波混合 ————————————————————— 181
  11.4.1 キャリア密度振動　181
  11.4.2 バンド内キャリア分布変動　182
  11.4.3 発生効率　183　　11.4.4 デバイス応用　184

索　引　　185

第1章

光ファイバー通信と非線形現象

　現在の通信網は，使用者直近の領域以外は，ほぼ全て光通信が担っている．それでは，そうなったのはなぜか．最大の理由は光ファイバーにある．光通信に限らず，信号伝送にとってもっとも重要なのは，伝送媒体である．媒体が伝送システムを制するといってもよい．光ファイバーは，信号伝送媒体としてとにかく優れていた．そして，その光ファイバーの優秀さを最大限活かすために研究開発が進められ，今日にいたっている．

　一方，非線形光学という学問分野がある．光学の世界では古くから知られている分野であるが，光通信の研究が始まってしばらくの間は，光通信とはほとんど縁のないものとされていた．それが，光通信の研究開発が進み，システム性能が飛躍的に向上していく中で，光ファイバー内で起こる光非線形現象が，伝送性能に大きな影響を与える課題として浮かび上がってきた．今では，光非線形性抜きでは光通信システムは語れない状況である．また，一方で，光通信システムのさらなる高度化のために，光非線形効果を積極的に利用しようという研究も進められている．

　本章では，光ファイバー通信研究のこれまでの進展，およびその光非線形現象とのかかわりについて概観する．

1.1　光ファイバー

　まずは，光ファイバーについて，光伝送システムにとって重要なポイントに絞って，述べることにする．

◆ 1.1.1　伝播モード

　光ファイバーは，屈折率の高いコアと，それを取り巻く屈折率の低いクラッドとで構成されている．このファイバー構造に端面から入射された光は，クラッドとの境界面で全反射を繰り返しながら，ジグザグにコア部を伝播していく（図1.1）．このとき，ジグザグ伝播の角度 θ は，全反射の臨界角以下なら何でもいいわけではない．ジグザグに伝播するということは，断面方向（ファイバー長に対して垂直な方向）から眺めると，コア部を，動径方向に行ったり来たりしているとみることができる．これは，光

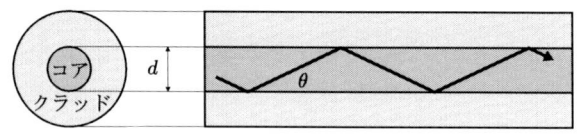

図 1.1　ファイバー内の光の伝播

が断面方向の共振器に閉じ込められているのと等価である．一般に，共振器では，1 往復間の位相変化が 2π の整数倍のときに，定在波が存在し得る．光ファイバーの場合も同様で，断面方向の共振条件を満たす光だけが，光ファイバー内に閉じ込められて，伝播していく．これを，伝播モードという．

定在波が存在する条件は，

$$\beta \sin\theta \times 2d = 2m\pi \quad (m：正の整数) \tag{1.1}$$

と書かれる．β は光の伝播定数であり，これを断面方向に射影した成分が $\beta\sin\theta$，d はコア径である．断面方向の 1 往復距離は $2d$ なので，$\beta\sin\theta \times 2d$ は断面方向を 1 往復する間の位相変化を表す．これが 2π の整数倍になるというのが，式 (1.1) の意味するところである．一般に，伝播定数は $\beta = 2\pi nf/c$ と書かれる（n：屈折率，f：光周波数，c：光速）．これを式 (1.1) に代入すると，θ についての条件式が，次のように得られる．

$$\frac{2\pi n f}{c}\sin\theta \times 2d = 2m\pi \quad \rightarrow \quad \sin\theta = \frac{c}{2nfd}\cdot m \tag{1.2}$$

上式右辺の m は，モード番号に対応する正の整数である．モード番号が大きくなると，式 (1.2) に従って伝播角 θ も大きくなる．ここで，θ が大き過ぎると，コア，クラッド境界面での全反射条件が満たされず，光はクラッドへ放射されてしまう．つまり，ファイバーに閉じ込められ，伝播されるモード数には，上限がある．極端な場合には，ひとつしかモードが存在できない．このように，伝播モード数が 1 であるファイバーを，**シングルモードファイバー**とよぶ．これに対し，伝播モード数が複数であるファイバーを，**マルチモードファイバー**という．

伝播モードの数は，ファイバー構造によって決まる．式 (1.2) は，係数 $c/(nfd)$ が大きければ，モード番号がひとつ増えたときの伝播角 θ の増加分が大きいことを示している．したがって，$c/(nfd)$ が大きいと，すぐに全反射条件を満たさなくなる．すなわち，存在できるモード数は少ない．その極端な場合が，シングルモードファイバーである．つまり，$c/(nfd)$ が大きいと，シングルモードファイバーとなる．この係数をさらに詳しくみてみると，コア径 d が小さいと，$c/(nfd)$ は大きくなり，シングル

モードとなることがわかる．また，光周波数 f が低い，すなわち波長が長いと，シングルモードになりやすい．具体的には，コア径が $10\,\mu\mathrm{m}$ 程度であると，波長 $1.3\,\mu\mathrm{m}$ あるいは $1.5\,\mu\mathrm{m}$ に対してシングルモードとなる．

　シングルモードファイバーのコア径が $10\,\mu\mathrm{m}$ 程度であることは，光ファイバー内で非線形現象が顕著に現れる一因となる．第 3 章で詳しく説明するが，光強度（単位時間，単位断面積あたりに流れる光パワー）が大きいほど，光非線形現象は起こりやすい．コア径が $10\,\mu\mathrm{m}$ 程度ということは，非常に狭い領域に光が閉じ込められて伝播するということであり，光が高い強度で伝播するということである．そのため，光ファイバーでは，単なるガラス媒質に比べて，非線形現象が起こりやすい．

　信号伝送のうえで，シングルモードファイバーとマルチモードファイバーとでは大きな違いがある．マルチモードファイバーでは，信号光は，複数のモードに分かれてファイバーを伝播していく．各モードは，伝播角 θ が異なっている．角度が異なると，ファイバーの長さ方向への伝播速度が異なることになる．すると，ファイバーに時間幅の狭いパルス光を入力したときに，番号の小さいモードは速く，大きいモードは遅く出力端に達するので，全体として，時間的に拡がったパルスが出力される．このようなパルス拡がりは，高速の信号伝送の妨げとなる．高速信号伝送では，単位時間当たりにたくさんのビットパルスを送信したい．そのためには，短いパルスを時間的に密につめて送信する．このようなパルス列がマルチモードファイバーを伝播すると，各パルスのパルス幅が拡がり，隣りのパルスと重なり合ってしまい，正しい信号受信ができなくなる（図 1.2）．一方，シングルモードファイバーでは，そのようなことは起こらない．そのため，高速光ファイバー伝送システムでは，シングルモードファイバーを用いるのが標準的となっている．

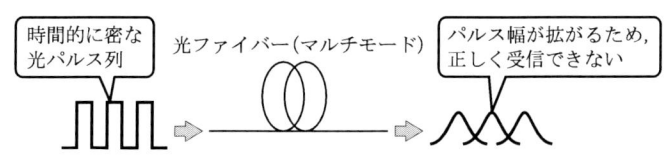

図 1.2　マルチモードファイバー伝播によるパルス拡がり

　なお，ここではわかりやすさのため，光を光線的に扱って光ファイバーの伝播モードを説明したが，実際には，シングルモードファイバー断面のような微小領域での光の振る舞いを，光線的に考えるのは適切ではない．また，上記では，コア部が円形であることも考慮しなかった．正しくは，マックスウェル方程式を適当な境界条件のもとで解いて，断面での光電界分布を論じるのが正当的な取り扱いであることをお断りしておく．

◆ 1.1.2 伝播損失

光ファイバーの伝送媒体としての最大の特長は，伝播損失が小さいということである．図 1.3 に，ファイバー伝播損失の波長依存性を示す．波長 1.55 μm 付近が最低損失波長帯，1.3 μm 付近が第二の低損失帯となっている．図 1.3 に示したのは極低損ファイバーの特性であり，具体的な損失値は 1.55 μm で 0.15 dB/km, 1.3 μm で 0.27 dB/km となっているが，標準的には，前者で 0.2 dB/km, 後者で 0.4～0.5 dB/km 程度である．これらの損失値は，伝送信号の変調周波数にはよらず，どんなに変調周波数が高くても変わらない．一方，高周波電気信号の伝送媒体である同軸ケーブルの伝播損失は，周波数 10 MHz の信号に対して 10 dB/km, それより高周波だとさらに大きな損失値となる．光ファイバーの伝播損失がいかに小さいかがわかる．1.2 節で述べるように，この光ファイバーの低損失性を有効利用しようというのが，光通信の技術開発の指導原理となった．

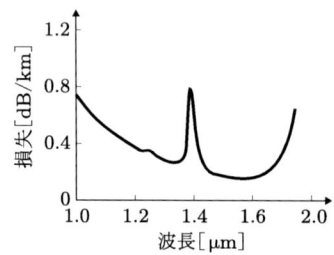

図 1.3　ファイバー伝播損失の波長依存性

◆ 1.1.3 分　散

信号伝送にとって，損失の次に重要なのが分散である．分散とは，一義的には媒質の屈折率が光周波数によって異なる性質のことをいう．一般に，パルス波形は複数の周波数の正弦波の足し合わせであり，各正弦波の位相が合致した時間位置にパルスのピークが現れる．各周波数成分は，それぞれの角周波数 ω に対応する伝播定数 $\beta\,(=n\omega/c)$ で伝播する（n：屈折率，c：真空中の光速）．このとき，伝播定数が周波数に比例していれば，パルスは波形を変えないまま，ピーク位置だけが移動する（詳しい数学的取り扱いは 5.3.1 項にて）．ところが，屈折率が周波数に依存すると，この比例関係が成り立たず，各周波数間の位相関係にずれが生じ，その結果，パルス幅が拡がる．1.1.1項で述べたように，パルス拡がりは高速信号伝送の妨げとなる．

ファイバーの分散特性は，定量的には，伝播定数を次のようにテーラー展開したときの，2 次以降の項で表される．

$$\beta(\omega) = \beta(\omega_0) + \left(\frac{d\beta}{d\omega}\right)_{\omega=\omega_0}(\omega-\omega_0) + \frac{1}{2}\left(\frac{d^2\beta}{d\omega^2}\right)_{\omega=\omega_0}(\omega-\omega_0)^2 + \cdots \quad (1.3)$$

上式の右辺第 2 項は，中心角周波数 ω_0 との周波数差に比例する項であり，ピーク位置の移動を表す．ここで，

$$v_g \equiv \left(\frac{d\beta}{d\omega}\right)^{-1} \quad (1.4)$$

はピーク位置の移動速度に対応し，これを，群速度とよぶ．第 3 項すなわち 2 次の展開項が比例関係からのずれを表しており，これがパルス拡がりをもたらす（詳しくは 5.3.1 項）．通常，2 次の項の大きさを表すパラメーターとして，

$$D_c \equiv -\frac{2\pi c}{\lambda^2}\frac{d^2\beta}{d\omega^2} = -\frac{2\pi c}{\lambda^2}\frac{d}{d\omega}\left(\frac{1}{v_g}\right) \quad (1.5)$$

が用いられる．これをファイバーの分散値とよぶ．$\beta = n\omega/c$ なので，D_c は，より詳しくは，

$$D_c = -\frac{2\pi}{\lambda^2}\left(\omega\frac{d^2n}{d\omega^2} + 2\frac{dn}{d\omega}\right) \quad (1.6)$$

と書かれる．光信号伝送にとっては，D_c はゼロであることが望ましい．なお，$D_c < 0$ の場合を正常分散，$D_c > 0$ の場合を異常分散とよぶ．

　式 (1.6) をみると，D_c は，媒質屈折率の光周波数依存性で決まるように思える．しかし，実は，ファイバーを導波する光の場合，上記の β は導波効果を取り入れた実効的な伝播定数であり，それにともない，式 (1.6) の n は実効屈折率である．図 1.1 で図示したように，光はファイバー内をジグザグ伝播しながら進む．ここで，パルス幅拡がりに関係するのは，ファイバーの長さ方向に射影された実効的な伝播定数 $\beta_{\text{eff}} \equiv \beta\cos\theta$ であり，これから定義される実効屈折率 $n_{\text{eff}} \equiv (c/\omega)\beta_{\text{eff}}$ である．これらは，媒質の屈折率だけでなく伝播角 θ の関数でもあるので，その周波数依存性には，θ の周波数依存性が入ってくる．伝播角は，ファイバー構造に依存する．したがって，光ファイバーの分散特性は，導波構造にも依存する．

　図 1.4 に，各種ファイバーの分散特性を示す．実線は，図 1.1 に示したシンプルなコア/クラッド構造（ステップ・インデックス形という）で，コア部にゲルマニウムを添加した標準的なファイバーである．これを**通常分散**ファイバー，または単にシングルモードファイバーとよぶ（他もシングルモードなので，この名称は本当はおかしいのであるが，慣例的にそうなっている）．このファイバーは，波長 1.3 μm 付近で，

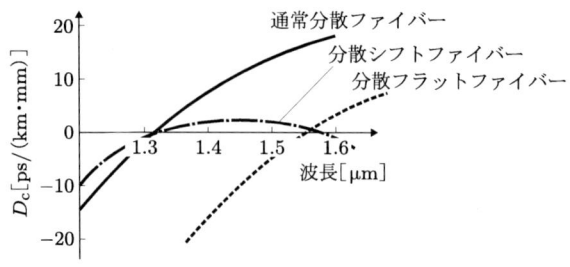

図 1.4　ファイバーの分散特性

$D_c = 0$ となる．B と C は，コア/クラッド構造を工夫して，分散特性を制御したファイバーである．破線は，最低損失波長である $1.55\,\mu\mathrm{m}$ 付近で $D_c = 0$ となるように設計されたファイバーで，**分散シフトファイバー**とよばれる．一点鎖線は，D_c の波長依存性が平坦になるように設計されており，**分散フラットファイバー**とよばれる．これらは，光ファイバーの低損失性を最大限活かすために開発されたが，第 4 章で述べるように，光非線形性による伝送特性劣化という問題を引き起こすことになる．

なお，参考までに，分散シフトファイバーの構造例（動径方向の屈折率分布）を，図 1.5 に載せておく．どの構造とするかは，製造メーカーによる．

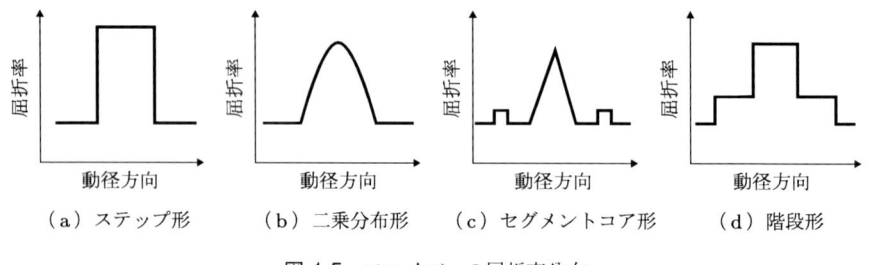

（a）ステップ形　　（b）二乗分布形　　（c）セグメントコア形　　（d）階段形

図 1.5　ファイバーの屈折率分布

◆ 1.1.4　偏波モード分散

普通に分散というと，前項で述べた屈折率あるいは群速度の波長依存特性を指すことが多いが，より正しくは，これは波長分散（または色分散）である．光通信にとって重要なファイバーの性質として，これとは別の種類の分散がある．偏波モード分散である．

光は横波であり，光電場は，進行方向に対して垂直な面内で振動しながら伝播していく．ここで，垂直面内でどのように振動しているかは，光の属性のひとつとなる．この属性を偏波という．そして，異方性媒質では，電場の振動方向（偏波状態）によって，光の感じる屈折率が異なる．これを**複屈折**とよぶ．

光ファイバーの材質であるガラスの場合，媒質の構造としては等方的であり，複屈折性はない．ただし，前項で述べたように，ファイバー伝播光については，材質そのものの屈折率ではなく，ファイバーの長さ方向の実効的な伝播定数，あるいは実効屈折率がどうであるかをみる必要がある．実効屈折率は，媒質の屈折率とファイバー構造によって決まる．ファイバーの断面形状は中心対称の円形であり，原理的には，実効屈折率でみても偏波依存性はないはずである．しかし，実際の作製上，完全に等方的な断面形状とすることは難しく，わずかながらも非対称性は避けられない．さらに，ケーブル化されて敷設されたファイバーでは，外部からの非対称な圧力や捩れなどのため，媒質の屈折率にも異方性が生じる．これらの要因により，実際の光ファイバーには，わずかながら複屈折性がある．このような，ファイバー構造も加味した実効屈折率，あるいは群速度の偏波依存特性を，**偏波モード分散**とよぶ．なお，通常の光ファイバーでは，$10^{-6} \sim 10^{-7}$ 程度の複屈折率差がある．

　偏波モード分散があると，光電場の振動方向によって，信号光の伝播速度が異なることになる．すると，波長分散と同様にして，パルス拡がりが起こり，これが高速信号伝送を妨げる要因となり得る．また，伝播方向が z であるときに，x 方向の振動成分と y 方向の振動成分の伝播定数が異なると，伝播するにつれて x 成分と y 成分の電場振動に位相差が生じ，その結果，二つの成分の合成波としての偏波状態が変化する．たとえば，x 成分と y 成分が同振幅かつ同位相で振動していると，その合成波は右斜め直線方向に振動するが（右斜め直線偏波状態），y 成分振動の位相が x 成分より $\pi/2$ 遅れていると円周上を左回りに回転する振動となり（左回り円偏波状態），π 遅れると左斜め直線方向の振動（左斜め直線偏波状態），さらに $3\pi/2$ 遅れると円周上を右回りに回転する振動（右回り直線偏波状態）となる．複屈折性媒質では，伝播につれて，x 振動成分と y 振動成分の位相差が変化し，上記のように偏波状態が変化していく（図1.6）．このことは，ファイバー伝送路上で偏波依存性のある光デバイスを用いたり，偏

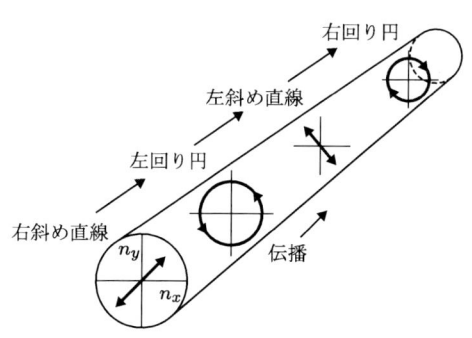

図1.6　複屈折による偏波状態変化

波依存性のある現象を取り扱う際に考慮すべき要因となる．本書の主題である光非線形現象にも偏波依存性があり，その取り扱いが検討項目のひとつとなっている．

1.2 光ファイバー通信

前節で，光ファイバーについて述べた．本節では，光ファイバーの特性を活かすために，光通信研究がたどった経緯を概説し，さらに，光非線形性がそれにどのようにしてかかわりをもつようになってきたかを述べる．なお，本節では，わかりやすさのため物語風に整理して述べるが，実際の時系列関係はこれより入り混じっていることをお断りしておく．

◆ 1.2.1 黎明期から 1.5 µm 帯まで

本格的な光通信の研究は，1970 年の低損失ファイバーの実現，および半導体レーザーの室温での発振に端を発する．ガラスファイバーが低損失媒体と成り得ることはそれ以前から予測されていたが，この年にそれが実証された．もっとも，そのときの損失値は 20 dB/km であり，後からみると低損失とは言い難い．しかし，当時としては画期的な値であった．一方の半導体レーザーについては，それ以前にも，気体やバルク結晶を使ったレーザーがあったものの，装置が大掛かりで，とても通信システムに使えるような代物ではなかった．それが，小型で使いやすい半導体レーザーが実現され，通信用光源の見通しが出てきた．この二つの出来事がブレイクスルーとなり，光通信の研究が活発化した．

初期の光通信研究は，0.8 µm 波長帯で行われた．これは，当初は最低損失帯が長波長側にあることがわかっていなかったこと，また，当時実現されていた半導体レーザーの発振波長がこの波長帯であったことによる．しかし，ほどなく 1.3 µm または 1.5 µm 波長帯が低損失であることが明らかになると，伝送媒体の特長を活かすという指導原理に基づき，長波長帯へと研究目標は移っていった．

第 2 世代の波長帯は，1.3 µm となった．その大きな理由は分散である．前述のように，高速信号伝送のためには，ファイバーの分散値はゼロであることが望ましい．シンプルな構造のステップ・インデックス形ファイバー（図 1.5(a)）では，1.3 µm 帯で分散値ゼロとなる（図 1.4）．そのため，ここが第 2 世代の波長帯となった．これには，当時の半導体レーザーが多波長で発振していたという事情もある．式 (1.5) で示されているように，D_c は，群速度の光周波数依存性を表すパラメーターである．D_c がゼロでないと，光周波数（波長）によってパルスの伝播速度が異なることになる．多波長の発振光の場合，波長ごとに伝播速度が異なると，必要以上にパルス幅が拡がる．これを回避するためにも，$D_c = 0$ である 1.3 µm が第 2 世代波長帯となった．

しかし，やはり最低損失帯は 1.5 µm である．伝送媒体の特長を活かし切るという指導原理は，1.3 µm から 1.5 µm への移行を促した．ところが，そうなると問題は分散である．通常分散ファイバーは，この波長域で $D_c = 17\,\mathrm{ps/(km \cdot nm)}$ という分散値をもつ．これをなんとかしたい．そこでまず，単一波長で発振する半導体レーザーの開発が進められた．また，半導体レーザーから直接変調信号光を出力すると，余計な周波数拡がりをともなうため，連続光から光信号を生成するための光変調器の開発も進められた．これらの技術開発により，光信号生成の際の不必要な周波数拡がりは抑えられるようになった．しかし，それでも信号変調にともなう本質的な周波数拡がりは残る．そこで，1.5 µm 帯で分散値がゼロとなるファイバーが開発された．分散シフトファイバーである．これにより，ファイバーの低損失特性を最大限活かす伝送システムの道具立てが，ひとまずそろうこととなった．1980 年代後半頃の話である．

◆ 1.2.2 光ファイバー増幅器および波長多重伝送

取り合えずの道具立てはそろったものの，長距離大容量伝送への飽くなき欲求は，さらなる技術革新を産み出す．ファイバーは低損失といいつつも，0.2 dB/km という損失は存在し，これにより伝送距離は制限される．そこで登場したのが，**エルビウム添加ファイバー増幅器** (erbium-doped fiber amplifier: **EDFA**) である．エルビウムイオンを添加した光ファイバーを光増幅媒質として用いるアイデアは，早い時期（1980 年代）から知られていたが，高パワー LD ポンプ光源，波長多重カップラー，光アイソレーターなどの各種周辺技術の進展により，1990 年頃に一気に実用デバイスとして世に躍り出た．これにより，伝播損失による距離制限は大幅に緩和されることとなった．

光ファイバー増幅器の出現は，ファイバー伝送路の特性活用をさらに推し進めることにもなった．図 1.2 に示されているように，ファイバーの最低損失帯の波長幅は，数 10~100 nm におよぶ．この波長帯域を十二分に使えれば，大容量伝送が可能となる．そこで登場したのが，**波長分割多重** (wavelength division multiplexing: **WDM**) 伝送である（図 1.7）．WDM 伝送とは，波長の異なる複数の信号光を 1 本のファイバー

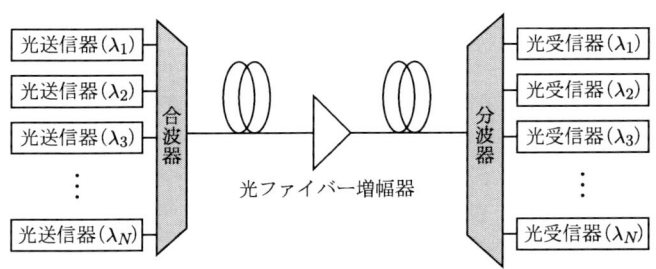

図 1.7 波長分割多重伝送システム

に合波して多重伝送し，それを受信側で各波長光に分波して受信する方式で，多重する波長数分だけファイバー当たりの伝送容量が増大する．ファイバーの広波長帯域性の有効利用に適した伝送方式といえる．実は，WDM 伝送自体は 1980 年代から研究されていたが，光ファイバー増幅器の出現により，研究が加速された．これは，光ファイバー増幅器には，WDM 信号光の一括増幅が可能という特長があるためである（図 1.7）．この特性により（もちろん他にも要因はあるが），効率よく WDM 伝送系が実装できるようになった．

そしてその後は，1.5 μm 帯光増幅 WDM 伝送が幹線系光ファイバー通信の標準的なシステムとなった．

以上で述べた光ファイバー通信研究の進展の様子を，図 1.8 にまとめておく．図では，世代の変遷および要素技術を表示してある．ただし，研究が開始された時期とそれが実用レベルに達した時期とを明確に意識した図ではないので，年次についてはおおよその目安と思っていただきたい．

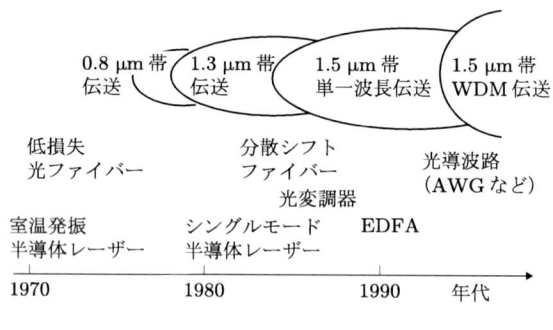

図 1.8　光ファイバー通信の進展

◆ 1.2.3　光ファイバー通信における光非線形性

さて，光非線形性である．非線形光学は，レーザーの発明（1960 年）を機に盛んになった古くからの光学の一分野である．この学問分野の研究対象として，光ファイバー内における非線形現象も，早い時期（1970 年代）に取り上げられた．しかし，ガラス媒質の非線形性は他の材料に比べて弱いため，盛んに研究されたとは言い難い．低損失シングルモードファイバーが開発されると，高いパワー密度の光が長い距離にわたって伝播されるという，非線形現象の発生に好都合な状況が生まれ，研究事例も増えた．しかし，それでも一部の専門家の話題に留まった．その頃の通信における光非線形性の研究をみてみると，光ソリトン伝送が目に留まる．光ソリトンとは，光ファイバーの分散効果と光非線形性がうまく組み合わされ，光パルスが波形を保ったまま伝播する現象のことである（5.5 節）．これにより，超長距離伝送が可能となる．しかし，高

い光パワーが必要,損失を受けると分散と非線形のバランスが崩れる,高精度な分散制御が必要などの難点があるため,光通信の主流となるにはいたらなかった.

　状況が一変するのは,光ファイバー増幅器の出現,および波長分割多重伝送の研究の活性化からである.光増幅伝送系では,高いパワーの光が,長距離にわたってファイバー伝送路を伝播する.さらに,波長分割多重伝送では,複数の周波数光が同時にファイバー伝送される.しかも,高速伝送のために分散シフトファイバーが使われ始めている.第4章で詳しく述べるが,これらは四光波混合とよばれる非線形現象が起こりやすい舞台設定である.実際,分散値がほぼゼロである波長帯で,波長多重信号光を光増幅器により増幅しながらファイバー伝播させると,四光波混合のため容易に受信特性が劣化する.それまで特殊な状況でしかみえていなかった光非線形現象が,技術の進展とともに,普通の伝送系で現れるようになったわけである.そしてこれ以後,ファイバー内の光非線形現象は,光通信における重要課題のひとつとなった.

　四光波混合がことの始まりであったが,分散マネージメントといった四光波混合対策が講じられるようになると,別の光非線形現象が浮上してくる.自己位相変調,相互位相変調とよばれる非線形現象である(第5, 6章).この非線形効果は,分散と相まって,信号波形劣化を引き起こす.これに対処するため,光非線形性に耐性のある伝送システムの研究開発が進められた.そして今では,これらの光非線形性への配慮なしには,光通信システムは実装できない状況となっている.

　以上では,信号伝送特性を劣化させる悪役として光非線形性を述べたが,一方で,これを積極的に利用しようという研究も行われた.ラマン散乱とよばれる非線形現象(第8章)を用いると,信号光をファイバー伝送路上で直接増幅することができる.このラマン増幅は,すでに実用化されている.さらに,将来技術として,通信用光非線形デバイスの研究も進められている.光通信ネットワークは,大まかにいって,ノードとそれをむすぶ伝送路から成り立っている.光信号は,伝送路を伝いながら,ノードを渡り歩いて目的地まで到達する.ノードでは,やってきた信号を行き先に応じて振り分けて,次の伝送路へ送り出す.また,劣化した信号をもとに戻して再送することも行う.現在のところ,これらの機能は,光信号をいったん電気信号に変換して電気回路で実装している.これに対し,このような処理を光信号のまま行い,より簡便かつ高機能な伝達ノードを実現しようという試みがなされている.具体的には,波長変換や全光スイッチといった光機能デバイスの研究であり,これらには,各種光非線形現象が利用される.非線形媒質としては,光ファイバーだけでなく,ニオブ酸リチウム($LiNbO_3$)や半導体光増幅器なども研究対象となっている.

　以上,光ファイバー通信における光非線形性について概説した.以後の章では,これらについて詳しく述べていく.

第2章

非線形分極

非線形光学で取り扱われる非線形現象の多くは，非線形分極を源としている．本書でも，多くのページは非線形分極を起源とする非線形効果で占められている．そこで，本章では，非線形分極およびそこから発生する光非線形現象について概観する．さらに，後に続く章で各非線形現象を定式化していくうえでの，基礎的事項を述べる．

2.1 光非線形性

誘電体媒質は，ごく単純には，電気的にプラスの原子核とマイナスの電子が，何かしらの束縛力で繋がれているというモデルで考えることができる．これを，双極子モデルという（図 2.1）．

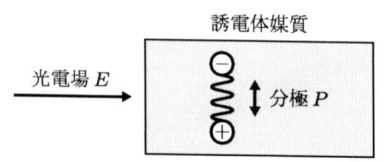

図 2.1 双極子モデル

このような媒質へ，光すなわち振動する電磁場が入射されると，光電場に駆動されて双極子が振動し，分極が誘起される．光電場 E と誘起される分極 P は，真空中の誘電率 ε_0 および媒質の感受率 χ により，$P = \varepsilon_0 \chi E$ と関係付けられる．χ は，おおむね定数であるが，ごくわずかには電場依存性がある．これを，E についての摂動展開形（べき級数展開形）で，次のように表す．

$$\begin{aligned} P = \varepsilon_0 \chi(E) E &\approx \varepsilon_0 \{\chi^{(1)} + \chi^{(2)} E + \chi^{(3)} E^2 + \cdots\} E \\ &= \varepsilon_0 \chi^{(1)} E + \varepsilon_0 \chi^{(2)} E^2 + \varepsilon_0 \chi^{(3)} E^3 + \cdots \end{aligned} \quad (2.1)$$

第1項が通常の線形項，第2項以降が非線形項であり，第2項を2次の非線形分極，第3項を3次の非線形分極とよぶ．これらの非線形分極が，光非線形現象の源となる．

2.1.1 2次非線形現象

　非線形分極はべき級数展開から出てくる項であり，一般に，高次になるほど，その効率は低い．そのため，非線形光学でもっともよく取り扱われるのは，2次の非線形性である．まずは，2次の光非線形現象について述べる．

　2次の非線形分極 $P_{\mathrm{NL2}} = \varepsilon_0 \chi^{(2)} E^2$ は，光電場の2乗に比例している．そのため，二つの光波が絡み合って分極を誘起する．そこで，次式で表される二つの異なる周波数光が，2次非線形媒質に入射されたとする．

$$E = E_1 \cos(2\pi f_1 t) + E_2 \cos(2\pi f_2 t) = \frac{1}{2}E_1 e^{-i2\pi f_1 t} + \frac{1}{2}E_2 e^{-i2\pi f_2 t} + c.c. \tag{2.2}$$

$c.c.$ は複素共役を表す．これを，2次の非線形分極項 $P_{\mathrm{NL2}} = \varepsilon_0 \chi^{(2)} E^2$ に代入する．

$$\begin{aligned}P_{\mathrm{NL2}} = \frac{\varepsilon_0 \chi^{(2)}}{4} &(E_1 e^{-i2\pi f_1 t} + E_2 e^{-i2\pi f_2 t} + E_1^* e^{i2\pi f_1 t} + E_2^* e^{i2\pi f_2 t}) \\ \times &(E_1 e^{-i2\pi f_1 t} + E_2 e^{-i2\pi f_2 t} + E_1^* e^{i2\pi f_1 t} + E_2^* e^{i2\pi f_2 t})\end{aligned} \tag{2.3}$$

$*$ は複素共役を表す．上式の2乗の掛け算から，さまざまな周波数成分の分極が生じる．分極があれば，それから光電場が発生する．したがって，分極の周波数成分に応じた光が発生する．式 (2.3) より，発生し得る光の周波数成分は，次のように書き出される．

$$2f_1,\ 2f_2,\ f_1 - f_2,\ f_1 + f_2$$

以下，それぞれの周波数光を発生させる現象について概説する．

　最初の二つ，すなわち $2f_1$ 成分または $2f_2$ 成分は，f_1 光入射または f_2 光入射からそれぞれに発生する．このように，入射光からその2倍の周波数光が発生する現象を**第二高調波発生**（second harmonic generation: SHG）とよぶ．非線形光学の分野でもっともよく研究，応用されてきた光非線形現象であり，通常のレーザーでは得られない波長のコヒーレント光を発生させる技術として，広く利用されている．

　周波数 $(f_1 - f_2)$ の光が発生する現象は，**差周波発生**，あるいはもっと広く光パラメトリック相互作用とよばれる．この現象では，$(f_1 - f_2)$ 光が発生するとともに，f_1 光から f_2 光へエネルギーの移行が起こる（図 2.2）．すなわち，f_2 光に対して，増幅

図 2.2 差周波発生

作用がある．これを**光パラメトリック増幅**という．ところで，一般に，増幅作用があるところに正のフィードバックをかけると，発振が起こる．光パラメトリック増幅もその例外ではなく，光共振器によりフィードバックをかけると，周波数 f_1 の光（ポンプ光）をエネルギー源として，周波数 f_2 の光（シグナル光）を出力する光発振器が実現できる（図 2.3）．これを光パラメトリック発振器（optical parametric oscillator: OPO）とよぶ．第 3 章で述べる位相整合条件の設定により，発振波長を可変にできることが特徴的で，研究実験用光源として実用化されている．

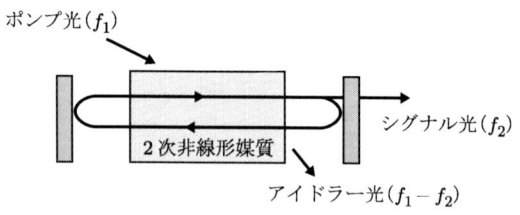

図 2.3 光パラメトリック発振器

周波数 $(f_1 + f_2)$ の光が発生する現象は，**和周波発生**，または周波数アップコンバージョンとよばれている．この現象を利用すると，たとえば，1.5 μm 長波長帯の光を短波長帯へ波長変換することができる．

以上で述べた 2 次の光非線形性は，総称して，$\chi^{(2)}$（**カイツー**）**効果**ともよばれる．

◆ 2.1.2　3 次非線形現象

べき級数展開から最初に出てくるのは 2 次の非線形分極項であるが，ガラスのような等方的な媒質では，2 次の項は存在しない．これは，次の理由による．

等方的な媒質では，座標を反転しても物理現象は変わらないはずである．電場 E と分極 P が存在している場の座標を反転すると，$P \to -P$, $E \to -E$ と表記される．このことを 2 次の非線形分極項にあてはめると，座標反転により，$P = \varepsilon_0 \chi^{(2)} EE$ は $-P = \varepsilon_0 \chi^{(2)}(-E)(-E) = \varepsilon_0 \chi^{(2)} EE$ と表記されることになる．物理現象は変わらないということは，どちらの等式も成り立つということであり，そのためには，$\chi^{(2)} = 0$

でなければならない．したがって，等方媒質では，2次の非線形現象は起こらない．このため，等方的媒質で最初に現れる非線形性は，3次の項となる．以下，3次非線形現象について概説する．

3次の非線形分極 $P_{\mathrm{NL3}} = \varepsilon_0 \chi^{(3)} E^3$ は光電場の3乗に比例しているため，三つの光波が絡み合って分極を誘起することになる．そこで，次式で表される三つの周波数の光が，3次非線形媒質に入射されたとする．

$$E = \frac{1}{2}E_1 e^{-i2\pi f_2 t} + \frac{1}{2}E_2 e^{-i2\pi f_2 t} + \frac{1}{2}E_3 e^{-i2\pi f_3 t} + c.c.$$

これを，3次非線形分極項 $P_{\mathrm{NL3}} = \varepsilon_0 \chi^{(3)} E^3$ に代入する．

$$\begin{aligned}
P_{\mathrm{NL3}} &= \varepsilon_0 \chi^{(3)} E^3 \\
&= \frac{\varepsilon_0 \chi^{(3)}}{8}(E_1 e^{-i2\pi f_1 t} + E_2 e^{-i2\pi f_2 t} + E_3 e^{-i2\pi f_3 t} \\
&\quad + E_1^* e^{i2\pi f_1 t} + E_2^* e^{i2\pi f_2 t} + E_3^* e^{i2\pi f_3 t}) \\
&\quad \times (E_1 e^{-i2\pi f_1 t} + E_2 e^{-i2\pi f_2 t} + E_3 e^{-i2\pi f_3 t} \\
&\quad + E_1^* e^{i2\pi f_1 t} + E_2^* e^{i2\pi f_2 t} + E_3^* e^{i2\pi f_3 t}) \\
&\quad \times (E_1 e^{-i2\pi f_1 t} + E_2 e^{-i2\pi f_2 t} + E_3 e^{-i2\pi f_3 t} \\
&\quad + E_1^* e^{i2\pi f_1 t} + E_2^* e^{i2\pi f_2 t} + E_3^* e^{i2\pi f_3 t})
\end{aligned} \quad (2.4)$$

3乗の掛け算からさまざまな周波数成分の分極が生じ，それより，さまざまな非線形現象が現れる．以下に，周波数の組み合わせのパターンと，そこから生じる現象を列挙する．

① $f_i + f_i + f_i = 3f_i$　　　　　⇒ 第三高調波発生
② $f_i - f_i + f_i = f_i$　　　　　⇒ 自己位相変調
③ $f_i - f_j + f_j = f_i$ 　$(i \neq j)$　⇒ 相互位相変調
④ $2f_i - f_j$ 　$(i \neq j)$　　　　⇒ 一部縮退四光波混合
⑤ $f_i + f_j - f_k$ 　$(i \neq j \neq k)$ ⇒ 非縮退四光波混合

ただし，$i, j, k = \{1, 2, 3\}$ である．

グループ①からは，ひとつの周波数光を源として，その3倍の周波数の光が発生する．この現象は，**第三高調波発生** (third harmonic generation: THG) とよばれる．前述の第二高調波発生に比べると，発生効率が低く，それほど一般的ではないが，やはり通常のレーザーでは得られない波長のコヒーレント光発生に利用される．

グループ②，③では，入射した光と同じ周波数成分の分極が発生する．ただし，グ

ループ②ではひとつの周波数光で完結している一方，グループ③では他の周波数光が絡んでいる．第5章で詳述するが，これらの非線形分極項は，マックスウェル方程式に代入して書き換えると，屈折率の表式に組み込むことができる．このことは，この非線形分極により，屈折率が変化することを意味する．屈折率が変われば，そこを伝播する光の位相が変化する．つまり，グループ②は自分自身により光の位相が変化する現象，グループ③は他の周波数光により位相が変化する現象といえる．そこで，前者を**自己位相変調**（self phase modulation: SPM），後者を**相互位相変調**（cross phase modulation: XPM）とよぶ．また，両者を総称して，**光カー効果**ともいう．

グループ④，⑤の分極成分からは，入射光の近傍に新しい周波数の光が発生する．この現象は，三つの光波から四つ目の光波が発生することから，**四光波混合**（four-wave mixing: FWM）とよばれる．あるいは，グループ④のように四つのうちの二つが同じである（縮退している）場合を一部縮退四光波混合，グループ⑤のように四つが全部異なる場合を非縮退四光波混合ともいう．この現象は，多波長光が同時に1本のファイバーを伝播する波長分割多重（WDM）伝送に大きな影響をおよぼす．

なお，上記では，周波数の異なる複数の入射光から新たな周波数光が発生する現象を四光波混合現象としたが，同じ周波数であっても，たとえば伝播方向の違いによって区別される複数の入射光から $\chi^{(3)}$ により新たな方向の光が発生する現象も，四光波混合（より正確には縮退四光波混合）とよばれる．非線形光学分野では，位相共役波の発生法として，こちらも古くから研究されている．しかし，本書は光ファイバー通信における光非線形性を取り扱っており，この場合，伝播方向は一方向しかないので，縮退四光波混合は，（一部例外を除き）対象外とする．

以上で述べた事柄を，表2.1にまとめておく．これらの3次の非線形分極から発生する光非線形性は，総称して，$\chi^{(3)}$（**カイスリー**）**効果**ともよばれる．

表2.1　3次非線形分極から発生する光非線形現象

$P_{\mathrm{NL3}} = \varepsilon_0 \chi^{(3)} EEE$ ただし $E = E(f_1) + E(f_2) + E(f_3)$		第三高調波発生（THG） $f_1+f_1+f_1, f_2+f_2+f_2, f_3+f_3+f_3$
	四光波混合 （FWM）	非縮退四光波混合 $f_1+f_2-f_3, f_1+f_3-f_2, \cdots$
		一部縮退四光波混合 $f_1+f_1-f_2, f_1+f_1-f_3, \cdots$
	光カー効果	相互位相変調（XPM） $f_1+f_2-f_2, f_1+f_3-f_3, \cdots$
		自己位相変調（SPM） $f_1+f_1-f_1, f_2+f_2-f_2, f_3+f_3-f_3$

◆ 2.1.3 非線形感受率について

(1) 偏波依存性

前項までは，非線形現象の基本的説明のため，電場 E および分極 P をスカラー量として取り扱った．しかし，実際には，これらには偏波という属性があり，印加される電場の振動方向（偏波状態）によって，誘起される分極は異なる．つまり，感受率 χ には偏波依存性がある．これを取り入れると，分極の表式 (2.1) は，正しくは，次のように書かれる．

$$\bm{P} = \varepsilon_0 \chi^{(1)} \cdot \bm{E} + \varepsilon_0 \chi^{(2)} : \bm{EE} + \varepsilon_0 \chi^{(3)} \vdots \bm{EEE} \cdots \tag{2.5}$$

振動方向の空間自由度は x, y, z なので，$\bm{E}$ および $\bm{P}$ は，一般には，3 次元のベクトルである．そして，それらの要素を関係付ける感受率は，$\chi^{(1)}$ が 3×3 の要素をもつテンソル，$\chi^{(2)}$ が $3 \times 3 \times 3$ の要素をもつテンソル，$\chi^{(3)}$ が $3 \times 3 \times 3 \times 3$ の要素をもつテンソルとなる．ただし，結晶構造に依存して，いくつかのテンソル要素はゼロであり，また，いくつかの要素は同じ値をとる．

たとえば，z 方向へ伝播する平面波（振動方向は x, y）により誘起される 3 次非線形分極の各成分は，

$$(\bm{P})_s = \varepsilon_0 \{\chi^{(3)}\}_{spqr} (\bm{E})_p (\bm{E})_q (\bm{E})_r \quad (s, p, q, r = x, y) \tag{2.6}$$

と書かれる（添え字は振動方向）．f_1, f_2, f_3 という周波数の光が伝播している場合，$\bm{E} = \bm{E}(f_1) + \bm{E}(f_2) + \bm{E}(f_3)$ であり，これを式 (2.6) に代入すると，さまざまな周波数および偏波成分の組み合わせ項が出てくる．このような状況での入射光電場と誘起される非線形分極との関係は，たとえば $f_1 + f_2 + f_3 \to f_{\mathrm{NL}}$ の周波数成分の場合，次のように書き表されることが多い．

$$P_s(f_{\mathrm{NL}} = f_1 + f_2 + f_3) = D \varepsilon_0 \chi^{(3)}_{spqr} E_{1p} E_{2q} E_{3r} \tag{2.7}$$

上式の $E_{kl} (k = 1, 2, 3,\ l = p, q, r)$，$P_s$ は，光電場および分極をそれぞれ

$$\bm{E}(f_k) = \frac{1}{2}(\bm{e}_x E_{kx} e^{-2\pi f_k t} + \bm{e}_y E_{ky} e^{-2\pi f_k t}) + c.c. \tag{2.8a}$$

$$\bm{P}(f_{\mathrm{NL}}) = \frac{1}{2}(\bm{e}_x P_x e^{-2\pi f_{\mathrm{NL}} t} + \bm{e}_y P_y e^{-2\pi f_{\mathrm{NL}} t}) + c.c. \tag{2.8b}$$

と表記したときの複素振幅である．ただし，$\bm{e}_x, \bm{e}_y$ は x, y 方向の単位ベクトルである．式 (2.7) 内の D は**縮退因子**とよばれ，E_{1p}, E_{2q}, E_{3r} が全て異なっている場合は $D = 6$，二つが同一である場合は $D = 3$，全て縮退している場合は $D = 1$ である．この因子は，各入射光を式 (2.8a) で表した $\bm{E} = \bm{E}(f_1) + \bm{E}(f_2) + \bm{E}(f_3)$ を式 (2.6) に

代入したときの，$f_1+f_2+f_3=f_{\mathrm{NL}}$ となる項の組み合わせの数からきている．なお，式 (2.7) は光電場および分極を式 (2.8) のように表記した複素振幅間の関係を表しており，$\chi^{(3)}_{spqr}$ は式 (2.6) の $\{\chi^{(3)}\}_{spqr}$ そのものではないことに注意されたい．偏波特性を論じるときに式 (2.7) が用いられることが多いが，それは，非線形光学での関心事は複素振幅の振る舞いであり，それをみるには，式 (2.7) が便利なためである．

(2) 周波数依存性

本書では非線形感受率を定数としているが，より正しくは，光の周波数に依存する．これは，入射光電場に対して媒質が瞬時に応答するとは限らず，たとえば，高い振動数には応答しきれなかったり，時間遅れがあったりするためである．このため，たとえば 2 次の非線形分極は，

$$\boldsymbol{P}^{(2)}(f=f_i+f_j)=\varepsilon_0\chi^{(2)}(f;f_i,f_j):\boldsymbol{E}(\boldsymbol{k}_i,f_i)\boldsymbol{E}(\boldsymbol{k}_j,f_j)$$

のように記すのがより正しい．ただし，本書の主な対象媒質であるガラスファイバーの反応時間は，フェムト秒（10^{-15} 秒）オーダーと非常に速く，取り扱っている周波数範囲では，ほとんど瞬時に応答する．この場合には，周波数依存性を考えなくてもよい．そのため，本書では，χ を周波数に依存しない物質パラメーターとしている．

2.2 伝播方程式

前節で，光非線形現象について概観した．本節では，これらの現象を式で記述するための基本方程式を導出し，後に続く章の基礎とする．

◆ 2.2.1 損失のない場合

誘電体のような非電導媒質内の電磁場の挙動は，次のマックスウェル方程式により記述される．

$$\nabla\times\boldsymbol{E}=-\frac{\partial\boldsymbol{B}}{\partial t} \tag{2.9a}$$

$$\nabla\times\boldsymbol{H}=-\frac{\partial\boldsymbol{D}}{\partial t} \tag{2.9b}$$

$$\nabla\cdot\boldsymbol{D}=0 \tag{2.9c}$$

$$\nabla\cdot\boldsymbol{H}=0 \tag{2.9d}$$

$\boldsymbol{E}$：電場，$\boldsymbol{B}$：磁束密度，$\boldsymbol{H}$：磁場，$\boldsymbol{D}$：電束密度．上式に，磁束密度と磁場の関係式 $\boldsymbol{B}=\mu\boldsymbol{H}$（$\mu$：透磁率），および電束密度と電場，分極の関係式 $\boldsymbol{D}=\varepsilon_0\boldsymbol{E}+\boldsymbol{P}$（$\varepsilon_0$：真空中の誘電率，$\boldsymbol{P}$：分極）を代入し，さらにベクトル演算の関係式 $\nabla\times(\nabla\times\boldsymbol{E})=\nabla(\nabla\cdot\boldsymbol{E})-\nabla^2\boldsymbol{E}$ を用いて式を変形していくと，次式が得られる．

$$\nabla^2 \boldsymbol{E} = \mu \frac{\partial^2}{\partial t^2}(\varepsilon_0 \boldsymbol{E} + \boldsymbol{P}) \tag{2.10}$$

ここで, 分極 $\boldsymbol{P}$ を, 線形成分 $\varepsilon_0 \chi^{(1)} \boldsymbol{E}$ と非線形成分 $\boldsymbol{P}_{\mathrm{NL}}$ とに分け, $\boldsymbol{P} = \varepsilon_0 \chi^{(1)} \boldsymbol{E} + \boldsymbol{P}_{\mathrm{NL}}$ と表記して上式に代入したうえで, 式を整理する.

$$\nabla^2 \boldsymbol{E} - \mu \varepsilon_0 (1 + \chi^{(1)}) \frac{\partial^2}{\partial t^2} \boldsymbol{E} = \mu \frac{\partial^2 \boldsymbol{P}_{\mathrm{NL}}}{\partial t^2} \tag{2.11}$$

さらに, 上式内のパラメーターを, $\mu \varepsilon_0 \equiv 1/c^2$, $1 + \chi^{(1)} \equiv n^2$ と書き換える.

$$\nabla^2 \boldsymbol{E} - \frac{n^2}{c^2} \frac{\partial^2 \boldsymbol{E}}{\partial t^2} = \mu \frac{\partial^2 \boldsymbol{P}_{\mathrm{NL}}}{\partial t^2} \tag{2.12}$$

z 方向へ伝播する平面波の場合は, 電場 $\boldsymbol{E}$ の空間依存性は z 方向のみなので,

$$\frac{\partial^2 \boldsymbol{E}}{\partial z^2} - \frac{n^2}{c^2} \frac{\partial^2 \boldsymbol{E}}{\partial t^2} = \mu \frac{\partial^2 \boldsymbol{P}_{\mathrm{NL}}}{\partial t^2} \tag{2.13}$$

と表される. これが, 非線形分極により発生した光の伝播の様子を記述する微分方程式 (非線形伝播方程式) となる. さまざまな光非線形現象は, 式 (2.12) または式 (2.13) の $\boldsymbol{P}_{\mathrm{NL}}$ に, 前節で登場した非線形分極 (式 (2.3) または式 (2.4)) を代入して論じられる.

なお, ここで, 非線形伝播方程式 (2.12), (2.13) の導出過程で出てきたパラメーター $\{n, c\}$ の物理的意味について述べておく. 式 (2.13) において, $\boldsymbol{P}_{\mathrm{NL}} = 0$ とすると, これは, 通常媒質中の電磁場の振る舞いを記述する微分方程式 (線形伝播方程式) となる.

$$\frac{\partial^2 \boldsymbol{E}}{\partial z^2} - \frac{n^2}{c^2} \frac{\partial^2 \boldsymbol{E}}{\partial t^2} = 0 \tag{2.14}$$

これの解は,

$$\boldsymbol{E}(z,t) = \boldsymbol{A}_0 \cos\left(z \pm \frac{c}{n} t\right) \quad (\boldsymbol{A}_0 : \text{定ベクトル}) \tag{2.15}$$

と書かれる. 空気中であれば, $\chi^{(1)} = 0$ すなわち $n = 1$ として,

$$\boldsymbol{E}(z,t) = \boldsymbol{A}_0 \cos(z \pm ct) \tag{2.16}$$

となる. 式 (2.15) は $\pm z$ 方向へ速度 c/n で伝播する波, 式 (2.16) は速度 c で伝播する波をそれぞれ表している. このことは, 次のようにして示される.

まず, 式 (2.15) を次のように変形する.

$$\boldsymbol{A}_0 \cos\left(z_0 \pm \frac{c}{n} t_0\right) = \boldsymbol{A}_0 \cos\left\{(z_0 + \Delta z) \pm \frac{c}{n}(t_0 + \Delta t) - \Delta z \mp \frac{c}{n} \Delta t\right\}$$

ここで，$\Delta z \pm (c/n)\Delta t = 0$ が満たされていると，この式は

$$\bm{A}_0 \cos\left(z_0 \pm \frac{c}{n}t_0\right) = \bm{A}_0 \cos\left\{(z_0 + \Delta z) \pm \frac{c}{n}(t_0 + \Delta t)\right\}$$

となるので，

$$\bm{E}(z_0, t_0) = \bm{E}(z_0 + \Delta z, t_0 + \Delta t)$$

という関係式が成り立つ．つまり，時刻 t_0，位置 z_0 にあった電場と，$\Delta z \pm (c/n)\Delta t = 0$ を満たす時刻 $(t_0 + \Delta t)$，位置 $(z_0 + \Delta t)$ の電場は同じとなる．この条件式は $\Delta t = \mp(n/c)\Delta z$ と書き換えられ，このことは，位置 z_0 にあった電場が $\Delta t = \mp(n/c)\Delta z$ の間に $z_0 + \Delta z$ まで移動したことを意味する．このときの移動速度は，$|\Delta z/\Delta t| = c/n$ である．すなわち，式 (2.15) は，速度 c/n で媒質中を移動する電場を表していることになる．同様にして，式 (2.16) は，速度 c で空気中を伝播する電場を表す．

以上の考察は，式 (2.11) から式 (2.12) への移行の際に導入した c は真空中の電磁場の伝播速度，n は媒質の屈折率であることを示している．ただし，真空中の速度 c は，厳密には $c \equiv \sqrt{1/(\varepsilon_0 \mu_0)}$（$\mu_0$：真空中の透磁率）であるが，光の周波数領域では $\mu \approx \mu_0$ である．

ところで，上記では，c および n の物理的意味の説明のために，線形伝播方程式 (2.14) の解を式 (2.15) のように書いたが，解の表式はこれに限るものではなく，次の表式も式 (2.14) の解となる．

$$\bm{E}(z, t) = \bm{A}_0 \cos(\beta z - \omega t) = \frac{1}{2}\bm{A}_0 \exp[i(\beta z - \omega t)] + c.c. \tag{2.17}$$

ただし，$\beta = n\omega/c$ である．この表式において，ω は z を固定して光電場をみたときの時間振動の速さを表している．$2\pi/\omega$ が 1 サイクル時間なので，その逆数 $\omega/(2\pi)$ が時間振動の周波数 f となる．すなわち，$\omega/2\pi = f$，よって $\omega = 2\pi f$ である．この ω は**角周波数**とよばれる．一方，β は t を固定して光電場をみたときの空間的振動の周期を表している．$2\pi/\beta$ が 1 サイクル分の長さ（=波長 λ'）に相当するため，$2\pi/\beta = \lambda'$ である．ここで，λ' は媒質中の波長であり，真空中の波長 λ とは $\lambda' = \lambda/n$ という関係にある．したがって，$2\pi/\beta = \lambda/n$ より，$\beta = n(2\pi/\lambda)$ である．この β は，**伝播定数**とよばれる．

このように，式 (2.17) には伝播する波の物理的パラメーターが取り込まれているため，伝播方程式 (2.14) の解，すなわち伝播する光電場は，式 (2.17) のように表すのが一般的である．

◆ 2.2.2 損失のある場合

式 (2.17) は，どこまでも伝播する連続波，すなわち，損失のない媒質を伝播する連続波を表している．しかし，現実の媒質には伝播損失があり，場合によっては，その効果を考慮する必要がある．本項では，損失媒質における非線形伝播方程式を導出する．

前項で，伝播方程式の解が，どこまでも伝播する連続波となったのは，感受率 $\chi^{(1)}$ を暗に実数としたためである．χ は電場と分極の関係を表すパラメーターであり，言い換えると，印加された電場に対する媒質の応答の仕方を表すパラメーターである．実は，一般には，$\chi^{(1)}$ は複素数であり，このことより伝播損失が生じる．まずは，$\chi^{(1)}$ が複素数であることを，双極子モデルを使って説明する．

双極子モデルでは，電気的にプラスの原子核とマイナスの電子が，何らかの束縛力で繋がれていると考える（図 2.1）．双極子が存在している場に，光（振動する電場）が入射されると，光電場に駆動されて双極子が振動し，分極が誘起される．このとき，双極子の基準点からの相対位置 X の振動は，次の運動方程式に従う．

$$m\frac{d^2X}{dt^2} = -KX - eE - m\Gamma\frac{dX}{dt} \tag{2.18}$$

m：電子の質量，K：束縛力定数，e：電荷，Γ：減衰定数．左辺は (質量)×(加速度)，右辺は電子に加わる力であり，右辺第 1 項は電子をつなぎ止めようとする力（ばねの復元力に相当），第 2 項は光電場 E による駆動力，第 3 項は現象論的に付け加えた減衰力（摩擦力に相当）を表す（図 2.4）．以下のように，式 (2.18) から，感受率 $\chi^{(1)}$ が複素数であることが導き出される．

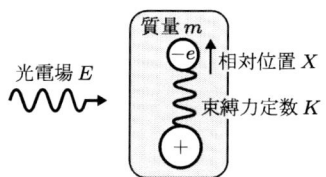

図 2.4　双極子振動

まず，式 (2.18) を次のように整理する．

$$m\frac{d^2X}{dt^2} + m\Gamma\frac{dX}{dt} + KX = -eE \tag{2.19}$$

$\Gamma = E = 0$ とすると，上式は自由振動する調和振動子（たとえば，ばね振動）の運動方程式となり，その解は $X \propto \exp[-i\omega_0 t]$ と書かれる．ただし，$\omega_0 \equiv \sqrt{K/m}$ であり，これは双極子の固有角周波数（または共鳴角周波数）である．このパラメーター

を用いると，式 (2.19) は，

$$\frac{d^2X}{dt^2} + \Gamma\frac{dX}{dt} + \omega_0{}^2 X = -\frac{e}{m}E \tag{2.20}$$

と書き換えられる．

　印加されている光電場の角周波数が ω であると，双極子もそれに追従して，ω で振動するであろう．そこで，光電場を $E = E_0\exp[-i\omega t]$，双極子の相対位置を $X = X_0\exp[-i\omega t]$ と表記して，式 (2.20) に代入する．

$$(-\omega^2 - i\Gamma\omega + \omega_0{}^2)X_0 = -\frac{e}{m}E_0$$

これより，次式が得られる．

$$X_0 = -\frac{e/m}{\omega_0{}^2 - \omega^2 - i\Gamma\omega}E_0 = -\frac{e}{m}\cdot\frac{(\omega_0{}^2-\omega^2)+i\omega\Gamma}{(\omega_0{}^2-\omega^2)^2+(\omega\Gamma)^2}E_0 \tag{2.21}$$

　次に，双極子振動から誘起される分極 P を考える．両者の関係は，

$$P = -NeX \tag{2.22}$$

と表される（N：双極子の数）．これに式 (2.21) を適用すると，

$$P = \frac{Ne^2}{m}\cdot\frac{(\omega_0{}^2-\omega^2)+i\omega\Gamma}{(\omega_0{}^2-\omega^2)^2+(\omega\Gamma)^2}E \tag{2.23}$$

となる．一方，一般に電場と分極は，感受率 χ により $P = \varepsilon_0\chi E$ と関係付けられる．これと上式とを見比べると，$\chi^{(1)}$ が複素数であり，その実部 $\chi_\mathrm{r}^{(1)}$ と虚部 $\chi_\mathrm{i}^{(1)}$ が，

$$\chi_\mathrm{r}^{(1)} = \frac{Ne^2}{m\varepsilon_0}\cdot\frac{\omega_0{}^2-\omega^2}{(\omega_0{}^2-\omega^2)^2+(\omega\Gamma)^2}, \quad \chi_\mathrm{i}^{(1)} = \frac{Ne^2}{m\varepsilon_0}\cdot\frac{\omega\Gamma}{(\omega_0{}^2-\omega^2)^2+(\omega\Gamma)^2}$$

となっている．一般に，複素数には位相情報を表現する機能があり（複素数の指数関数表示を思い起こしてください），$\chi^{(1)}$ が複素数であるということは，物理的には，分極が印加電場に瞬時には応答せず，振動の位相がずれることを意味する．ちなみに，上式は，$\chi_\mathrm{r}^{(1)}$ が光周波数に依存することを示している．$\chi_\mathrm{r}^{(1)}$ は屈折率につながる物質パラメーターであり，このことは，屈折率が光周波数に依存する性質，すなわち分散を示唆している．

　さて，一般には $\chi^{(1)}$ が複素数であることを示したところで，次に，$\chi^{(1)}$ が複素数であると，伝播光が損失を受けることを示す．まず，$\chi^{(1)} = \chi_\mathrm{r}^{(1)} + i\chi_\mathrm{i}^{(1)}$ を式 (2.11) に代入する．

$$\nabla^2 \boldsymbol{E} - \mu\varepsilon_0(1 + \chi_{\rm r}^{(1)} + i\chi_{\rm i}^{(1)})\frac{\partial^2}{\partial t^2}\boldsymbol{E} = \mu\frac{\partial^2 \boldsymbol{P}_{\rm NL}}{\partial t^2} \tag{2.24}$$

先に登場したパラメーター $1/c^2 = \mu\varepsilon_0$，および $n^2 = 1 + \chi_{\rm r}^{(1)}$ を用いると，上式は，

$$\nabla^2 \boldsymbol{E} - \frac{n^2 + i\chi_{\rm i}^{(1)}}{c^2}\frac{\partial^2}{\partial t^2}\boldsymbol{E} = \mu\frac{\partial^2 \boldsymbol{P}_{\rm NL}}{\partial t^2} \tag{2.25}$$

と書き換えられ，非線形効果を考えない場合は，

$$\nabla^2 \boldsymbol{E} - \frac{n^2 + i\chi_{\rm i}^{(1)}}{c^2}\frac{\partial^2}{\partial t^2}\boldsymbol{E} = 0$$

となる．さらに，z 方向に伝播する平面波では，

$$\frac{\partial^2 \boldsymbol{E}}{\partial z^2} - \frac{n^2 + i\chi_{\rm i}^{(1)}}{c^2}\frac{\partial^2}{\partial t^2}\boldsymbol{E} = 0 \tag{2.26}$$

と書かれる．この微分方程式の解は，

$$\boldsymbol{E}(z,t) = \boldsymbol{A}_0 \exp[i(\beta' z - \omega t)] + c.c. \quad (\boldsymbol{A}_0：定ベクトル) \tag{2.27}$$

と書くことができる．ただし，

$$-\beta'^2 + \frac{(n^2 + i\chi_{\rm i}^{(1)})\omega^2}{c^2} = 0 \tag{2.28}$$

であり，これより次式が得られる．

$$\begin{aligned}\beta' &= \frac{n\omega}{c}\sqrt{1 + \frac{i\chi_{\rm i}^{(1)}}{n^2}} \\ &= \beta\sqrt{1 + \frac{i\chi_{\rm i}^{(1)}}{n^2}}\end{aligned}$$

ここで，$\chi_{\rm i}^{(1)}/n^2 \ll 1$ とすると（この仮定の妥当性については本項の最後で述べる），上式の二乗根は，次のように近似される．

$$\beta' \approx \beta\left(1 + i\frac{\chi_{\rm i}^{(1)}}{2n^2}\right) \tag{2.29}$$

これを，伝播方程式の解の表式 (2.27) に代入する．

$$\begin{aligned}
\boldsymbol{E}(z,t) &= \boldsymbol{A}_0 \exp\left[i\left\{\beta\left(1+i\frac{\chi_\mathrm{i}^{(1)}}{2n^2}\right)z-\omega t\right\}\right]+c.c. \\
&= \boldsymbol{A}_0 \exp\left[-\left(\frac{\omega}{c}\right)\left(\frac{\chi_\mathrm{i}^{(1)}}{2n}\right)z\right]\cdot\exp\left[i\left(\beta z-\omega t\right)\right]+c.c. \quad (2.30)
\end{aligned}$$

この表式は，伝播するにつれて，振幅が指数関数的に減衰することを示している．減衰項の出所は $\chi_\mathrm{i}^{(1)}$，すなわち感受率 $\chi^{(1)}$ の虚部である．以上により，$\chi^{(1)}$ が複素数であることから，損失が生じることが示された．

ここで，感受率の虚部 $\chi_\mathrm{i}^{(1)}$ が伝播光の減衰につながることを，直感的に説明しておく．$\chi_\mathrm{i}^{(1)}$ のもとをたどると，双極子運動の減衰項（式 (2.18) の右辺第 3 項）に行き当たる．この項は，双極子の振動を止めるように作用する力であり，ばね振動でいうところの摩擦力に相当する．摩擦があると，運動エネルギーは熱エネルギーに変換される（図 2.5）．ばね振動系からみると，これによりエネルギーが散逸する．双極子の場合も同様で，双極子の運動エネルギーが，媒質系へ散逸する．散逸するエネルギーの供給源は，双極子振動の駆動力，すなわち光電場である．その分，光電場はエネルギーを失って損失を受ける．これが，$\chi_\mathrm{i}^{(1)}$ が伝播損失となることの，直感的解釈である．

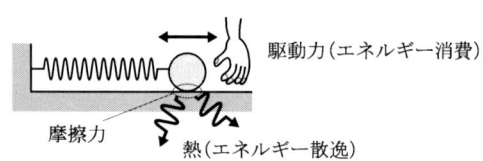

図 2.5 減衰項によるエネルギー散逸

さて，線形伝播方程式 (2.26) についての考察から，$\chi_\mathrm{i}^{(1)}$ が伝播損失となることがわかったので，これを取り込んでいる非線形伝播方程式 (2.25) が，損失媒質中の非線形光の振る舞いを記述する式ということになる．ここで，この式内のパラメーターを，直感的に理解しやすい表式に書き換える．式 (2.30) の線形伝播方程式の解をみると，減衰の度合いは，$(\omega/c)(\chi_\mathrm{i}^{(1)}/2n)$ で表されている．ところで，通常，伝播光の減衰は，光強度 I についての損失係数 α を用いて，

$$I = I_0 e^{-\alpha z} \quad (2.31)$$

と表される（I_0：$z=0$ での光強度）．α は，物理的には，(α の逆数) = (光強度が $1/e$ となる伝播距離) という意味合いをもつ．この α と，式 (2.30) 中の $(\omega/c)(\chi_\mathrm{i}^{(1)}/2n)$ とを対応付けたい．そのために，式 (2.30) の光電場の強度をみてみる．

$$I(z) \propto |\boldsymbol{E}|^2 = 2|\boldsymbol{A}_0|^2 \exp\left[-\frac{\omega}{nc}\chi_\mathrm{i}^{(1)} z\right] \tag{2.32}$$

この表式と式 (2.31) を見比べると，$\{\omega/(nc)\}\chi_\mathrm{i}^{(1)}$ が損失係数 α に対応していることがわかる．そこで，

$$\frac{\omega}{nc}\chi_\mathrm{i}^{(1)} = \alpha \quad \rightarrow \quad \chi_\mathrm{i}^{(1)} = \frac{nc}{\omega}\alpha \tag{2.33}$$

とし，これを非線形伝播方程式 (2.25) に代入する．

$$\nabla^2 \boldsymbol{E} - \frac{n^2 + i(\alpha nc/\omega)}{c^2}\frac{\partial^2}{\partial t^2}\boldsymbol{E} = \mu\frac{\partial^2 \boldsymbol{P}_\mathrm{NL}}{\partial t^2}$$

上式を整理すると，次のようになる．

$$\nabla^2 \boldsymbol{E} - i\frac{\alpha n}{c\omega}\frac{\partial^2}{\partial t^2}\boldsymbol{E} - \frac{n^2}{c^2}\frac{\partial^2}{\partial t^2}\boldsymbol{E} = \mu\frac{\partial^2 \boldsymbol{P}_\mathrm{NL}}{\partial t^2} \tag{2.34}$$

これが，損失のある媒質内の非線形伝播方程式である．ただし，このままだと，左辺第 2 項に角周波数 ω が入ってしまっている．この ω は伝播方程式の解を式 (2.27) のように表記したところから出てきたのであるが，一般的な伝播方程式の形としては，物質定数だけで表されていて欲しい．式 (2.27) の表式から，$\boldsymbol{E}$ を時間微分することは，$-i\omega$ を乗ずることと等価であることがわかる．そこで，式 (2.34) 左辺第 2 項の時間微分の 1 回分を「$\times(-i\omega)$」に置き換えることにより，ω を含まない伝播方程式を次のように得る．

$$\nabla^2 \boldsymbol{E} - \frac{\alpha n}{c}\frac{\partial}{\partial t}\boldsymbol{E} - \frac{n^2}{c^2}\frac{\partial^2}{\partial t^2}\boldsymbol{E} = \mu\frac{\partial^2 \boldsymbol{P}_\mathrm{NL}}{\partial t^2} \tag{2.35}$$

これが，損失のある媒質の非線形伝播方程式となる．

なお，上の導出過程では，$\chi_\mathrm{i}^{(1)}/n^2 \ll 1$ として，式 (2.29) の近似式を用いた．ここで，この近似の妥当性について述べておく．$\chi_\mathrm{i}^{(1)}/n^2$ を関係式 (2.33) を使って書きなおすと，次のようになる．

$$\frac{\chi_\mathrm{i}^{(1)}}{n^2} = \frac{c}{\omega n}\alpha = \frac{\lambda}{2\pi n}\alpha$$

この表式において，λ は伝播光の波長，$1/\alpha$ は光強度が $1/e$ となる伝播距離である．通常，光強度が $1/e$ となる伝播距離は波長よりも十分長いので，

$$\frac{1}{\alpha} \gg \lambda \quad \rightarrow \quad \alpha\lambda \ll 1 \quad \rightarrow \quad \frac{\lambda}{2\pi n}\alpha \ll 1 \tag{2.36}$$

よって，$\chi_i^{(1)}/n^2 \ll 1$ といえる．ちなみに，この近似は，次項で述べる「ゆっくり変化する包絡線近似」と等価である．

◆ 2.2.3 振幅方程式

式 (2.12) または式 (2.35) は非線形媒質内の光電場のすべて，すなわち，角周波数 ω，伝播定数 β で伝播する搬送波振動をも含めて記述する微分方程式であるが，関心があるのは，そのような搬送波の振幅がどのように変化するかである．そこで，非線形光学では，通常，式 (2.12), (2.35) そのものではなく，これから導かれる振幅についての微分方程式が扱われる．本項では，式 (2.35) からそれを導く．

伝播光を z 方向に伝播する平面波とし，その光電場を搬送波振動項と振幅項に分けて，次のように表記する．

$$\boldsymbol{E}(z,t) = \frac{1}{2}\boldsymbol{A}(z)\exp[i(\beta z - \omega t)] + c.c. \tag{2.37}$$

この表記法に合わせて，非線形分極も次のように表す．

$$\boldsymbol{P}_{\mathrm{NL}}(z,t) = \frac{1}{2}\boldsymbol{A}_{\mathrm{NL}}(z)\exp[i(\beta_{\mathrm{NL}}z - \omega_{\mathrm{NL}}t)] + c.c. \tag{2.38}$$

なお，ここでは，$\boldsymbol{A}$ が時間に無依存である連続光を想定する．$\boldsymbol{A}$ が時間に依存するパルス光の振幅方程式については，第 5 章で別途述べる．

式 (2.37), (2.38) を式 (2.35) に代入すると，次式が得られる．

$$\left(\frac{d^2\boldsymbol{A}}{dz^2} + 2i\beta\frac{d\boldsymbol{A}}{dz} + i\frac{\alpha n \omega}{c}\boldsymbol{A}\right)e^{i(\beta z - \omega t)} = -\mu\omega_{\mathrm{NL}}{}^2 \boldsymbol{A}_{\mathrm{NL}} e^{i(\beta_{\mathrm{NL}}z - \omega_{\mathrm{NL}}t)} \tag{2.39}$$

上式を得るにあたっては，$\beta = n\omega/c$ を用いた．ここで，式 (2.39) の，左辺第 1 項と第 2 項を比較する．

$$\frac{d^2\boldsymbol{A}}{d^2 z} \quad \text{vs} \quad 2i\beta\frac{d\boldsymbol{A}}{dz}$$

両者の比較は，伝播定数 $\beta = 2\pi n/\lambda$（λ：波長）を代入すると，次のように書き換えられる．

$$\frac{d\boldsymbol{A}}{dz} \quad \text{vs} \quad i\frac{4\pi n}{\lambda}\boldsymbol{A} \quad \rightarrow \quad \frac{\lambda}{4\pi n}\frac{d\boldsymbol{A}}{dz} \quad \text{vs} \quad i\boldsymbol{A}$$

ところで，一般に $X(z_0 + \Delta z) \approx X(z_0) + (dX/dz)_{z=z_0}\Delta z$ であるので，左側の項は波長オーダーの距離 $\lambda/(4\pi n)$ での $\boldsymbol{A}$ の変化分を表している．通常，この程度の距離

内では，振幅変化 $\Delta\boldsymbol{A}$ は $\boldsymbol{A}$ に比べて無視できると考えてよい．したがって，右項に比べて左項は十分小さいとしてよい．そこで，第 2 項との比較から，式 (2.39) 左辺第 1 項を無視する．そうしたうえで式を整理すると，

$$\frac{d\boldsymbol{A}}{dz} = -\frac{\alpha}{2}\boldsymbol{A} + i\frac{\mu c\omega_{\mathrm{NL}}{}^2}{2n\omega}\boldsymbol{A}_{\mathrm{NL}}e^{i\{(\beta_{\mathrm{NL}}-\beta)z-(\omega_{\mathrm{NL}}-\omega)t\}} \tag{2.40}$$

となる．これが，角周波数 ω，伝播定数 β で伝播する光の振幅 $\boldsymbol{A}$ の振る舞いを記述する基本式である．この式を吟味すると，非線形分極がない場合には，$d\boldsymbol{A}/dz = -(\alpha/2)\boldsymbol{A}$ であり，これの解は $\boldsymbol{A} \propto e^{-(\alpha/2)z}$，光強度にすると $I \propto e^{-\alpha z}$ となる．すなわち，右辺第 1 項は，伝播にともなう線形的な減衰を表す項となっている．これに対し，非線形分極による振幅変化の効果が，第 2 項として加わっている．

なお，式 (2.39) から式 (2.40) への移行で用いた近似，すなわち，波長程度の伝播距離での振幅変化は十分に小さいという近似を，「ゆっくり変化する包絡線近似（slowly varying envelope approximation）」とよぶ．非線形光学では，一般にこの近似が用いられる．

第3章

四光波混合

　四光波混合は，複数の周波数の入射光から，3次の非線形分極により，新たな光が発生する現象である．たとえば，f_1, f_2, f_3 という三つの周波数光が光非線形媒質に入射されると，周波数の組み合わせにより，図 3.1 に示すような，さまざまな周波数の光（$f_{ijk} = f_i + f_j - f_k$）が発生する．この現象は，波長分割多重伝送に深刻な影響を与えるものであり，光非線形効果が光ファイバー通信における重要課題となる契機ともなった．本章では，四光波混合の基本的な事柄を述べる．

図 3.1　四光波混合：$f_{ijk} = f_i + f_j - f_k$

　なお，四光波混合の発生効率を中心的に論じる本章および次章では，時間波形は関心外とし，連続光を想定して話を進める．媒質の応答速度（ファイバーガラスの場合はピコ秒以下）が信号光の時間変化より十分速い場合には，信号変化に対して媒質は瞬時に応答するので，変調信号光に対しても連続光的取り扱いが適用できる．また，非線形効果は比較的弱いものとし，発生光を摂動的に取り扱う．すなわち，非線形光の発生はもとの入射光には影響を与えないものとする．そうした方が発生特性を直感的に理解しやすく，また，波長分割多重伝送への影響を考えるにはそれで十分である．摂動的でない取り扱いについては，第7章で述べる．

3.1　基本式

◆ 3.1.1　平面波の場合

　それぞれが次式で表される三つの周波数光が，非線形媒質内を z 方向に伝播しているとする．

$$E(\omega_k, z) = \frac{1}{2} A_k(z) \exp[i(\beta_k z - \omega_k t)] + c.c. \quad (k = 1, 2, 3) \tag{3.1}$$

ただし，平面波を想定し，振幅 A_k は $\{x, y\}$ には無依存とした．また，ここでは基本的性質をみるため，偏波のことは考えずに，電場および分極はスカラー量とする．

全体の光電場 E を $E = E(\omega_1, z) + E(\omega_2, z) + E(\omega_3, z)$ とし，これに式 (3.1) を代入したうえで，3次の非線形分極 $P_{\rm NL} = \varepsilon_0 \chi^{(3)} E^3$ に代入する．

$$P_{\rm NL} = \frac{\varepsilon_0 \chi^{(3)}}{8} \{A_1 e^{i(\beta_1 z - \omega_1 t)} + A_2 e^{i(\beta_2 z - \omega_2 t)} + A_3 e^{i(\beta_3 z - \omega_3 t)} + c.c.\}^3 \tag{3.2}$$

上式の3重積から，さまざまな周波数成分が発生する．ここで，$\omega_{\rm f} = \omega_1 + \omega_2 - \omega_3$ という成分に着目する．この周波数成分の分極は，次のように書き出される．

$$P_{\rm NL}(\omega_{\rm f}, z) = \frac{6}{8} \varepsilon_0 \chi^{(3)} A_1(z) A_2(z) A_3^*(z) \exp[i\{(\beta_1 + \beta_2 - \beta_3)z - \omega_{\rm f} t\}] + c.c. \tag{3.3}$$

上式の係数 6 は，式 (3.2) 内の3重積において，$\omega_{\rm f} = \omega_1 + \omega_2 - \omega_3$ となる光電場項の組み合わせの数からきている．式 (3.3) を式 (2.38) の表記法に対応させると，非線形分極の振幅は，

$$A_{\rm NL}(\omega_{\rm f}, z) = \frac{3}{2} \varepsilon_0 \chi^{(3)} A_1(z) A_2(z) A_3^*(z) \tag{3.4}$$

と表され，伝播定数は，$\beta_{\rm NL} = \beta_1 + \beta_2 - \beta_3$ となる．

式 (3.3) の非線形分極から，角周波数 $\omega_{\rm f}$ の光が発生する．発生光を，式 (3.1) にならって，

$$E(\omega_{\rm f}, z) = \frac{1}{2} A_{\rm f}(z) \exp[i(\beta_{\rm f} z - \omega_{\rm f} t)] + c.c. \tag{3.5}$$

と表記すると，振幅 $A_{\rm f}$ の振る舞いは，式 (2.40) で記述されることになる．式 (2.40) をここでの表式を当てはめて，書き改めると，次のようになる．

$$\frac{dA_{\rm f}(z)}{dz} = -\frac{\alpha}{2} A_{\rm f}(z) + i \frac{3\omega_{\rm f} \chi^{(3)}}{4cn} A_1(z) A_2(z) A_3^*(z) e^{i\Delta\beta z} \tag{3.6}$$

ただし，

$$\Delta\beta \equiv \beta_1 + \beta_2 - \beta_3 - \beta_{\rm f} \tag{3.7}$$

というパラメーターを導入し，また関係式 $\varepsilon_0 \mu = 1/c^2$ を用いた．式 (3.6) により，非線形分極から発生する四光波混合光の振る舞いが記述される．

それでは，式 (3.6) を解いていきたいところだが，右辺に $A_1(z)A_2(z)A_3^*(z)$ があり，各入射光も非線形分極の影響を受けて，式 (3.6) に類似の微分方程式に従うため，式 (3.6) 単独では解は得られない．そこで，「ポンプ・デプレッション（pump depletion）はない」という近似を用いる．これは，入射光の光強度は十分強く非線形相互作用による変化は相対的に無視できるとする近似，つまり，四光波混合光の発生を摂動的に取り扱う近似である．この近似のもとでは，入射光は通常の線形伝播方程式に従うものとして，その振幅が，

$$A_k(z) = A_k(0)e^{-(\alpha/2)z} \quad (k=1,2,3) \tag{3.8}$$

と表される．以下，この表式を用いて，式 (3.6) を解いていく．

なお，ここで，「ポンプ・デプレッション」という言葉について説明しておく．「ポンプ」という呼び名は，入射光（f_1, f_2, f_3）からエネルギーをもらって非線形光（f_f）が発生するところからきている（図 3.2）．非線形光へエネルギーを注ぎ込むというイメージから，入射光をポンプ光とよび，非線形相互作用を介したエネルギー供給によるポンプ光の減衰（デプレッション）を無視することから，「ポンプ・デプレッションはない」という言い方をする．ちなみに，波長分割多重伝送における四光波混合の影響を考える際には，わずかな四光波混合光の発生，たとえば信号光に対するパワー比が 1/100 程度（約 $-20\,\mathrm{dB}$）でも，伝送信号劣化が生じる．四光波混合光の発生パワー比が $-20\,\mathrm{dB}$ ということは，大雑把にいって，非線形相互作用によるポンプ光の減少量が 1% ということであり，このような状況に「ポンプ・デプレッションはない」近似を適用することは，十分妥当である．

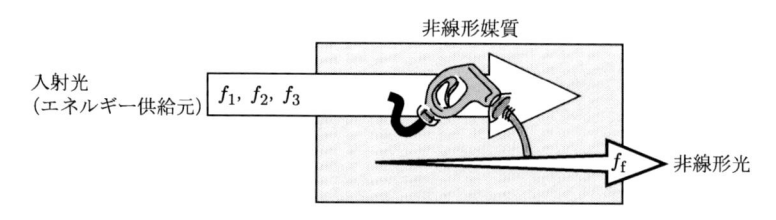

図 3.2 入射光から非線形光へのエネルギー供給

それでは，入射光を式 (3.8) として，式 (3.6) の解を求めていく．式 (3.8) を式 (3.6) に代入すると，

$$\frac{dA_\mathrm{f}(z)}{dz} = -\frac{\alpha}{2}A_\mathrm{f}(z) + i\frac{3\omega_4\chi^{(3)}}{4cn}A_1(0)A_2(0)A_3^*(0)e^{(-3\alpha/2+i\Delta\beta)z} \tag{3.9}$$

となる．これを解き出すために，A_f を，

$$A_\mathrm{f}(z) = a_\mathrm{f}(z)e^{-(\alpha/2)z} \tag{3.10}$$

とおき，式 (3.9) に代入する．

$$\left\{\frac{da_\mathrm{f}(z)}{dz} - \frac{\alpha}{2}a_\mathrm{f}\right\}e^{-(\alpha/2)z}$$
$$= -\frac{\alpha}{2}a_\mathrm{f}(z)e^{-(\alpha/2)z} + i\frac{3\omega_\mathrm{f}\chi^{(3)}}{4cn}A_1(0)A_2(0)A_3^*(0)e^{(-3\alpha/2+i\Delta\beta)z}$$

これを整理すると，次式が得られる．

$$\frac{da_\mathrm{f}(z)}{dz} = i\frac{3\omega_\mathrm{f}\chi^{(3)}}{4cn}A_1(0)A_2(0)A_3^*(0)e^{(-\alpha+i\Delta\beta)z} \tag{3.11}$$

この微分方程式の解は，次のように得られる．

$$a_\mathrm{f}(z) = -i\frac{3\omega_\mathrm{f}\chi^{(3)}}{4cn}A_1(0)A_2(0)A_3^*(0)\frac{e^{(-\alpha+i\Delta\beta)z}}{\alpha-i\Delta\beta} + C \quad (C：積分定数) \tag{3.12}$$

境界条件を $a_\mathrm{f}(0) = 0$ とおくと，

$$a_\mathrm{f}(0) = -i\frac{3\omega_\mathrm{f}\chi^{(3)}}{4cn}A_1(0)A_2(0)A_3^*(0)\frac{1}{\alpha-i\Delta\beta} + C = 0$$

となり，これより，

$$C = i\frac{3\omega_\mathrm{f}\chi^{(3)}}{4cn}A_1(0)A_2(0)A_3^*(0)\frac{1}{\alpha-i\Delta\beta} \tag{3.13}$$

が得られる．これを式 (3.12) に代入する．

$$a_\mathrm{f}(z) = i\frac{3\omega_\mathrm{f}\chi^{(3)}}{4cn}A_1(0)A_2(0)A_3^*(0)\frac{1-e^{(-\alpha+i\Delta\beta)z}}{\alpha-i\Delta\beta} \tag{3.14}$$

さらに，これを式 (3.10) に代入すると，次式が得られる．

$$A_\mathrm{f}(z) = i\frac{3\omega_\mathrm{f}\chi^{(3)}}{4cn}A_1(0)A_2(0)A_3^*(0)e^{-(\alpha/2)z}\frac{1-e^{(-\alpha+i\Delta\beta)z}}{\alpha-i\Delta\beta} \tag{3.15}$$

これが，非線形分極より発生する四光波混合光の振幅を表す式である．

ところで，通常観測されるのは振幅ではなく，光強度あるいは光パワーである．そこで，振幅の表式 (3.15) から，光強度 $I_\mathrm{f}(z)$ の表式を求める．一般に，光強度 I は，ポインティングベクトル $\boldsymbol{S} = \boldsymbol{E} \times \boldsymbol{H}$ の絶対値の光振動周期にわたる時間平均

$$I = \langle |\boldsymbol{S}| \rangle = \frac{1}{2} nc\varepsilon_0 |A|^2 \tag{3.16}$$

で与えられる．ただし，A は，光電場を式 (3.1) のように表したときの複素振幅である．これを用いると，式 (3.15) から，四光波混合光強度 I_f の表式が次のように得られる．

$$I_\mathrm{f}(z) = \left(\frac{3\omega_\mathrm{f}\chi^{(3)}}{2c^2n^2\varepsilon_0}\right)^2 I_1(0)I_2(0)I_3(0) e^{-\alpha z} \frac{(1-e^{-\alpha z})^2 + 4e^{-\alpha z}\sin^2(\Delta\beta z/2)}{\alpha^2 + (\Delta\beta)^2} \tag{3.17}$$

ただし，$I_k(0)$ は入射光強度である．上式は，入射光強度が等しい（$I_1(0) = I_2(0) = I_3(0)$）場合，発生光強度が入射光強度の 3 乗に比例することを示している．このことは，光強度が大きいほど，光非線形現象が起こりやすいことを示唆する．

以上では，f_1, f_2, f_3 の入射光から $f_\mathrm{f} = f_1 + f_2 - f_3$ の周波数に発生する四光波混合光について述べたが，たとえば $f_\mathrm{f} = 2f_1 - f_2$ のように，二つの入射光からも新たな周波数の光が発生する（一部縮退四光波混合）．この場合の非線形分極は，式 (3.2) から $\omega_\mathrm{f} = (2\omega_1 - \omega_2)$ 成分を書き出すことより，

$$P_\mathrm{NL}(\omega_\mathrm{f}, z) = \frac{3}{8}\varepsilon_0 \chi^{(3)} A_1(z)^2 A_2^*(z) \exp[i\{(2\beta_1 - \beta_2)z - \omega_\mathrm{f} t\}] + c.c. \tag{3.18}$$

となる．上式では，$\omega_\mathrm{f} = (2\omega_1 - \omega_2)$ となる光電場項の組み合わせの数の違いから，右辺の係数が，非縮退時の 6 ではなく 3 となっている．これを ω_f についての非線形伝播方程式に代入し，非縮退四光波混合と同様の手順により解を求めると，発生光の振幅が，次のように得られる．

$$A_\mathrm{f}(z) = i\frac{3\omega_\mathrm{f}\chi^{(3)}}{8cn} A_1(0)^2 A_2^*(0) e^{-(\alpha/2)z} \frac{1 - e^{(-\alpha + i\Delta\beta)z}}{\alpha - i\Delta\beta} \tag{3.19}$$

また，光強度は，

$$I_\mathrm{f}(z) = \left(\frac{3\omega_\mathrm{f}\chi^{(3)}}{4c^2n^2\varepsilon_0}\right)^2 I_1(0)^2 I_2(0) e^{-\alpha z} \frac{(1-e^{-\alpha z})^2 + 4e^{-\alpha z}\sin^2(\Delta\beta z/2)}{\alpha^2 + (\Delta\beta)^2} \tag{3.20}$$

と表される．ただし，$\Delta\beta = 2\beta_1 - \beta_2 - \beta_\mathrm{f}$ である．一部縮退の場合，分極の表式 (3.3)，(3.18) における係数の違いから，非縮退時に比べて振幅は 1/2，光強度は 1/4 となっている．

3.1.2　導波光の場合

前項では，z方向に伝播する平面波を想定して，四光波混合の発生光強度（単位時間内に単位断面積当たりを流れる光エネルギー）を求めた．現象の基本的性質をみるにはこれで十分であるが，実際には，光電場は光ファイバーの断面方向（xy方向）に分布しており，たとえば非線形光の発生パワー（単位時間内に全断面積内を流れる光エネルギー）について知りたいときには，断面方向の電界分布も考慮しなければならない．本項では，光ファイバーで発生する四光波混合光パワーについて考える．

まず，ファイバー伝播光の断面方向の電界分布を表す関数$\psi(x,y)$を導入する．そして，これを用いて，平面伝播波の表式(3.1)を次のように書き換える．

$$E(\omega_k, x, y, z) = \frac{1}{2}\psi_k(x,y)A_k(z)\exp[i(\beta_k z - \omega_k t)] + c.c. \tag{3.21}$$

ψは導波モードで決まる関数形をしており，たとえば基本伝播モードでは，近似的に，

$$\psi_k(x,y) \approx \exp\left[-\frac{x^2+y^2}{w^2}\right]$$

と書かれる．wはファイバーのコア径で決まるパラメーターである．

式(3.21)の光電場の強度I_kは，

$$I_k(x,y,z) = \frac{nc\varepsilon_0}{2}|A_k(z)|^2\psi_k(x,y)^2$$

であり，伝播光パワーは，これを断面方向で積分して，

$$\begin{aligned}P_k(z) &= \int_{-\infty}^{\infty}\int_{-\infty}^{\infty} I_k(x,y,z)dxdy \\ &= \frac{n_{\text{eff}}c\varepsilon_0}{2}|A_k(z)|^2\int_{-\infty}^{\infty}\int_{-\infty}^{\infty}\psi_k(x,y)^2 dxdy = |A_k(z)|^2 N_k^2\end{aligned} \tag{3.22}$$

と表される．ただし，上式では，次で定義されるパラメーターN_kを導入した．

$$N_k \equiv \left\{\frac{n_{\text{eff}}c\varepsilon_0}{2}\int_{-\infty}^{\infty}\int_{-\infty}^{\infty}\psi_k(x,y)^2 dxdy\right\}^{1/2} \tag{3.23}$$

また，n_{eff}は伝播モードの実効屈折率である．ファイバー導波構造では，屈折率nも断面方向に分布しており（xy依存性があり），厳密には積分の内に取り入れなくてはならないが，断面方向分布の効果をn_{eff}として，ひとつの値に押し込めてある．なお，ファイバーのコアとクラッドの屈折率差は1％以下，かつ光電場の分布はコア部に集中しているので，n_{eff}はコアの屈折率とほぼ同じである．

さて，ここで式 (3.23) の N_k を用いて，次の $F_k(z)$ を定義する．

$$F_k(z) \equiv N_k A_k(z) \tag{3.24}$$

この変数は，断面方向の電界分布を取り込んだ規格化振幅ともいうべきものである．これを用いると，

$$|F_k(z)|^2 = \frac{n_{\text{eff}} c \varepsilon_0}{2} |A_k(z)|^2 \int_{-\infty}^{\infty} \int_{-\infty}^{\infty} \psi_k(x,y)^2 dx dy = P_k(z) \tag{3.25}$$

となり，$F_k(z)$ から直接的に光パワー $P_k(z)$ が得られる．

前項では，式 (3.1) の振幅 $A_k(z)$ について，式 (3.6) の微分方程式を得た．式 (3.21) は式 (3.1) の A_k を $\psi_k A_k$ に置き換えた形となっており，前項と同様にして，次の振幅方程式が得られる．

$$\psi_{\text{f}} \frac{dA_{\text{f}}}{dz} = -\frac{\alpha}{2} \psi_{\text{f}} A_{\text{f}}(z) + i\frac{3\omega_{\text{f}} \chi^{(3)}}{4cn} \psi_1 \psi_2 \psi_3 A_1(z) A_2(z) A_3^*(z) e^{i\Delta\beta z} \tag{3.26}$$

この式の両辺に ψ_{f} を掛けたうえで，x, y について積分する．

$$\frac{dA_{\text{f}}}{dz} \int_{-\infty}^{\infty} \int_{-\infty}^{\infty} \psi_{\text{f}}^2 dx dy$$

$$= -\frac{\alpha}{2} A_{\text{f}}(z) \int_{-\infty}^{\infty} \int_{-\infty}^{\infty} \psi_{\text{f}}^2 dx dy$$

$$+ i\frac{3\omega_{\text{f}} \chi^{(3)}}{4cn_{\text{eff}}} A_1(z) A_2(z) A_3^*(z) e^{i\Delta\beta z} \int_{-\infty}^{\infty} \int_{-\infty}^{\infty} \psi_1 \psi_2 \psi_3 \psi_{\text{f}} dx dy$$

積分にあたって n を実効屈折率 n_{eff} に置き換えている事情は，式 (3.22) と同様である．また，$\chi^{(3)}$ は断面にわたって一様とした．

上式に式 (3.23), (3.24) を代入すると，

$$\frac{2}{\varepsilon_0} \frac{dA_{\text{f}}}{dz} N_{\text{f}}^2 = -\frac{\alpha}{2} A_{\text{f}}(z) \frac{2}{\varepsilon_0} N_{\text{f}}^2$$

$$+ i\frac{3\omega_{\text{f}} \chi^{(3)}}{4} \frac{F_1(z) F_2(z) F_3^*(z)}{N_1 N_2 N_3} e^{i\Delta\beta z} \int_{-\infty}^{\infty} \int_{-\infty}^{\infty} \psi_1 \psi_2 \psi_3 \psi_{\text{f}} dx dy$$

$$\frac{dF_{\text{f}}}{dz} = -\frac{\alpha}{2} F_{\text{f}}(z) + i\frac{3\varepsilon_0 \omega_{\text{f}} \chi^{(3)}}{8} \frac{F_1(z) F_2(z) F_3^*(z)}{N_1 N_2 N_3 N_{\text{f}}} e^{i\Delta\beta z} \int_{-\infty}^{\infty} \int_{-\infty}^{\infty} \psi_1 \psi_2 \psi_3 \psi_{\text{f}} dx dy$$

$$= -\frac{\alpha}{2} F_{\text{f}}(z) + i\frac{3\varepsilon_0 \omega_{\text{f}} \chi^{(3)}}{8 A_{\text{eff}}} F_1(z) F_2(z) F_3^*(z) e^{i\Delta\beta z} \tag{3.27}$$

となる．ただし，

$$A_{\text{eff}} \equiv \frac{N_1 N_2 N_3 N_{\text{f}}}{\int_{-\infty}^{\infty}\int_{-\infty}^{\infty}\psi_1\psi_2\psi_3\psi_{\text{f}}dxdy} \approx \frac{\left\{\int_{-\infty}^{\infty}\int_{-\infty}^{\infty}\psi(x,y)^2 dxdy\right\}^2}{\int_{-\infty}^{\infty}\int_{-\infty}^{\infty}\psi(x,y)^4 dxdy} \quad (3.28)$$

を用いた．式 (3.27) が，光ファイバー内を導波する四光波混合光の振る舞いを記述する微分方程式となる．ここで導入した A_{eff} は**実効断面積**とよばれ，四光波混合のみならず，ファイバー導波光の非線形相互作用を語る際に，一般的に用いられるパラメーターである．A_{eff} の実際の値は伝播光のモード断面積と同程度で，分散シフトファイバーでは $A_{\text{eff}} = 50\,\mu\text{m}^2$，通常分散ファイバーでは $A_{\text{eff}} = 75\,\mu\text{m}^2$ 程度となっている．

なお，式 (3.27) は，

$$\gamma \equiv \frac{3\varepsilon_0 \omega_{\text{f}} \chi^{(3)}}{16 A_{\text{eff}}} \quad (3.29)$$

で定義されるパラメーターを使って，

$$\frac{dF_{\text{f}}}{dz} = -\frac{\alpha}{2}F_{\text{f}}(z) + i2\gamma F_1(z)F_2(z)F_3^*(z)e^{i\Delta\beta z} \quad (3.30)$$

と表されることが多い．この γ は，**非線形光学定数**とよばれる．具体的には，標準的な分散シフトファイバーで $2\,\text{km}^{-1}\text{W}^{-1}$ 程度である．

式 (3.27) または式 (3.30) は，前項と同様の手順で解くことができる．その解は，

$$F_{\text{f}}(z) = i2\gamma F_1(0)F_2(0)F_3^*(0)e^{-(\alpha/2)z}\frac{1-e^{(-\alpha+i\Delta\beta)z}}{\alpha - i\Delta\beta} \quad (3.31)$$

となり，発生光パワー P は，次式となる．

$$P_{\text{f}}(z) = |F_{\text{f}}(z)|^2$$
$$= 4\gamma^2 P_1(0)P_2(0)P_3(0)e^{-\alpha z}\frac{(1-e^{-\alpha z})^2 + 4e^{-\alpha z}\sin^2(\Delta\beta z/2)}{\alpha^2 + (\Delta\beta)^2} \quad (3.32)$$

上式は，次のようにも書き換えられる．

$$P_{\text{f}}(z)$$
$$= 4\gamma^2 P_1(0)P_2(0)P_3(0)e^{-\alpha z}\left(\frac{1-e^{-\alpha z}}{\alpha}\right)^2 \frac{\alpha^2}{\alpha^2+(\Delta\beta)^2}\left\{1 + \frac{4e^{-\alpha z}\sin^2(\Delta\beta z/2)}{(1-e^{-\alpha z})^2}\right\}$$
$$(3.33)$$

これが，ファイバー導波路における四光波混合光の発生パワーの表式である．

3.2 発生特性

式 (3.32) あるいは式 (3.33) から，四光波混合発生についてのいくつかの性質を知ることができる．

◆ 3.2.1 入射光パワー依存性

式 (3.33) は，発生光パワーが入射光パワーの 3 乗（$P_1(0)P_2(0)P_3(0)$）に比例することを示している．これは，3 次の非線形分極が光電場の 3 乗に比例することに由来する．各入射光パワーが等しい場合（$P_1(0) = P_2(0) = P_3(0)$），入射光パワーが x 倍になると，発生光パワーは x^3 倍になる．つまり，入射光パワーが大きいほど，四光波混合光の発生量は大きい．光ファイバー通信において，光ファイバー増幅器が登場してから光非線形性が取りざたされるようになったのは，この特性のためである．光増幅器により高パワーの信号光がファイバー伝送路を伝播するようになり，光非線形性が顕著に現れるようになった．

◆ 3.2.2 伝播距離依存性

伝播距離依存性についても，式 (3.33) から知ることができる．式 (3.33) において，伝播距離 L が関与する項は，$e^{-\alpha L}$ と $(1-e^{-\alpha L})/\alpha$ と $e^{-\alpha L}\sin^2(\Delta\beta L/2)/(1-e^{-\alpha L})^2$ の三つである．このうち，最後の項については，$\Delta\beta$ を説明する 3.2.4 項で述べる．最初の項 $e^{-\alpha L}$ は，通常の線形的な減衰を表している．つまり，四光波混合光は，非線形分極から新たな振幅を付与されつつ，同時に通常の損失を受けて伝播することを表しており，格別非線形現象にかかわる項ではない．残るは $(1-e^{-\alpha L})/\alpha$ である．$\alpha L \ll 1$ として，これを微小展開してみると，

$$\frac{1-e^{-\alpha L}}{\alpha} \approx \frac{1-\{1-\alpha L+(\alpha L)^2/2\}}{\alpha} = \left(1-\frac{\alpha L}{2}\right)L \tag{3.34}$$

となる．これより，$(1-e^{-\alpha L})/\alpha$ は，無損失媒質では $(1-e^{-\alpha L})/\alpha \to L$ であり，損失があると，それより小さくなることがわかる．ところで，前項で述べたように，非線形効果は，入射光パワーの 3 乗に比例する．したがって，損失があると，伝播につれて入射光パワーが減少するため，非線形効果が弱くなる．すなわち，非線形相互作用が起こらなくなってくる．つまり，光非線形現象には，媒質の損失で決まる実効的な相互作用長が存在する．このことと，式 (3.34) で示されている，無損失では $(1-e^{-\alpha L})/\alpha$ が L であり，損失があるとそこから減少という性質を考え合わせると，$(1-e^{-\alpha L})/\alpha$ を損失を考慮した実効的な相互作用長とみることができる．そこで，これを**実効長**（effective length）L_{eff} とよぶ．

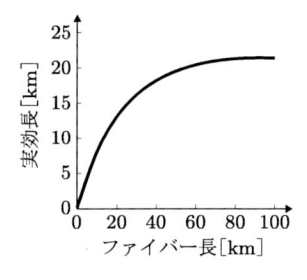

図 3.3 光ファイバーの実効長

$$L_{\text{eff}} \equiv \frac{1 - e^{-\alpha L}}{\alpha} \tag{3.35}$$

図 3.3 に,伝播損失 0.2 dB/km の光ファイバーの実効長を示す.実効長は,短尺領域では実際の長さとほぼ同じであるが,ファイバー長が長くなるにつれて傾きが緩やかになり,実効長が 20 km を超えたあたりで頭打ちとなる.このことは,どんなに長いファイバーでも,実効的な長さは 20 km 程度とみなせば十分であることを示唆している.

さて,式 (3.33) に立ち戻ると,四光波混合光パワーは実効長の 2 乗に比例している.実効的な伝播距離が x 倍になると,発生光パワーは x^2 倍になるということである.この特性は,直感的には次のように理解される.簡単のため,無損失かつ $\Delta \beta = 0$(この条件については 3.2.4 項および 3.2.5 項で述べる)とすると,四光波混合光の振幅変化を記述する微分方程式 (3.9) は,

$$\frac{dA_{\text{f}}}{dz} = i \frac{3\omega_{\text{f}} \chi^{(3)}}{4cn} A_1(0) A_2(0) A_3^*(0) \tag{3.36}$$

となる.この式が物理的に意味するところは,局所場において,

$$\Delta A_{\text{f}} = i \frac{3\omega_{\text{f}} \chi^{(3)}}{4cn} A_1(0) A_2(0) A_3^*(0) \Delta z \tag{3.37}$$

が順次足し合わされるということである.上式は,各局所場で足し合わされる四光波混合光は常に同位相であることを示している.したがって,全長を微小区間の集まりとして,その区間数が N であれば,全振幅は

$$A_{\text{f}}(N) = N \times \Delta A_{\text{f}} \tag{3.38}$$

となる.これを光強度にすると,

$$I_{\text{f}} \propto |N \Delta A_{\text{f}}|^2 = N^2 \times |\Delta A_{\text{f}}|^2 \tag{3.39}$$

となる．上式は，光強度は区間数の2乗に比例することを示している．微小区間の数は媒質長とみなせるので，発生光強度は長さの2乗に比例するということである．発生光パワーの距離依存性はこのように理解される．

なお，光ファイバー通信において，光ファイバー増幅器が登場してから光非線形性が取りざたされるようになった理由が，ここにもある．光増幅中継伝送系では，信号光が長距離にわたって伝播する．非線形光の発生パワーは距離の2乗に比例するため，（光パワーを保った状態で）伝送距離が長くなれば，光非線形効果の影響がより顕著になる．

◆3.2.3 実効断面積依存性

式 (3.33) は，発生光パワーが非線形光学定数 γ の2乗に比例することも示している．定義式 (3.29) より，γ は実効断面積 A_{eff} に逆比例している．したがって，発生光パワーは $1/A_{\text{eff}}^2$ に比例することになる．A_{eff} は伝播モード断面積とほぼ同程度であることを思い起こすと，このことは，A_{eff} が小さいと，光パワー密度（＝光強度）が高くなり，非線形効果が大きくなると理解することができる．この特性は，四光波混合に限らず，他のファイバー内非線形効果にも共通である．

この実効断面積依存性のため，波長変換デバイスや全光スイッチなどの非線形デバイス応用には，モード断面積が小さくなるように設計された光ファイバーが用いられることが多い．この方策により非線形性を高めたファイバーを，**高非線形ファイバー**とよぶ．あるいは，逆に，伝送路での光非線形効果を抑えるため，モード断面積が大きい光ファイバーも設計，作製されている．

◆3.2.4 位相整合

さて，式 (3.33) からわかる発生特性の最後は，$\Delta\beta$ 依存性である．$\Delta\beta$ 依存性を表す項を η として書き出すと，

$$\eta = \frac{\alpha^2}{\alpha^2 + (\Delta\beta)^2}\left\{1 + \frac{4e^{-\alpha L}\sin^2(\Delta\beta L/2)}{(1-e^{-\alpha L})^2}\right\} \tag{3.40}$$

である．上式の { } 内は，$\Delta\beta$ とともに周期的に変化する項となっている．その周期は L で決まり，L が大きいほど周期は短い．そして，この周期関数に，$\alpha^2/\{\alpha^2+(\Delta\beta)^2\}$ が包絡線として掛け合わさっている．この項は，$\Delta\beta=0$ で最大値をとり，$|\Delta\beta|$ が大きくなると減少する．したがって，η は，$|\Delta\beta|$ の増加とともに，振動しながら減少することになる．図 3.4 に，η を $\Delta\beta L$ の関数として計算した結果を示す．ただし，ここでは，損失ゼロとして $(\alpha \to 0)$，$\eta = \{\sin^2(\Delta\beta L/2)\}/(\Delta\beta L/2)^2$ をプロットした．

このように，$\Delta\beta = 0$ のときに，四光波混合光がもっとも効率よく発生する．この

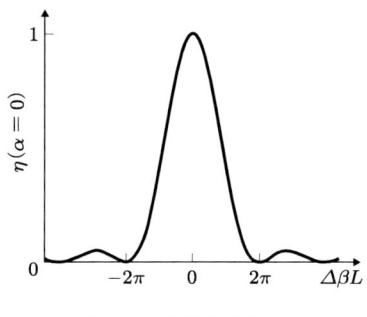

図 3.4 位相整合特性

条件

$$\Delta\beta = 0 \tag{3.41}$$

を，**位相整合条件**という．また，$\Delta\beta$ は，**位相不整合量**とよばれる．もとの定義式 (3.8) に立ち戻ると，$\Delta\beta$ は，

$$\begin{aligned}\Delta\beta &= \beta_1 + \beta_2 - \beta_3 - \beta_{\mathrm{f}} \\ &= n(f_1)\frac{2\pi f_1}{c} + n(f_2)\frac{2\pi f_2}{c} - n(f_3)\frac{2\pi f_3}{c} - n(f_{\mathrm{f}})\frac{2\pi f_{\mathrm{f}}}{c}\end{aligned} \tag{3.42}$$

と書かれる．各周波数光の屈折率が同じであれば，$\Delta\beta = 2\pi(n/c)(f_1+f_2-f_3-f_{\mathrm{f}}) = 0$ となり，位相整合条件は自動的に満たされる．しかし，媒質には屈折率が光周波数によって異なる性質があり，一般には，$\Delta\beta = 0$ とはならない．ところが，ある条件下では位相整合条件が満たされ，四光波混合光が効率よく発生する（4.1 節で詳述）．

なお，式 (3.40) で定義されるパラメーター η は，位相整合時（$\Delta\beta = 0$ のとき）に $\eta = 1$ となるように規格化されており，これを**四光波混合効率**とよぶこともある．

◆ 3.2.5 位相整合の直感的説明

非線形光学一般において，位相整合はとても重要な事項なので，項を改めて，その直感的説明を試みる．

簡単のため，損失を無視すると，ω_{f} 光についての非線形伝搬方程式は，式 (2.13) より，

$$\frac{\partial^2}{\partial z^2}E(\omega_{\mathrm{f}}) - \frac{n^2}{c^2}\frac{\partial^2}{\partial t^2}E(\omega_{\mathrm{f}}) = \mu\frac{\partial^2}{\partial t^2}P_{\mathrm{NL}}(\omega_{\mathrm{f}}) \tag{3.43}$$

と書かれる．「ポンプ・デプレッションはない」近似（3.1.1 節）を採用して，入射光を

$$E(\omega_k, z) = \frac{1}{2}A_k(0)\exp[i(\beta_k z - \omega_k t)] + c.c. \quad (k = 1, 2, 3) \tag{3.44}$$

と表記すると，右辺の非線形分極は，

$$P_{\text{NL}}(\omega_{\text{f}}) = \frac{6}{8}\varepsilon_0\chi^{(3)}A_1(0)A_2(0)A_3^*(0)\exp[i\{(\beta_1+\beta_2-\beta_3)z-\omega_{\text{f}}t\}]+c.c.$$

となる．これを式 (3.43) に代入する．

$$\frac{\partial^2}{\partial z^2}E(\omega_{\text{f}})-\frac{n^2}{c^2}\frac{\partial^2}{\partial t^2}E(\omega_{\text{f}})$$
$$=-\frac{6}{8}\omega_{\text{f}}^2\mu\varepsilon_0\chi^{(3)}A_1(0)A_2(0)A_3^*(0)\exp[i\{(\beta_1+\beta_2-\beta_3)z-\omega_{\text{f}}t\}]+c.c.$$

さらに，$E(\omega_{\text{f}})$ を時間振動項と空間依存項に分けて，$E(\omega_{\text{f}})=E_{\text{f}}(z)\exp[-i\omega_{\text{f}}t]+c.c.$ と表記すると，次式が得られる．

$$\frac{d^2E_{\text{f}}(z)}{dz^2}+\frac{n^2\omega_{\text{f}}^2}{c^2}E_{\text{f}}(z)=-\frac{6}{8}\omega_{\text{f}}^2\mu\varepsilon_0\chi^{(3)}A_1(0)A_2(0)A_3^*(0)\exp[i(\beta_1+\beta_2-\beta_3)z] \tag{3.45}$$

ここで，上式の直観的理解のために，古典力学のばね振動について考えてみる．固定点にばねでつながれた 1 次元の質点の動きは，次の運動方程式（質量 × 加速度 = 力）により記述される．

$$m\frac{d^2x}{dt^2}=-Kx+F_{\text{ext}} \quad\rightarrow\quad m\frac{d^2x}{dt^2}+Kx=F_{\text{ext}} \tag{3.46}$$

x：質点の位置，m：質点の質量，K：ばね定数，F_{ext}：外力．$F_{\text{ext}}=0$ の場合，上式の解は，

$$x=x_0\exp[i\omega_0t]+c.c. \quad \left(\omega_0=\sqrt{\frac{K}{m}}\right)$$

であり，質点はばね系の固有振動数 ω_0 で単振動する．この系に振動する外力 F_{ext} が加わると，質点は外力の振動数で強制的に振動させられる．このとき，外力の振動数が，固有振動数に一致していれば，振動の振幅は大きくなる．すなわち，共振を起こす．

この話と照らし合わせて，式 (3.45) を眺めると，右辺 = 0 とした式

$$\frac{d^2E_{\text{f}}(z)}{dz^2}+\frac{n^2\omega_{\text{f}}^2}{c^2}E_{\text{f}}(z)=0 \tag{3.47}$$

は系の空間的固有振動を記述する微分方程式であり，右辺はそれを駆動する外力と見立てることができる．式 (3.47) の解，すなわち固有空間振動は，

$$E_{\mathrm{f}}(z) = A_{\mathrm{f}} \exp\left[i\frac{n\omega_{\mathrm{f}}}{c}z\right] + c.c. = A_{\mathrm{f}} \exp[i\beta_{\mathrm{f}}z] + c.c. \quad (3.48)$$

と書かれる．一方，駆動力は，

$$-\frac{6}{8}\mu\varepsilon_0\chi^{(3)}\omega_{\mathrm{f}}{}^2 A_1(0)A_2(0)A_3^*(0)\exp[i(\beta_1+\beta_2-\beta_3)z] + c.c. \quad (3.49)$$

である．空間振動項に着目すると，

固有振動：$\exp[i\beta_{\mathrm{f}}z]$

駆動力：$\exp[i(\beta_1+\beta_2-\beta_3)z]$

となっている．先のばね振動系の類推から，駆動力の振動数が固有振動数に一致していると，振動の振幅 A_{f} が大きくなるであろう．すなわち，

$$\beta_{\mathrm{f}} = \beta_1 + \beta_2 - \beta_3 \quad \rightarrow \quad \beta_1 + \beta_2 - \beta_3 - \beta_{\mathrm{f}} = 0$$

であると，伝播につれて，ω_{f} 光の振幅が大きくなる．これが位相整合条件であり，この条件が満たされているときに，四光波混合光がもっとも効率よく発生する．

あるいは，伝播距離依存性の項で述べたように，各区間で発生した非線形光の足し合わせが全発生光になるというモデル（式 (3.36)〜(3.39)）によっても，位相整合を直感的に理解することができる．式 (3.36) では無損失かつ $\Delta\beta = 0$ としたが，$\Delta\beta$ を残しておくと，無損失系における四光波混合光の振幅方程式は，次のように書かれる．

$$\frac{dA_{\mathrm{f}}(z)}{dz} = i\frac{3\omega_{\mathrm{f}}\chi^{(3)}}{4cn}A_1(0)A_2(0)A_3^*(0)e^{i\Delta\beta z} \quad (3.50)$$

これより，k 番目の区間 Δz で付け加わる非線形光の振幅は，

$$\Delta A_{\mathrm{f}}^{(k)} = i\frac{3\omega_{\mathrm{f}}\chi^{(3)}}{4cn}A_1(0)A_2(0)A_3^*(0)e^{i\Delta\beta\cdot k\Delta z}\Delta z \quad (3.51)$$

となる．したがって，全振幅は，次のように表わされる．

$$A_{\mathrm{f}}^{(\mathrm{total})} = \sum_k \Delta A_{\mathrm{f}}^{(k)} = i\frac{3\omega_{\mathrm{f}}\chi^{(3)}}{4cn}A_1(0)A_2(0)A_3^*(0)\Delta z \sum_k e^{i\Delta\beta\cdot k\Delta z} \quad (3.52)$$

上式は，$\Delta\beta = 0$ のときに，各区間で発生する振幅が，同位相で足し合わされることを示している．同位相で足し合わされると，振幅は増え続けることになる．一方，$\Delta\beta \neq 0$ のときには，各区間で少しずつ位相がずれた振幅が足し合わされる．すると，伝播につれて，全振幅は増えたり減ったりすることになる（図 3.5）．このように，各区間で発生する非線形光が同位相で足し合わされるための条件が位相整合条件ということもできる．

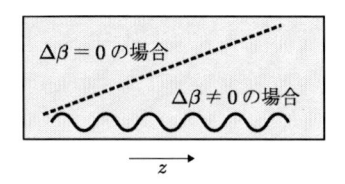

図 3.5 四光波混合光の伝播特性

3.3 偏波特性

これまでは，基本特性の説明のため，光電場および分極はスカラー量として取り扱ってきた．しかし，実際には，電磁波は伝播方向に対して垂直方向に振動する横波であり，伝播方向を z とすると，光電場は xy 平面上で振動する．このような，伝播方向に垂直な平面上の電場振動の様子を，偏波または偏光という．2次元平面上での動きなので，一般に，偏波状態は2次元のベクトル量で表される．分極も同様である．そして，ベクトル量である電場と分極を関係付ける非線形感受率 $\chi^{(3)}$ はテンソル量となる．どの振動方向の光電場が印加されたときにどの振動方向の分極が誘起されるかは，感受率のテンソル成分によって表される．

非線形感受率のテンソル形は，媒質によって決まる．ガラスのような等方的媒質の場合，式 (2.7) の表現法に従うと，印加電場方向と誘起される非線形分極方向との関係は，次のように書かれることが知られている．

$$\begin{aligned}
P_x^{(\mathrm{NL})}&(f_\mathrm{f} = f_1 + f_2 - f_3) \\
&= D\varepsilon_0 \sum_{j=x,y} \{\chi_{xxjj} E_x(f_1)E_j(f_2)E_j^*(f_3) + \chi_{xjxj}E_j(f_1)E_x(f_2)E_j^*(f_3) \\
&\quad + \chi_{xjjx}E_j(f_1)E_j(f_2)E_x^*(f_3)\} \\
&= D\varepsilon_0 \chi_{xxyy}\{E_x(f_2)E_x^*(f_3) + E_y(f_2)E_y^*(f_3)\}E_x(f_1) \\
&\quad + D\varepsilon_0 \chi_{xyxy}\{E_x(f_1)E_x^*(f_3) + E_y(f_1)E_y^*(f_3)\}E_x(f_2) \\
&\quad + D\varepsilon_0 \chi_{xyyx}\{E_x(f_1)E_x(f_2) + E_y(f_1)E_y(f_2)\}E_x^*(f_3) \quad (3.53)
\end{aligned}$$

$\chi_{xxyy}, \chi_{xyxy}, \chi_{xyyx}$ は非線形感受率のテンソル成分に対応するパラメーターであり，$\chi_{xxyy} = \chi_{xyxy} = \chi_{xyyx} = (1/3)\chi_{xxxx}$ という関係にある．上式は非線形分極の x 成分についての表式であるが，y 成分も同様である．両者は，まとめて次のように書かれる．

$$\boldsymbol{P}_{\mathrm{NL}} = D\varepsilon_0 \chi_{xxyy}[\boldsymbol{E}_2 \cdot \boldsymbol{E}_3^*]\boldsymbol{E}_1 + D\varepsilon_0 \chi_{xyxy}[\boldsymbol{E}_1 \cdot \boldsymbol{E}_3^*]\boldsymbol{E}_2 + D\varepsilon_0 \chi_{xyyx}[\boldsymbol{E}_1 \cdot \boldsymbol{E}_2]\boldsymbol{E}_3^* \tag{3.54}$$

[・] はベクトルの内積を表す．

　ガラス媒質の四光波混合の偏波特性は，式 (3.54) により記述される．ただし，これは媒質自体の偏波特性，言い方を変えると，局所場の偏波特性を表す式である．たとえば，ある長さの光ファイバー全体として，どのような偏波特性となるかについては，さらなる考察が必要である．これについては，4.2 節で詳しく述べる．

第4章

光ファイバーにおける四光波混合

前章で四光波混合の基本的事項について述べたが，光ファイバー通信における影響を考えるには，さらなる考察が必要である．本章では，光ファイバーで起こる四光波混合現象について，光通信への影響を念頭に置きながら述べる．

4.1 位相整合特性

3.2.5項で述べたように，位相整合条件は，自由伝播波と非線形分極波が共鳴するための条件であり，四光波混合に限らず，非線形光学一般における基本的事項である．非線形光学分野では，2次の非線形性による第二高調波発生が古くから研究されており，そこでは，結晶の複屈折を利用して位相整合条件を満たす手法がもっぱら用いられてきた．しかし，シングルモードファイバーの複屈折は，位相整合を満たすのには不適当なため，1980年代中頃以前は，光ファイバーでは，位相整合条件は満たされず，四光波混合はほとんど起こらないものとされていた．

光ファイバー内の四光波混合が話題になるようになったのは，分散シフトファイバーが用いられるようになってからである．このファイバーでは，入射光の波長配置によっては，容易に位相整合条件が満たされる．このことと，光増幅器の実用化並びに波長分割多重伝送方式の導入が相まって，ファイバー内四光波混合が光伝送システム上の大きな課題となった．本節では，主に，分散シフトファイバーにおける位相整合特性について述べる．

◆ 4.1.1 均一ファイバーの場合

(1) 光ファイバーでの位相不整合

四光波混合における位相不整合量 $\Delta\beta$ は，式 (3.7) で定義される．再記すると，

$$\Delta\beta = \beta(f_1) + \beta(f_2) - \beta(f_3) - \beta(f_\mathrm{f}) \tag{4.1}$$

である．ここで，ある光周波数 f_0 の近傍で，伝播定数 β を次のようにテーラー展開する．

$$\beta(f) = \beta(f_0) + (f-f_0)\frac{d\beta}{df}(f_0) + \frac{1}{2}(f-f_0)^2\frac{d^2\beta}{df^2}(f_0) + \frac{1}{6}(f-f_0)^3\frac{d^3\beta}{df^3}(f_0) + \cdots$$

これを,

$$D_c = \frac{d}{d\lambda}\left(\frac{d\beta}{d\omega}\right) = -\frac{c}{2\pi\lambda^2}\left(\frac{d^2\beta}{df^2}\right) \tag{4.2}$$

で定義される分散パラメーター（式 (1.5)）を使って書き換える.

$$\begin{aligned}\beta(f) =\ & \beta(f_0) + (f-f_0)\frac{d\beta}{df}(f_0) - (f-f_0)^2\frac{\pi\lambda^2}{c}D_c(f_0) \\ & + (f-f_0)^3\frac{\lambda^4\pi}{3c^2}\left\{\frac{2}{\lambda}D_c(f_0) + \frac{dD_c}{d\lambda}(f_0)\right\} + \cdots\end{aligned} \tag{4.3}$$

上の表式の $(f-f_0)^3$ 項までを式 (4.1) に代入し, $f_1 + f_2 - f_3 = f_f$ という周波数関係を使いながら式を展開すると, 次式が得られる.

$$\begin{aligned}\Delta\beta =\ & \frac{2\pi\lambda^2}{c}D_c(f_0)(f_1-f_3)(f_2-f_3) \\ & - \frac{\pi\lambda^4}{c^2}\left\{\frac{2}{\lambda}D_c(f_0) + \frac{dD_c}{d\lambda}(f_0)\right\}\{(f_1-f_0)+(f_2-f_0)\}(f_1-f_3)(f_2-f_3)\end{aligned}$$
$$\tag{4.4}$$

通常のステップ・インデックス形シングルモードファイバーでは, 最低損失波長帯である 1.5 μm 領域での D_c の値は, 約 17 ps/(km·nm) である. この場合, 式 (4.4) において, (第1項) ≫ (第2項) であり, $\Delta\beta$ は,

$$\Delta\beta = \frac{2\pi\lambda^2}{c}D_c(f_0)(f_1-f_3)(f_2-f_3) \tag{4.5a}$$

となる. 一部縮退四光波混合（$2f_1 - f_2 = f_f$）では,

$$\Delta\beta = \frac{2\pi\lambda^2}{c}D_c(f_0)(f_1-f_2)^2 \tag{4.5b}$$

である. 上式は, 入射光周波数が近ければ（$f_1 \approx f_2 \approx f_3$ であれば）$\Delta\beta \approx 0$ であるが, 周波数差が大きくなると位相不整合が大きくなることを示している.

(2) 分散ゼロでない波長域

まず, 式 (4.5b) を使って, 分散値 D_c がゼロでない波長域での四光波混合発生効率をみてみる. 図 4.1 は, 式 (4.5b) を用いて, 発生光パワーの $\Delta\beta$ 依存性を表すパラメーターである η （式 (3.40)）を計算した結果である（ファイバー長 = 10 km, 損失

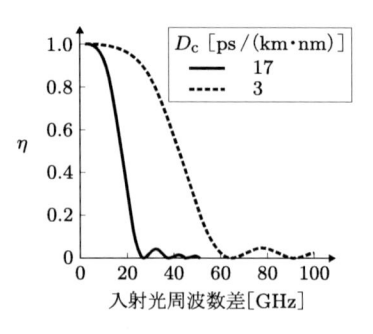

図 4.1　位相不整合特性

$= 0.2\,\mathrm{dB/km}$．図に示されているように，この条件下では，周波数差が数十 GHz 以上になると，位相不整合が大きくなり，発生効率は大幅に低下する．低下の仕方は分散値に依存し，分散値が小さいと低下は緩やかである．図 4.1 の計算結果は，ステップ・インデックス形シングルモードファイバーに波長 1.5 μm 帯の光を伝播させた場合には，四光波混合はあまり起こらないことを示唆している．なお，$D_\mathrm{c} = 3\,\mathrm{ps/(km\cdot nm)}$ というのは，ノンゼロ分散シフトファイバーとよばれる光ファイバーに，1.55 μm 近傍の光を入射した状況に対応する．このファイバーは，四光波混合が波長分割多重伝送の大きな障害となることが明らかになった後に，その影響を避けつつ分散による波形劣化を抑えるために開発された．

(3) ゼロ分散波長域

(2)では式 (4.4) の第 2 項を無視したが，分散シフトファイバーでは，1.5 μm 波長帯に $D_\mathrm{c} = 0$ となる波長（ゼロ分散波長）があり，この波長近傍の光を入射する状況では，第 2 項が無視できない．あるいは，通常シングルモードファイバーでは 1.3 μm 波長帯にゼロ分散波長があり，この波長近傍の光を入射する状況も同様である．このような場合，第 2 項を含めて $\Delta\beta$ を考えることになるが，その際，式 (4.3) の展開式の起点周波数 f_0 をファイバーのゼロ分散周波数に選ぶ（すなわち，$D_\mathrm{c}(f_0) = 0$ とする）と，式がみやすくなる．そのようにすると，式 (4.4) は，

$$\Delta\beta = -\frac{\pi\lambda^4}{c^2}\frac{dD_\mathrm{c}}{d\lambda}(f_0)\{(f_1 - f_0) + (f_2 - f_0)\}(f_1 - f_3)(f_2 - f_3) \tag{4.6a}$$

となる．一部縮退 $(2f_1 - f_2 = f_\mathrm{f})$ では，

$$\Delta\beta = -\frac{2\pi\lambda^4}{c^2}\frac{dD_\mathrm{c}}{d\lambda}(f_0)(f_1 - f_0)(f_1 - f_2)^2 \tag{4.6b}$$

である．

式 (4.6a) は，$(f_1 - f_0) + (f_2 - f_0) = 0$ であると，$\Delta\beta = 0$，すなわち位相整合条

件が満たされることを示している．この周波数関係は $(f_1 - f_0) = -(f_2 - f_0)$ と書きなおされ，これは，f_1 と f_2 が f_0 をはさんで対称的に位置することを表している．また，これより発生する四光波混合光の周波数は，$f_\mathrm{f} = f_1 + f_2 - f_3$ である．f_1 と f_2 の関係式を使って書きなおすと，$(f_3 - f_0) = -(f_\mathrm{f} - f_0)$，すなわち，四光波混合光は f_0 をはさんで f_3 と対称な周波数位置に発生する．同様にして，一部縮退（式 (4.6b)）では，$f_1 - f_0 = 0$ のとき $\Delta\beta = 0$，つまり，f_1 がゼロ分散周波数に一致していると位相整合条件が満たされる．発生する四光波混合光の周波数は $f_\mathrm{f} = 2f_1 - f_2$ であるので，$(f_2 - f_0) = -(f_\mathrm{f} - f_0)$，すなわち，四光波混合光は f_0 をはさんで f_2 と対称な周波数位置に発生する．図 4.2 に，これら位相整合条件を満たす周波数関係を，模式的に図示する．関与する光周波数が，このようにゼロ分散周波数を中心とする対称関係にあれば，周波数差（Δf, $\Delta f'$）によらず，位相整合条件が満たされる．ただし，あまり周波数が離れ過ぎると，4.1.2 項あるいは 4.2.4 項(2)で説明する分散値の長手方向の不均一性や偏波分散，さらには高次分散などの影響が出てきて，上記通りにはならなくなる．

図 4.3 に，ゼロ分散波長近傍での一部縮退四光波混合の位相不整合特性の計算例を

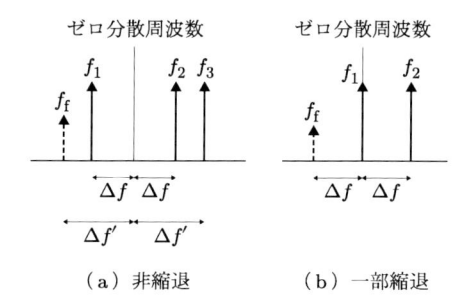

図 4.2　ゼロ分散波長帯における位相整合状態

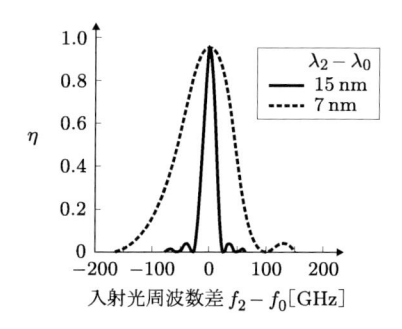

図 4.3　ゼロ分散波長近傍における位相不整合特性（その 1）

示す（ファイバー長 $= 2.5\,\mathrm{km}$, $dD_\mathrm{c}/d\lambda = 0.07\,\mathrm{ps/(km\cdot nm\cdot nm)}$). 図では, f_2 をゼロ分散周波数から波長換算で $7\,\mathrm{nm}$ または $15\,\mathrm{nm}$ 離れた周波数に固定とし, f_1 をゼロ分散周波数のまわりで掃引したときの, $f_\mathrm{f} = 2f_1 - f_2$ に発生する四光波混合光の効率 η をプロットした. f_1 がゼロ分散周波数に一致したときに効率最大となり, そこから離れるにつれて, 位相不整合のため, 効率が低下する様子が示されている. 効率の低下は, 二つの入射光周波数が離れているほど大きい. これは, 式 (4.6b) 内の $(f_1 - f_2)^2$ という項のためである. f_1 と f_2 の差が大きいと, f_1 がゼロ分散周波数 f_0 からわずかにずれても, 大きな位相不整合量となる.

位相不整合特性は, ファイバー長にも依存する. 図 4.4 は, 長さの異なるファイバーにおける効率 η の計算例である (f_2 光とゼロ分散周波数との波長差 $= 7\,\mathrm{nm}$, $dD_\mathrm{c}/d\lambda = 0.07\,\mathrm{ps/(km\cdot nm\cdot nm)}$). 長いファイバーでは, 少しの周波数ずれでも発生効率が大きく低下している. これは, 3.2.5 節の後半部のモデルによれば, ファイバー長が長いと, 足し合わされる四光波混合光の数が多くなり, 少しの位相ずれでも, 全体としてのずれが大きくなってしまうためである. たとえていうと, ムカデ競争で人数が多くなると足並みをそろえるのが難しくなるというところか.

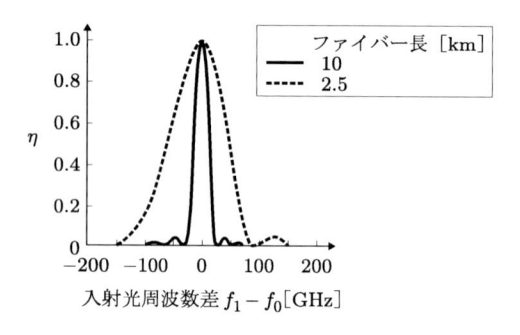

図 4.4　ゼロ分散波長近傍における位相不整合特性（その 2）

◆ 4.1.2　不均一ファイバーの場合

(1) 不均一性の影響

前項では, ファイバーの分散値は長さ方向で一定として, 位相整合特性を述べた. しかし, 実際の作製上, 完全に均一であることはなく, いくらかの揺らぎは避けられない. 図 4.5 は, もとは 1 本である長さ $18\,\mathrm{km}$ のファイバーを $1\,\mathrm{km}$ ごとに切断し, 各ファイバーのゼロ分散波長を測定した結果例である. 長さ方向にわたって, ゼロ分散波長が変動している様子が示されている.

このように, 分散値が不均一であると, ファイバーにおける位相不整合特性は, 前

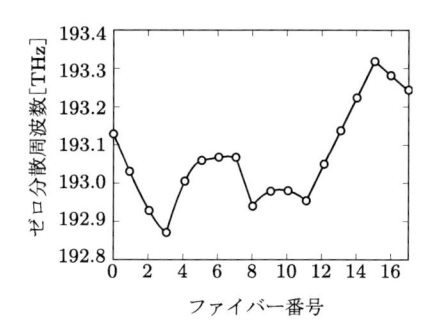

図 4.5 ゼロ分散波長の測定例（18 km）

項で述べたものとは異なる．実際，図 4.4 の計算例に対応する測定を，長さ 2.5 km のファイバーと 10 km のファイバーで行ったところ，図 4.6 の結果が得られた．2.5 km 長ファイバーはほぼ理論通りであるが，10 km では，図 4.4 の計算結果とは異なる複雑なパターンが観測された．この測定結果は，長いファイバーでは分散値の不均一性が効いて，分散が均一とした理論計算とは特性が異なることを示唆している．

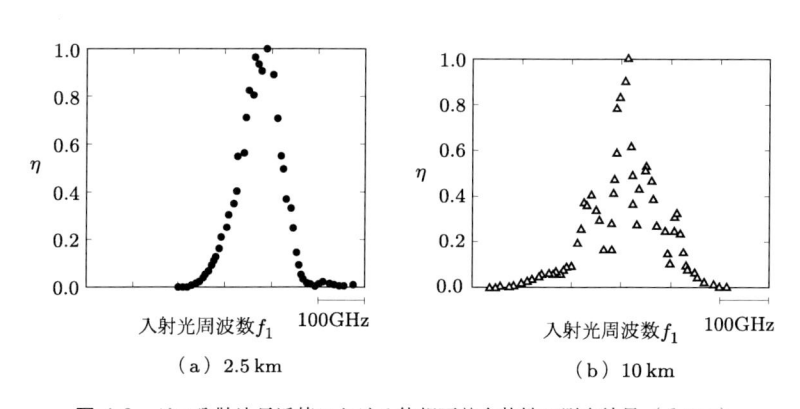

（a）2.5 km

（b）10 km

図 4.6 ゼロ分散波長近傍における位相不整合特性の測定結果（その 1）

また，図 4.7 は，f_1 をゼロ分散波長に設定し，f_2 を f_1 から離していったときに，$(2f_1 - f_2)$ に発生する四光波混合光の規格化効率 η の測定例である．前項での考察によれば，この場合，入射光の周波数差によらず位相整合条件が満たされ，効率は一定となるはずである．ところが，測定結果はそうはならず，周波数差が大きくなると，発生効率は低下している．低下の仕方はファイバー長が長い方が大きい．この原因は，周波数差が大きくなると，高次の波長分散（$dD_c/d\lambda$ の波長依存性）の影響が出てくる，また，波長による偏波回転の違い（偏波分散）が出てくるなどが挙げられるが，分散値が不均一なことも大きな要因であると考えられる．

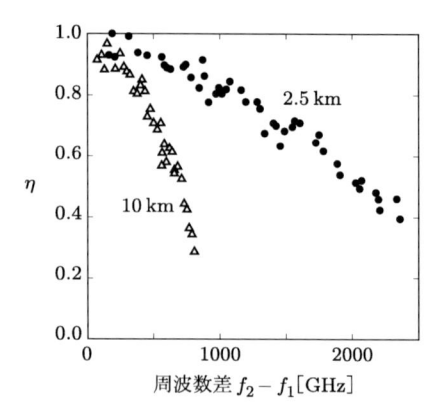

図 4.7 ゼロ分散波長近傍における位相不整合特性の測定結果（その 2）

(2) 不均一ファイバー系での特性

(1)で示したように，実際のファイバーでは，分散の不均一性が位相整合特性に影響をおよぼす．また，1本のファイバー内で分散が揺らぐだけではなく，実際に敷設されているファイバー伝送路は複数のファイバーを接続して構成されていることが多く，この場合，当然ながら伝送信号光は分散値の異なるファイバーを伝播していくことになる．そこで，以下，分散が不均一な光ファイバーにおける四光波混合の位相整合特性について述べる．

ここではモデルとして，分散値が異なるファイバーが多段に接続されている系を考える．ひとつのファイバー内の分散は一定とする．このモデルで考えておけば，1段当たりのファイバー長を短くしていった極限として，一般の状況に拡張できる．このような系における四光波混合特性は，各ファイバーの接続部での境界条件を順次当てはめながら非線形伝播方程式を解いていけば，知ることができる．しかし，この手法は接続数が多い場合に煩雑であり，直感的にもわかりにくい．そこで，図 4.8 に示すように，各ファイバーで発生する四光波混合光を個別に考え，それらが残りのファイバー部を線形に伝播して最終出力端に達するというモデルで考えていく（図において，

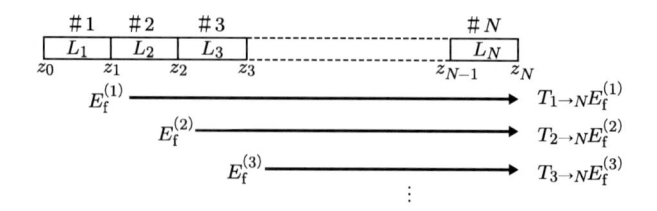

図 4.8 多段ファイバー接続モデル

$T_{n \to N}$ はファイバー#n から#N までの伝達関数）．そして，最終出力端での各四光波混合光を足し合わせて，全出力とする．なお，本項および次項では，光電場の時間振動項以外の複素振幅を E とし，これの伝播特性を調べていく．式 (3.1) あるいは式 (3.5) に対応付けると，$E(z) \equiv A(z)e^{i\beta z}$ ということである．

まず，ファイバー#n で発生する四光波混合光 $E_{\mathrm{f}}^{(n)}$ についてみてみる．ファイバー#n の出力端における振幅 $E_{\mathrm{f}}^{(n)}$ は，式 (3.5), (3.15) より，次のように表される．

$$E_{\mathrm{f}}^{(n)}(z_n) = i\kappa E_1(z_{n-1})E_2(z_{n-1})E_3^*(z_{n-1})e^{\{-(\alpha/2)+i\beta_{\mathrm{f}}^{(n)}\}L_n} \frac{1-e^{(-\alpha+i\Delta\beta_n)L_n}}{\alpha - i\Delta\beta_n} \tag{4.7}$$

L_n：ファイバー#n の長さ，$\beta_{\mathrm{f}}^{(n)}$：ファイバー#n における四光波混合光の伝播定数，$\Delta\beta_n$：ファイバー#n における位相不整合量，z_n：ファイバー#n の出力端位置．また，表記の簡略化のため，諸々のパラメーターを含めた比例係数を κ とおいた．κ および損失係数 α は，全ファイバー長にわたって一定とする．

式 (4.7) 内の $E_k(z_{n-1})$ は，ファイバー#n 入力端における入射光振幅である．これらは，ファイバー#1 入力端から線形に伝播してきたものとして，次のように表される．

$$E_k(z_{n-1}) = E_k(0) \exp\left[\sum_{j=1}^{n-1}\left(-\frac{\alpha}{2} + i\beta_k^{(j)}\right)L_j\right] \tag{4.8}$$

これを式 (4.7) に代入する．

$$E_{\mathrm{f}}^{(n)}(z_n) = i\kappa E_1(0)E_2(0)E_3^*(0) \exp\left[\sum_{j=1}^{n-1}\left\{-\frac{3\alpha}{2} + i\left(\beta_{\mathrm{f}}^{(j)} + \Delta\beta_j\right)\right\}L_j\right]$$
$$\times e^{-(\alpha/2)L_n}\frac{1-e^{(-\alpha+i\Delta\beta_n)L_n}}{\alpha - i\Delta\beta_n} \tag{4.9}$$

ただし，$\Delta\beta_j = \beta_1^{(j)} + \beta_2^{(j)} - \beta_3^{(j)} - \beta_{\mathrm{f}}^{(j)}$ である．

ファイバー#n で発生した $E_{\mathrm{f}}^{(n)}$ は，残りのファイバーを線形に伝播して，最終出力端に達する．最終端における $E_{\mathrm{f}}^{(n)}$ は，

$$E_{\mathrm{f}}^{(n)}(z_N) = E_{\mathrm{f}}^{(n)}(z_n)\exp\left[\sum_{j=n+1}^{N}\left(-\frac{\alpha}{2} + i\beta_{\mathrm{f}}^{(j)}\right)L_j\right] \tag{4.10}$$

と表され，これに式 (4.9) を代入すると，次のようになる．

$$E_{\mathrm{f}}^{(n)}(z_N) = i\kappa E_1(0)E_2(0)E_3^*(0)\exp\left[\sum_{j=1}^{N}\left(-\frac{\alpha}{2}+i\beta_{\mathrm{f}}^{(j)}\right)L_j\right]$$

$$\times \exp\left[\sum_{j=1}^{n-1}(-\alpha+i\Delta\beta_j)L_j\right]\frac{1-e^{(-\alpha+i\Delta\beta_n)L_n}}{\alpha-i\Delta\beta_n} \quad (4.11)$$

これが，ファイバー最終端における，ファイバー#n で発生した四光波混合光の振幅である．

全四光波混合光は，各ファイバーで発生した四光波混合光の足し合わせとして，次のように表される．

$$E_{\mathrm{f}}^{(\mathrm{total})} = \sum_{n=1}^{N} E_{\mathrm{f}}^{(n)}(z_N)$$

式 (4.11) を代入すると，

$$E_{\mathrm{f}}^{(\mathrm{total})} = i\kappa E_1(0)E_2(0)E_3^*(0)\exp\left[\sum_{j=1}^{N}\left(-\frac{\alpha}{2}+i\beta_{\mathrm{f}}^{(j)}\right)L_j\right]$$

$$\times \sum_{n=1}^{N}\exp\left[\sum_{j=1}^{n-1}(-\alpha+i\Delta\beta_j)L_j\right]\frac{1-e^{(-\alpha+i\Delta\beta_n)L_n}}{\alpha-i\Delta\beta_n} \quad (4.12)$$

となる．これが，不均一分散ファイバー系で発生する四光波混合光の全出力振幅である．

式 (4.12) より，出力光強度 I_{f} は，

$$\begin{aligned}I_{\mathrm{f}} &\propto |E_{\mathrm{f}}^{(\mathrm{total})}|^2 \\ &\propto \kappa^2 I_1(0)I_2(0)I_3(0)e^{-\alpha z_N} \\ &\quad \times \left|\sum_{n=1}^{N}\exp\left[\sum_{j=1}^{n-1}(-\alpha+i\Delta\beta_j)L_j\right]\frac{1-e^{(-\alpha+i\Delta\beta_n)L_n}}{\alpha-i\Delta\beta_n}\right|^2 \end{aligned} \quad (4.13)$$

と書かれる．上式により，四光波混合の位相不整合特性を表す効率 η が，$\eta = I_{\mathrm{f}}/I_{\mathrm{f}}(\Delta\beta=0)$ で計算される．

例として，長さの等しい 2 本のファイバーが接続された系における，一部縮退四光波混合 ($2f_1 - f_2 \to f_{\mathrm{f}}$) の発生効率の計算結果を，図 4.9 に示す（ファイバー長 2.5 km × 2, $dD_c/d\lambda = 0.07\,\mathrm{ps/(km\cdot nm\cdot nm)}$．縦細線は，各ファイバーのゼロ分散周波数）．図では，f_2 を 2 本のファイバーの平均ゼロ分散周波数 f_0 から 7 nm 離れた波長に固

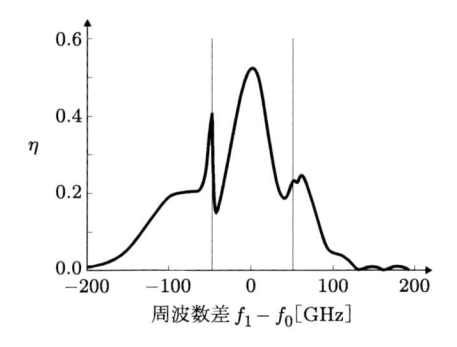

図 4.9 ゼロ分散波長近傍における発生効率

定とし，$(f_1 - f_0)$ を横軸とした効率 η をプロットしてある．これは，均一分散時の図 4.3 の計算に対応する．均一分散系では，$f_1 = f_0$ のときに，位相整合条件が満たされてきれいなピークが現れる（図 4.3）．一方，接続ファイバー系の効率は，複雑な様相をみせている（図 4.9）．これは，接続系では，2 本のファイバーでそれぞれ発生した四光波混合光が振幅段で足し合わされ，光強度には，2 光波の干渉効果が現れるためである．ここで着目したいのは，η の最大値が 1 には届かないことである．これは，分散が不均一なファイバーでは，完全に位相整合条件が満たされることはないことを示している．したがって，分散が均一かつ位相整合が満たされていると想定して計算した四光波混合効率は，実際の値よりも過大となる．

上記は 2 本のファイバーを接続した場合であるが，接続数が多いと，さらに複雑な様相を示す．そのため，実際の長尺ファイバー系での発生効率を，一般的な形で記述することは難しい．しかし，複雑だとだけいって話を打ち切ってしまっては元も子もないので，これに関して筆者が行った測定結果を紹介しておく．

比較的長いファイバー（20 km 3 本，80 km ファイバー 3 本）を用意する．これに対して，3 光波を入射する．各光波の周波数をさまざまに設定し，それぞれについて，四光波混合発生光パワーを測定する．そして，得られたデータをもとに，平均ゼロ分散波長を中心とする，等周波数間隔の 21 チャンネル波長多重分割信号光を入力したと想定したときの，中心チャンネル周波数に発生する四光波混合光パワーを見積もった（入力光パワー $= -5\,\mathrm{dBm/ch}$）．図 4.10 に結果を示す．■，○，▲は実測値に基づいた値，実線は均一分散を仮定した計算結果である．個々の測定では実測値と計算値が大きく異なる場合もあったが，あらゆる周波数の組み合わせを合算してみると，両者の違いはそれほど大きくはなかった．これは，図 4.9 で示されているように，位相整合時の効率は均一分散系の方が大きい一方，位相不整合時には不均一系の方が大きい場合があり，両者が適度に相殺しているためだと思われる．とくに，20 km 長ファイ

(a) 20 km   (b) 80 km

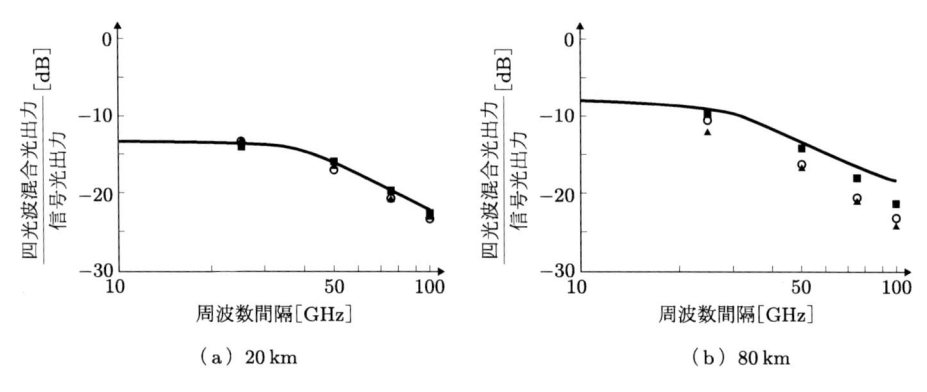

図 4.10　長尺ファイバーにおける四光波混合光の発生効率

バーでは，ほぼ同じといってもよい．この結果は，たとえば波長分割多重伝送システムを設計する際には，均一分散を仮定して四光波混合発生光パワーを計算しても，大きくは違わないことを示唆している．

◆ 4.1.3　光増幅中継系の場合

前項までは，伝送路中で光を直接増幅しない無中継ファイバー伝送系を想定した．しかし，幹線系光通信システムでは，光増幅器を用いて信号光を増幅中継しながら伝送するのが，一般的である．本項では，光増幅中継系における四光波混合特性について述べる．

考察の手順は，前項と同様である．すなわち，各中継スパンで発生した四光波混合光が，残りの伝送路を線形に伝播して最終出力端に達するものとし，それらの足し合わせを，全四光波混合光出力とする（図 4.11）．

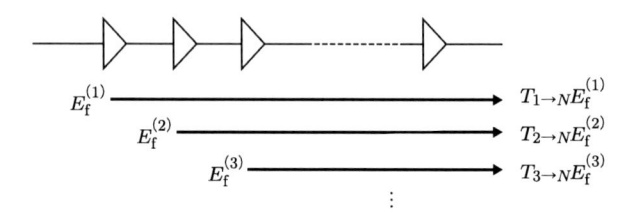

図 4.11　光増幅中継モデル

基本的な手順は前項と同様なので，途中経過は省いて，最終結果だけを示す．各スパンの分散値は均一，かつ各増幅器の増幅利得はその前段のスパンの伝送損失をちょうど補償する値とすると，四光波混合光出力強度は，次式となる．

$$I_{\mathrm{f}} \propto \kappa^2 I_1(0) I_2(0) I_3(0) e^{-\alpha L_N} \left| \sum_{n=1}^{N} \exp\left[i \sum_{j=1}^{n-1} \Delta\beta_j L_j \right] \frac{1 - e^{(-\alpha + i\Delta\beta_n)L_n}}{\alpha - i\Delta\beta_n} \right|^2 \tag{4.14}$$

N：スパン数，L_n：n 番目スパンの長さ，β_n：n 番目スパンの位相不整合量．各スパンの長さおよび分散値が同じ場合（$L_1 = L_2 = \cdots \equiv L$, $\Delta\beta_1 = \Delta\beta_2 = \cdots \equiv \Delta\beta$）は，

$$I_{\mathrm{f}} \propto \kappa^2 I_1(0) I_2(0) I_3(0) e^{-\alpha L} \cdot \frac{(1 - e^{-\alpha L})^2 + 4e^{-\alpha L} \sin^2(\Delta\beta L/2)}{\alpha^2 + (\Delta\beta)^2} \cdot \frac{\sin^2(N\Delta\beta L/2)}{\sin^2(\Delta\beta L/2)} \tag{4.15}$$

となる．上式を無中継時（式 (3.17)）と比べると，最後の項だけ違っていることに気が付く．$\Delta\beta = 0$ では，この項は N^2 となる．つまり，位相整合時の発生光パワーは，1 スパンの N^2 倍となる．これは，増幅中継系では各スパンで発生した四光波混合光は，最終出力端で同じ大きさの振幅で足し合わされ，位相整合がとれていると，それが同位相であるため，合計振幅は 1 スパンの振幅の N 倍，したがって強度は N^2 倍となるからである．

式 (4.15) による計算例を，図 4.12 に示す（$D_{\mathrm{c}} = 1\,\mathrm{ps/(km \cdot nm)}$）．図中の実線は $50\,\mathrm{km} \times 10$ スパン $= 500\,\mathrm{km}$ の増幅中継系，破線は $500\,\mathrm{km}$ の無中継系を表す．一部縮退時（$2f_1 - f_2 \to f_{\mathrm{f}}$）について，位相不整合特性を表す効率 η を，入射光周波数差の関数としてプロットしてある．比較のため，同じ全長を増幅せずに伝播させたときの計算結果も示した．ただし，ここでプロットしたのは規格化効率であり，発生光パワー自体は，周波数差ゼロ時に，無中継系のそれは増幅中継系の $1/10^2$ である．無中継系と比べると，わずかな位相不整合でも，効率が大きく低下する様子が示されてい

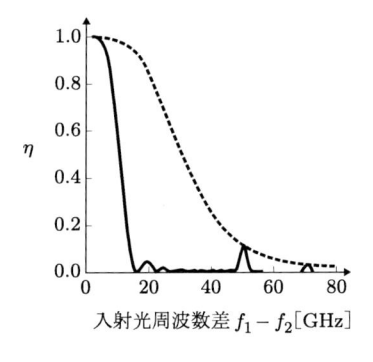

図 4.12 増幅中継系の位相不整合特性

る．これは，増幅中継系では，最終出力端で足し合わさる四光波混合光の振幅の大きさが均衡しているためである．一般に，複数の光波が干渉し合う際，各光波の振幅の大きさが均衡しているほど干渉の度合いは大きく，全強度は位相ずれに対して敏感に変化する．それと同じことがここでも起こっている．

◆ 4.1.4 光ネットワークの場合

これまでは，一筋の伝送経路を波長多重信号光が伝播する，いわゆるポイント・ツー・ポイントのファイバー伝送系について述べてきた．しかし，光通信ネットワークでは，各ノードがリング状，あるいはメッシュ状，ラダー（梯子）状に接続され，信号光が光のままノードを渡り歩いて，目的地に達する形態が考えられる（図 4.13）．このように，光のまま信号が転送される光通信ネットワークは，フォトニックネットワークとよばれることが多い．フォトニックネットワーク（以下では光ネットワークとよぶ）では，多重信号光は各ノードでいったん分波・合波されることになり（図 4.14），これまで述べてきたポイント・ツー・ポイント伝送系とは，状況が異なる．本項では，中継ノードで信号光が分波・合波される系での四光波混合特性について考える．

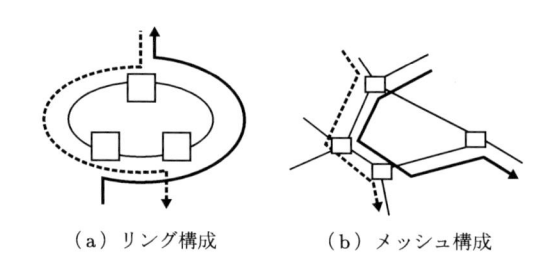

（a）リング構成　　（b）メッシュ構成

図 4.13　光通信ネットワーク（フォトニックネットワーク）

（a）光アドドロップノード　　（b）光クロスコネクトノード

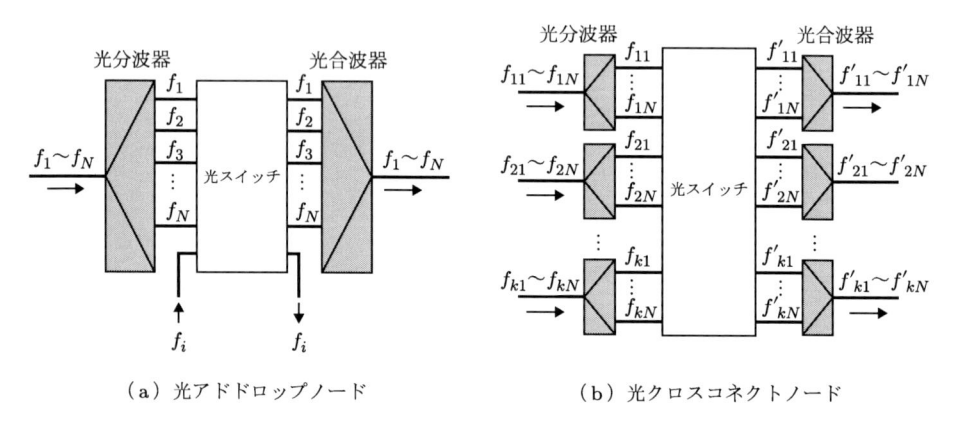

図 4.14　光ネットワークのノード構成例

図 4.14 に，光ネットワークの代表的なノード構成を示す．図 (a) は，波長多重信号光の中から 1 波長を抜き出し（drop）て，別の信号光を挿入（add）する機能をもつノード（光アドドロップノード）である．図 (b) は，複数の入力伝送路からの波長多重信号光を異なる出口へ組み替えて，合波，出力する機能をもつノード（光クロスコネクトノード）である．ここで四光波混合にとって重要なことは，いずれのノード構成でも，信号光はいったん別々の経路に分波された後に，合波されて次の伝送路へ送出されるということである．光が何らかの経路を伝播すると，伝播位相が付加される．今の場合，各信号光は異なる経路を伝播するので，それぞれに異なる伝播位相が加わることになる．さらに，外部環境によりファイバーの光学長が変化するので，この伝播位相は時間的に変動する．このため，伝送路入力端における波長多重信号光の位相関係は，経由してきた伝送路ごとに，ランダムとなる．

このような光ネットワークで発生する四光波混合光パワーは，次のように考えられる．ひとつのリンク（ノード間の伝送路）で発生する四光波混合光の振幅は，無中継の場合の式 (4.11) で表され，そこには，$E_1(0)E_2(0)E_3^*(0)$ という項が含まれている．増幅中継系の振幅表式は載せていないが，この事情は同様である．ここで，$E_k(0)$ は，リンク入力端における信号光の振幅である．先に述べたように，この位相は，信号光間で無相関となっている．したがって，リンク出力端における四光波混合光の位相は，リングごとに無相関と考えられる．

終端ノードにおける四光波混合光は，各リンクで発生した四光波混合光が，残りのリンクを線形に伝播してきたものの足し合わせとみなせる．この際，上述のように，各四光波混合光の相対位相は無相関である．一般に，相関のない光の足し合わせの全パワーは，個々の光パワーの単純な足し合わせとなる．したがって，最終ノードにおける四光波混合光パワー P_f は，各リンクで発生した四光波混合光パワー $P_\mathrm{f}^{(n)}$ の，単純な足し合わせとなる．式で表すと，

$$P_\mathrm{f} = \left|\sum_n^N E_\mathrm{f}^{(n)}\right|^2 = \sum_n^N \left|E_\mathrm{f}^{(n)}\right|^2 = \sum_n^N P_\mathrm{f}^{(n)}$$

ということである．なお，ここでは表記の簡略化のため，光パワー＝振幅の絶対値 2 乗とした．

以上が，光ネットワークにおける四光波混合の話である．結論だけみると当たり前に思えるが，そこにはそれなりの理由付けがあることを述べた次第である．

4.2 偏波特性

◆ 4.2.1 複屈折の影響

3.4節で，ガラス媒質における非線形分極の偏波特性を述べた．そこでは，入射光から誘起される非線形分極が，2次元ベクトルの形で示されている（式(3.54)）．そこで，それを使ってx, yそれぞれの偏波成分についての非線形伝播方程式を解けば，偏波特性を知ることができるように思える．単なるガラス媒質であればそれでよいのであるが，残念ながら，光ファイバーの場合，話はそう単純ではない．なぜなら，各偏波成分の発生光電場を計算するには，それぞれの偏波方向の屈折率が必要なのだが，光ファイバーでは，各成分の屈折率が定まらないからである．1.1.4節で述べたように，光ファイバーには，製造上の不完全性や外部圧力などに起因する複屈折性（偏波方向によって屈折率が異なる性質）がある．しかも，複屈折を起こす要因は長さ方向で一定ではないので，その主軸方向（複屈折の方向性）は，ファイバーの長さ方向にわたってランダムに変化する．そのため，各偏波成分の屈折率が長手方向で一定ではなく，式(3.54)から直接的に発生光電場を計算することができない．それでは，光ファイバーにおける偏波依存性はどう考えればよいか．答だけ先にいってしまうと，複屈折の主軸方向がランダムに変化する媒質では，式(3.54)の第3項を無視することができ，その結果，みやすいベクトル形式で，発生光電場が表される．以下の項では，このあたりの事情を説明していく．

◆ 4.2.2 均一複屈折ファイバーの場合

まず手始めに，複屈折の主軸方向および大きさが一定のファイバーについて考える．式(3.54)の第3項のx成分は，

$$P_x^{(\mathrm{NL3})} = D\varepsilon_0 \chi_{xyyx}\{E_x(f_1)E_x(f_2) + E_y(f_1)E_y(f_2)\}E_x^*(f_3) \tag{4.16}$$

と書かれる．ここで，上式中の$D\varepsilon_0 \chi_{xyyx}E_y(f_1)E_y(f_2)E_x^*(f_3)$について考察する．この非線形分極波の伝播定数は$\beta_y(f_1) + \beta_y(f_2) - \beta_x(f_3)$（$\beta$の添え字は偏波方向），これより発生する四光波混合光の伝播定数は$\beta_x(f_\mathrm{f})$なので，この項についての位相不整合量は，$\Delta\beta = \beta_y(f_1) + \beta_y(f_2) - \beta_x(f_3) - \beta_x(f_\mathrm{f})$と書かれる．ここで，波長分散の効果は無視できるとして，$\beta = n(2\pi/c)f$を代入すると，

$$\Delta\beta = \frac{2\pi}{c}(n_y f_1 + n_y f_2 - n_x f_3 - n_x f_\mathrm{f}) = \frac{2\pi}{c}(f_1 + f_2)(n_y - n_x) \tag{4.17}$$

となる．$(n_y - n_x)$は複屈折率差であり，光ファイバーでは，通常$10^{-6} \sim 10^{-7}$程度である．また，1.5 μm波長帯ではfは約200 THzであるので，式(4.17)の$\Delta\beta$の大き

さは $2\pi \times 10^{-1}[\mathrm{m}^{-1}]$ 程度，またはそれ以上となる．この値は，数 m 伝播すると分極波と四光波混合光の位相ずれが π 以上になることを意味する．つまり，数 m 以上の光ファイバーでは，式 (4.16) の第 2 項については，位相整合がとれない．したがって，この項は無視することができ，考えるべき非線形分極の x 成分は，式 (3.54) より，次式となる．

$$P_x^{(\mathrm{NL})} = D\varepsilon_0 \chi_{xxyy}(E_{2x}E_{3x}^* + E_{2y}E_{3y}^*)E_{1x} + D\varepsilon_0 \chi_{xyxy}(E_{1x}E_{3x}^* + E_{1y}E_{3y}^*)E_{2x} \\ + D\varepsilon_0 \chi_{xyyx}E_{1x}E_{2x}E_{3x}^* \tag{4.18}$$

ただし，簡単のため，$E_j(f_k) = E_{kj}$ $(j = x, y, k = 1, 2, 3)$ と表記した．

次に，複屈折の主軸方向および大きさが一定とみなせる程度に短い長さ L_0 のファイバー内での，四光波混合光の発生特性について考える．この場合には，前節で述べた手順に従って，式 (4.18) の各項を駆動源とする非線形伝播方程式をそれぞれ解けばよい．偏波特性に話を絞るため，損失および屈折率の周波数依存性は無視し，また $\chi_{xxyy} = \chi_{xyxy} = \chi_{xyyx}$ を用いると，発生光の x 成分は，式 (4.7) と類似の次式で表される．

$$E_{\mathrm{f}x}(L_0) = K e^{i\beta_{\mathrm{f}x}L_0}[\{E_{2x}(0)E_{3x}^*(0) + E_{2y}(0)E_{3y}^*(0)\}E_{1x}(0) \\ + \{E_{1x}(0)E_{3x}^*(0) + E_{1y}(0)E_{3y}^*(0)\}E_{2x}(0) \\ + E_{1x}(0)E_{2x}(0)E_{3x}^*(0)] \tag{4.19}$$

ただし，ここでの議論に関係しないパラメーターをまとめて K と表記しており，$D\varepsilon_0\chi_{xxyy}$ はこの中に含めた．さらに，$E_{kj}(0)$ を $z = L_0$ における光電場 $E_{kj}(L_0) = E_{kj}(0)\exp[i\beta_{kj}L_0]$ で書き換えると，式 (4.19) は，次のように書きなおされる．

$$E_{\mathrm{f}x}(L_0) = K[\{E_{2x}(L_0)E_{3x}^*(L_0) + E_{2y}(L_0)E_{3y}^*(L_0)\}E_{1x}(L_0) \\ + \{E_{1x}(L_0)E_{3x}^*(L_0) + E_{1y}(L_0)E_{3y}^*(L_0)\}E_{2x}(L_0) \\ + E_{1x}(L_0)E_{2x}(L_0)E_{3x}^*(L_0)] \tag{4.20a}$$

同様にして，y 成分は，

$$E_{\mathrm{f}y}(L_0) = K[\{E_{2x}(L_0)E_{3x}^*(L_0) + E_{2y}(L_0)E_{3y}^*(L_0)\}E_{1y}(L_0) \\ + \{E_{1x}(L_0)E_{3x}^*(L_0) + E_{1y}(L_0)E_{3y}^*(L_0)\}E_{2y}(L_0) \\ + E_{1y}(L_0)E_{2y}(L_0)E_{3y}^*(L_0)] \tag{4.20b}$$

となる．式 (4.20) は，ベクトル表記により，まとめて次のように表される．

60　第 4 章　光ファイバーにおける四光波混合

$$E_{\mathrm{f}}(L_0) = E_{\mathrm{f}1}(L_0) + E_{\mathrm{f}2}(L_0) + E_{\mathrm{f}3}(L_0) \tag{4.21}$$

$$E_{\mathrm{f}1}(L_0) = K[E_2(L_0) \cdot E_3^*(L_0)]E_1(L_0) \tag{4.22a}$$

$$E_{\mathrm{f}2}(L_0) = K[E_1(L_0) \cdot E_3^*(L_0)]E_2(L_0) \tag{4.22b}$$

$$E_{\mathrm{f}3}(L_0) = K(E_{1x}(L_0)E_{2x}(L_0)E_{3x}^*(L_0), E_{1y}(L_0)E_{2y}(L_0)E_{3y}^*(L_0)) \tag{4.22c}$$

上式をみると，$E_{\mathrm{f}1}(L_0)$ と $E_{\mathrm{f}2}(L_0)$ は，それぞれ $E_1(L_0)$，$E_2(L_0)$ と同じ偏波状態であることに気が付く．一方，$E_{\mathrm{f}3}(L_0)$ については，そのような関係はない．

◆4.2.3　多段接続複屈折ファイバーモデル

前項は，複屈折の主軸方向および大きさが一定のファイバーの話であった．本項では，実際のファイバーは短い複屈折ファイバーが主軸方向を違えて接続されているのと等価として，話を進める．4.1.2 項で，長尺ファイバーは分散が一定の短いファイバーが接続されたものと見立てたのと，同じモデルである．

このようなファイバー接続系において，不均一ファイバー系と同様に，ファイバー最終端に出力される四光波混合光は，各短尺ファイバーで発生して残りの部分を線形に伝播してきた四光波混合光の足し合わせと考える（図 4.15）．その際，偏波状態が，回転しながら残りの部分を伝播していくことを考慮に入れる．そのため，ファイバー #n から出力端までの線形伝播を表す伝達関数 $T_{n\to N}$ は，偏波変化を記述する 2×2 行列とする．

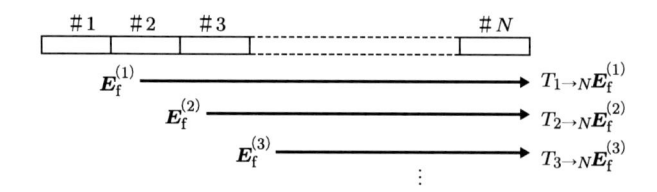

図 4.15　多段接続複屈折ファイバーモデル

さて，各短尺ファイバーで発生する四光波混合光は，式 (4.22) で示される三つの成分 $E_{\mathrm{f}1}, E_{\mathrm{f}2}, E_{\mathrm{f}3}$ からなっている．これに対応して，出力端の四光波混合光も，各成分がそれぞれに足し合わさった三つの成分からなるであろう．式で表すと，

$$E_{\mathrm{f}}(\mathrm{end}) = \sum_n^N T_{n\to N} E_{\mathrm{f}1}^{(n)} + \sum_n^N T_{n\to N} E_{\mathrm{f}2}^{(n)} + \sum_n^N T_{n\to N} E_{\mathrm{f}3}^{(n)} \tag{4.23}$$

ということである．以下，各成分について個別に吟味していく．

第 1 成分内の各項は，式 (4.22a) で示されているように，各短尺ファイバー終端では，$\boldsymbol{E}_1$ と同じ偏波状態となっている．$\boldsymbol{E}_1$ は，偏波状態が変化しながらファイバー終端に達するが，f_1 と f_f が近ければ，各短尺ファイバーで発生した四光波混合光 $\boldsymbol{E}_{\mathrm{f}1}^{(n)}$ も，同じ偏波変化を受けてファイバー終端に到達するであろう．したがって，第 1 成分の各項 $T_{n\to N}\boldsymbol{E}_{\mathrm{f}1}^{(n)}$ は，すべて $\boldsymbol{E}_1$ と同じ偏波状態と考えられる．第 2 成分についても同様で，各項 $T_{n\to N}\boldsymbol{E}_{\mathrm{f}2}^{(n)}$ は，すべて $\boldsymbol{E}_2$ と同じ偏波状態となる．一方，第 3 成分は，そのような定まった偏波状態にはない．この場合，各短尺ファイバーで発生した四光波混合光は，それぞれ異なる偏波変化を受けて，ファイバー最終端に達することになる．短尺ファイバーの数が十分多く，また各々の複屈折の主軸方向および大きさが十分ランダムであれば，第 3 成分の各項 $T_{n\to N}\boldsymbol{E}_{\mathrm{f}3}^{(n)}$ の偏波状態はランダムと考えられる．

ここで，偏波がそろった光の足し合わせと，ランダムな偏波状態の光の足し合わせとを比較する．偏波状態は，一般に，2 次元ベクトル $(\cos\theta, e^{i\phi}\sin\theta)$ で表される．この表式を用いると，一般の偏波光の合成波は，

$$\sum_n^N (\cos\theta_n, e^{i\phi_n}\sin\theta_n)$$

と書かれる．N は合成波の数，また簡単のため，各偏波光の振幅は等しく 1 とした．この合成波の強度は，次のようになる．

$$\left|\sum_n^N \cos\theta_n\right|^2 + \left|\sum_n^N e^{i\phi_n}\sin\theta_n\right|^2$$

各光波がどれも同じ偏波状態である場合は，$\theta_1 = \theta_2 = \cdots \equiv \theta$, $\phi_1 = \phi_2 = \cdots \equiv \phi$ として，

$$\left|\sum_n^N \cos\theta_n\right|^2 + \left|\sum_n^N e^{i\phi_n}\sin\theta_n\right|^2 = |N\cos\theta|^2 + |Ne^{i\phi}\sin\theta|^2 = 2N^2 \quad (4.24\mathrm{a})$$

となる．一方，一般の偏波状態の場合は，次のようになる．

$$\left|\sum_n^N \cos\theta_n\right|^2 + \left|\sum_n^N e^{i\phi_n}\sin\theta_n\right|^2 = \sum_n^N \cos^2\theta_n + 2\sum_{n<n'}^N \cos\theta_n\cos\theta_{n'}$$
$$+ \sum_n^N \sin^2\theta_n + 2\sum_{n<n'}^N \sin\theta_n\sin\theta_{n'}\cos(\phi_n-\phi_{n'})$$

偏波状態が完全にランダムであるとすると，平均的に $\langle\cos^2\theta_n\rangle = \langle\sin^2\theta_n\rangle = 1/2$, $\langle\cos\theta_n\cos\theta_{n'}\rangle = \langle\sin\theta_n\sin\theta_{n'}\rangle = 0$ であるので（$\langle\ \rangle$ は平均操作を表す），上式は，

$$\left|\sum_n^N \cos\theta_n\right|^2 + \left|\sum_n^N e^{i\phi_n}\sin\theta_n\right|^2 = N \tag{4.24b}$$

となる．式 (4.24) は，偏波がそろった光の強度は，ランダム偏波の場合のおよそ N 倍であることを示している．ある程度の長さのファイバーは，非常に多くの短尺複屈折ファイバーが接続されたものと考えることができる（$N \gg 1$）．したがって，式 (4.23) の第 3 成分の大きさは，第 1 および第 2 成分に比べて，無視できるほど小さいといえる．以上の考察より，ファイバー出力端における四光波混合光は，次のように表される．

$$\begin{aligned}
\boldsymbol{E}_\mathrm{f}(\mathrm{end}) &= \sum_n^N T_{n\to N}\boldsymbol{E}_{\mathrm{f1}}^{(n)} + \sum_n^N T_{n\to N}\boldsymbol{E}_{\mathrm{f2}}^{(n)} \\
&= K\sum_n^N T_{n\to N}[\boldsymbol{E}_2(nL_0)\cdot\boldsymbol{E}_3^*(nL_0)]\boldsymbol{E}_1(nL_0) \\
&\quad + K\sum_n^N T_{n\to N}[\boldsymbol{E}_1(nL_0)\cdot\boldsymbol{E}_3^*(nL_0)]\boldsymbol{E}_2(nL_0) \\
&= K\sum_n^N [\boldsymbol{E}_2(nL_0)\cdot\boldsymbol{E}_3^*(nL_0)]\boldsymbol{E}_1(\mathrm{end}) \\
&\quad + K\sum_n^N [\boldsymbol{E}_1(nL_0)\cdot\boldsymbol{E}_3^*(nL_0)]\boldsymbol{E}_2(\mathrm{end})
\end{aligned} \tag{4.25}$$

上式には，各短尺ファイバー出力端における偏波ベクトルの内積が含まれている．この内積はファイバー入射端における内積と等しいことが，次のように示される．まず，複屈折媒質透過による偏波回転は，一般に次のように表される．

$$\begin{pmatrix} E_x(z) \\ E_y(z) \end{pmatrix} = \begin{pmatrix} \cos^2\varphi + e^{i\delta}\sin^2\varphi & \cos\varphi\sin\varphi(1-e^{i\delta}) \\ \cos\varphi\sin\varphi(1-e^{i\delta}) & \sin^2\varphi + e^{i\delta}\cos^2\varphi \end{pmatrix} \begin{pmatrix} E_x(0) \\ E_y(0) \end{pmatrix}$$

φ は複屈折の主軸方向，$\delta \equiv \Delta n k_0 z$，$\Delta n$ は複屈折率差，k_0 は真空中の伝播定数，z は媒質長である．この関係式を用いると，長さ L_0 の複屈折媒質出力端における偏波ベクトルの内積は，

$$[\boldsymbol{E}_2(L_0) \cdot \boldsymbol{E}_3^*(L_0)]$$
$$= E_{2x}(L_0)E_{3x}^*(L_0) + E_{2y}(L_0)E_{3y}^*(L_0)$$
$$= E_{2x}(0)E_{3x}^*(0) + E_{2y}(0)E_{3y}^*(0)$$
$$= [\boldsymbol{E}_2(0) \cdot \boldsymbol{E}_3^*(0)]$$

となる．上式は，複屈折媒質の出力端における内積は，入力端における内積に等しいことを示している．したがって，複屈折ファイバーが多段に接続された系において，$z = nL_0$ での内積は $z = (n-1)L_0$ での内積に等しく，$z = (n-1)L_0$ での内積は $z = (n-2)L_0$ での内積に等しくと順にたどることができ，最終的に，

$$[\boldsymbol{E}_2(nL_0) \cdot \boldsymbol{E}_3^*(nL_0)] = [\boldsymbol{E}_2(0) \cdot \boldsymbol{E}_3^*(0)] \tag{4.26}$$

となる．$\boldsymbol{E}_1(nL_0)$ と $\boldsymbol{E}_3^*(nL_0)$ についても同様である．

式 (4.26) を式 (4.25) に代入すると，次式が得られる．

$$\boldsymbol{E}_\mathrm{f}(L) \propto [\boldsymbol{E}_2(0) \cdot \boldsymbol{E}_3^*(0)]\boldsymbol{E}_1(L) + [\boldsymbol{E}_1(0) \cdot \boldsymbol{E}_3^*(0)]\boldsymbol{E}_2(L) \quad (L：全ファイバー長) \tag{4.27a}$$

一部縮退の場合（$f_\mathrm{f} = 2f_1 - f_2$）は，次のようになる．

$$\boldsymbol{E}_\mathrm{f}(L) \propto [\boldsymbol{E}_1(0) \cdot \boldsymbol{E}_2^*(0)]\boldsymbol{E}_1(L) \tag{4.27b}$$

これが，光ファイバーにおける四光波混合の偏波特性を表す式である．

例として，いくつかの代表的な入射偏波状態についてみてみる．
① 全て同一偏波の場合：発生光パワーは最大．偏波状態は入射光と同じ．
② f_1 と f_2 は同一で，f_3 はそれと直交の場合：発生光はゼロ
③ f_2 と f_3 は同一で，f_1 はそれと直交の場合：式 (4.27a) の第 1 項だけが残るので，発生光振幅は同一偏波時の $1/2$，したがって発生光パワーは $1/4$．偏波状態は f_1 光と同じ．
④ f_1 と f_3 は同一で，f_2 はそれと直交の場合：発生光パワーは同一偏波時の $1/4$．偏波状態は f_2 光と同じ．

一部縮退の場合は，二つの入射光が直交していると発生光はゼロとなる．

◆ 4.2.4 補　足

(1) 光カー効果モデル

前項で述べた偏波特性は，現象論的に，次のように理解することもできる．第 5 章で詳しく述べるが，3 次の非線形効果として，光強度により屈折率が変化する現象（光

カー効果）がある．このため，複数の周波数光 $\boldsymbol{E}_2(f_2), \boldsymbol{E}_3(f_3)$ が存在している場合，その全光強度は，

$$|\boldsymbol{E}_2 + \boldsymbol{E}_3|^2 = |\boldsymbol{E}_2|^2 + |\boldsymbol{E}_3|^2 + 2\mathrm{Re}[\boldsymbol{E}_2 \cdot \boldsymbol{E}_3^*] \tag{4.28}$$

となり，これに比例して，屈折率が変化する．上式の第3項は干渉項であり，この項は，2光波の差周波数 $(f_2 - f_3)$ でビート振動を起こしている．したがって，媒質の屈折率も，周波数 $(f_2 - f_3)$ で時間的に変調される．そこへ，周波数 f_1 の光が入射されたとする．屈折率が変調されているので，f_1 光は位相変調を受ける．すると，変調側帯波が，$(f_1 \pm (f_2 - f_3))$ の周波数位置に発生する．この変調側帯波が四光波混合光に他ならない．

四光波混合光の発生源となる位相変調は，f_2 光と f_3 光の干渉から生じる．この干渉の度合いは，二つの光の偏波の重なり具合に比例する．同一偏波なら干渉最大であり，直交していれば干渉は起こらない．その程度を定量的に表しているのが，式 (4.28) の第3項の内積 $[\boldsymbol{E}_2 \cdot \boldsymbol{E}_3^*]$ である．そして，発生する変調側帯波の偏波状態は，f_1 光と同じとなっている．この筋書きと式 (4.27a) を照らし合わせてみると，$[\boldsymbol{E}_2(0) \cdot \boldsymbol{E}_3^*(0)]\boldsymbol{E}_1(L)$ がここでの変調側帯波に対応することに気が付く（図 4.16(a)）．同様にして，$[\boldsymbol{E}_1(0) \cdot \boldsymbol{E}_3^*(0)]\boldsymbol{E}_2(L)$ は，f_1 光と f_3 光の干渉から生じる，f_2 光への位相変調の変調側帯波に対応する（図 4.16(b)）．このように，2光波の干渉→光強度振動→光カー効果を介した位相変調→入射光からの変調側帯波＝四光波混合光とみると，四光波混合の偏波特性を直感的に理解しやすい．ただし，以上の話はみかけ上そうみなせるというだけで，物理の素過程としては式 (3.54) の第3項も存在しており，厳密には正しくないことに留意されたい．

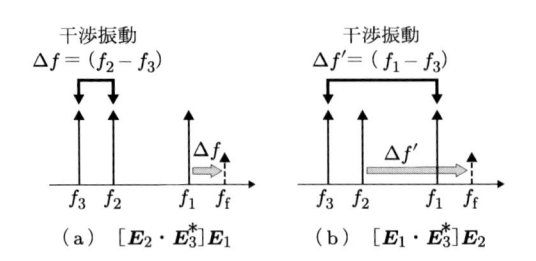

図 4.16 四光波混合の屈折率変調モデル

(2) 複屈折の波長依存性の影響

式 (4.27) を導くにあたっては，ファイバー伝播にともなう偏波変化は，どの周波数の光についても同じとした．周波数差が小さい場合はこれでよいが，周波数が離れていると，複屈折性が波長によって異なるため，この前提が成り立たなくなり，前項で

の議論からのずれが出てくる．どの位の周波数差から偏波の回り方が違ってくるかはファイバーによって異なり，一概にはいえないが，参考までに，これに関する測定例を紹介しておく．図 4.17 は，基準光と測定光を用意し，両者を同一偏波状態で 2.5 km ファイバーに入力して，出力端における偏波状態の違いを測定した結果である．横軸には基準光と測定光との周波数差，縦軸には測定光のうち出力端において基準光と同一偏波成分のパワー比をプロットしてある．周波数差が大きくなるにつれ，基準光と同一偏波成分のパワー比が低下する．これは，周波数差が大きいと，偏波変化の仕方が周波数によって異なるためである．このパワー比の低下分だけ，先に述べた偏波特性からのずれが生じることになる．

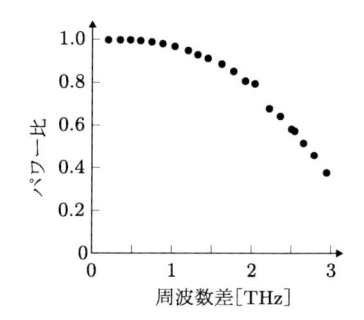

図 4.17 2.5 km ファイバーにおける 2 周波数光の偏波回転

4.3 光伝送システムへの影響

これまで，光ファイバーで発生する四光波混合光のパワー，あるいは効率について述べてきたが，光伝送システムにとっての関心事は，発生光パワーそのものよりも，四光波混合によって生じる信号光の揺らぎ，あるいは，信号受信性能への影響である．本節では，これについて述べる．

◆ 4.3.1 伝送信号光の強度揺らぎ

四光波混合は，異なる周波数の光波間の相互作用なので，単一波長伝送では基本的には発生しない．四光波混合が問題となり得るのは，多波長伝送いわゆる WDM（波長分割多重）伝送においてである．WDM 伝送では，複数の波長光が同時に 1 本のファイバーを伝播し，非線形分極を介してそれらが影響し合う．その結果，伝送信号光に揺らぎが生じて，伝送特性が劣化する．

四光波混合による信号光揺らぎを論じる正攻法は，WDM 伝送される各信号光についての非線形伝播方程式を書き出し，それらを連立させて数値計算する方法である．

相互作用の仕方は多重光の入力状態（位相も含めた $z=0$ での振幅）に依存するため，さまざまな入力状態についての伝送信号光出力を計算すれば，信号光揺らぎを見積もることができる．しかし，この手法は計算量を要し，また直感的理解も得にくい．

簡便に四光波混合の影響をみるには，四光波混合光を摂動項として取り扱えばよい．すなわち，信号光とそれから発生する四光波混合光を個別に考え，ある波長の伝送信号光は，もとの信号光が線形伝播してきた光と，その波長に新たに発生した四光波混合光の足し合わせと考える．式で表すと，

$$A(f_s) = A_s(f_s) + \sum_{ijk} A_{ijk}(f_s = f_i + f_j - f_k) \tag{4.29}$$

ということである．ただし，$A_s(f_s)$：線形伝播してきた光周波数 f_s の信号光の複素振幅，$A_{ijk}(f_s = f_i + f_j - f_k)$：周波数 f_i, f_j, f_k の信号光から周波数 f_s に発生した四光波混合光の複素振幅．第2項は，$f_s = f_i + f_j - f_k$ を満たす全ての i, j, k についての和である．以下，式 (4.29) をもとに，伝送信号光揺らぎを考えていく．なお，表記の簡単化のため，ここでは，光パワー $P = |A|^2$ とする．

式 (4.29) より，伝送信号光のパワー P は，次のように書かれる．

$$P = |A(f_s)|^2 = |A_s|^2 + \sum_{ijk} |A_{ijk}|^2 + \sum_{ijk \neq i'j'k'} |A_{ijk}||A_{i'j'k'}| \cos(\theta_{ijk} - \theta_{i'j'k'})$$
$$+ 2|A_s| \sum_{ijk} |A_{ijk}| \cos(\theta_s - \theta_{ijk}) \tag{4.30}$$

θ_s：信号光の位相，θ_{ijk}：四光波混合光の位相．第1項は信号光パワー，第2項は四光波混合光パワー，第3項は四光波混合光間の干渉効果，第4項は信号光と四光波混合光との干渉効果をそれぞれ表している．$|A_s| \gg |A_{ijk}|$ とすると，式 (4.30) は，次のように近似される．

$$P \approx |A_s|^2 + 2|A_s| \sum_{ijk} |A_{ijk}| \cos(\theta_s - \theta_{ijk}) \tag{4.31}$$

式 (3.15) からわかるように，四光波混合光の位相 θ_{ijk} は各信号光のファイバー入力時の位相に依存し，それらは光源の位相雑音に起因してランダムに変動する．したがって，式 (4.31) 内の $\cos(\theta_s - \theta_{ijk})$ はランダムに変動し，そのため，伝送光パワー P は揺らぐことになる．

伝送光パワーの揺らぎは，受信信号揺らぎとなる．伝送光をそのまま光検出器に入力すると，式 (4.31) より，次式で表される受信信号 I が出力される．

$$I \propto |A_\mathrm{s}|^2 + 2|A_\mathrm{s}| \sum_{ijk} |A_{ijk}| \cos(\theta_\mathrm{s} - \theta_{ijk}) \tag{4.32}$$

$\cos(\theta_\mathrm{s} - \theta_{ijk})$ はランダムであるため，第2項が受信信号揺らぎとなる．

通常，信号受信特性は，SN比（信号電力と雑音電力との比）で評価される．式(4.32)の第2項の揺らぎを近似的にガウス型雑音とみなすと，その雑音電力は，$N = \langle I^2 \rangle - \langle I \rangle^2$ で与えられる（$\langle \ \rangle$ は平均操作を表す）．一方，信号電力は $S = \langle I \rangle^2$ である．これより，SN比は，

$$\mathrm{SN}\,比 = \frac{\langle I \rangle^2}{\langle I^2 \rangle - \langle I \rangle^2} = \frac{P_\mathrm{s}^2}{2P_\mathrm{s} \sum_{ijk} P_{ijk}} = \frac{P_\mathrm{s}}{2 \sum_{ijk} P_{ijk}} \tag{4.33}$$

と表される（$P_\mathrm{s} = |A_\mathrm{s}|^2$：信号光パワー，$P_{ijk} = |A_{ijk}|^2$：四光波混合光パワー）．上式は，四光波混合による受信信号のSN比劣化は，受信される信号光パワーと全四光波混合光パワーの比で決まることを示している．

◆ 4.3.2 抑圧法

前項で述べたように，四光波混合は信号伝送特性を劣化させる．本項では，これを回避する方策について述べる．

(1) 分散マネージメント法

4.1.1項で，分散が大きいファイバーでは，位相不整合のために，四光波混合光の発生効率が低いことを述べた（図4.1参照）．したがって，分散のあるファイバーで伝送路を構成すれば，四光波混合の発生を抑えることができる．しかし，一方で，分散はパルス拡がりをもたらし，高速信号伝送の妨げとなる（1.1.3項または5.5.1項参照）．そのため，単純に分散のあるファイバーを用いればよいというものでもない．そこで登場したのが，分散マネージメント法である．

分散によるパルス拡がりは，簡単にいってしまえば，光パルスを構成する各周波数成分の伝播速度が異なるために起こる．伝播速度が異なると，ファイバー出力端への到達時間が異なり，その結果，パルスが拡がる．ところで，分散による伝播時間差は線形的であり，分散の異なる複数のファイバーが接続されている場合には，各ファイバーでの伝播時間差の合計が，全ファイバーを通した伝播時間差となる．したがって，各ファイバーでは伝播時間が異なっていても，合計値がゼロであれば，パルス拡がりは生じない．たとえば，図4.18に示すような，分散の絶対値は同じで符号が逆，かつ長さの等しいファイバーが交互に接続された系では，一方のファイバーで速く進んだ周波数成分は他方のファイバーでは遅れて伝播するため，両者が相殺し合って伝播時間差ゼロとなる．結果として，パルス拡がりは起こらない．

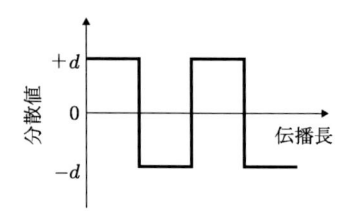

図 4.18　分散マネージメント法

　一方，四光波混合は，各ファイバーで発生した四光波混合光が，残りの伝送路を線形に伝播してきたものの合計である．したがって，分散のため，各ファイバーにおいて四光波混合光が発生しなければ，全体としても，発生光はゼロとなる．よって，図 4.19 のような伝送系では，四光波混合の発生は抑えられる（$f_{ijk} = f_i + f_j - f_k$）．

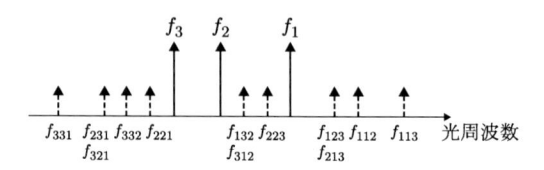

図 4.19　不等周波数間隔配置における四光波混合

　このように，分散の符号の異なるファイバーを接続して，分散によるパルス拡がりを回避しつつ四光波混合発生を抑える手法を，分散マネージメント法という．この方法は，四光波混合抑圧のために，広く用いられている．

(2) 不等波長間隔配置法

　4.3.1 項で，発生した四光波混合光と信号光との干渉の結果，受信信号が揺らぐことを述べた．見方を変えると，四光波混合光が発生していても，信号光と干渉しなければ，受信特性は劣化しない．干渉は，関与する光が同一波長かつ同一偏波のときに起こる．したがって，信号光と四光波混合光の波長が違っていれば，受信信号揺らぎは起こらない．
　たとえば，周波数が f_1, f_2, f_3 である 3 チャンネル多重伝送を考える．周波数が等間隔（$f_3 - f_2 = f_2 - f_1$）であると，$2f_2 - f_3 = f_1, 2f_2 - f_1 = f_3, f_1 + f_3 - f_2 = f_2$ となり，四光波混合発生光が信号光の周波数に重なって，干渉揺らぎを引き起こす．一方，不等間隔に配置すると，図 4.19 に示すような周波数に，四光波混合光が発生する（$f_{ijk} \equiv f_i + f_j - f_k$）．この場合，信号光と四光波混合光とが重ならないため，干渉が起こらない．したがって，受信信号は揺らがない．このように，多重する信号光の周波数を不等間隔に配置することで，四光波混合による受信特性劣化を回避できる．た

だし，この手法の課題として，波長多重数が多い場合に，四光波混合光すべてが信号光に重ならないよう周波数を配置するのは困難，等間隔にきっちりと配置した伝送系に比べると，広い波長帯域を占有するなどが挙げられる．また，相互作用が大きいと，ポンプ・デプレッションが起こり，それによる伝送劣化がみえてくる．

第5章

自己位相変調

　本書では，ファイバー内の光非線形現象として，まず四光波混合を取り上げたが，歴史的には，ファイバー非線形光学の主役は光カー効果（光強度により屈折率が変化する現象）であった．これは，①分散シフトファイバー登場以前は，四光波混合の位相整合条件は満たされず，効率が低いと考えられていた，②光増幅器登場以前は，高ピークパワーの短パルス光を入力するのが常套手段であり，その場合，光カー効果と分散の相乗効果により，興味深い現象がさまざまに発現する，③光増幅器登場以前は，光カー効果を利用する光ソリトン伝送が将来の長距離伝送技術として有望視されていたなどの理由による．光増幅器および波長分割多重伝送の登場により事情が変わり，四光波混合が伝送特性に重大な影響を与える非線形性として注目されるようになったが，研究の進展にともなって，分散マネージメント法などの対策が講じられるようになると，光カー効果が次なる課題として浮かび上がってきた．いったん四光波混合の影に隠れた話題が再びカムバックというところであろうか．本章では，光カー効果について説明した後，そのうちのひとつである自己位相変調について述べる．

5.1 非線形屈折率

◆ 5.1.1 非線形分極による屈折率変化

次式で表される異なる周波数の2光波が，3次の光非線形媒質に入射されたとする．

$$E = \frac{1}{2}E_1 \exp[-i\omega_1 t] + \frac{1}{2}E_2 \exp[-i\omega_2 t] + c.c. \tag{5.1}$$

これを，非線形伝播方程式 (2.12) に代入する．再記すると，

$$\nabla^2 E - \frac{n^2}{c^2}\frac{\partial^2 E}{\partial t^2} = \mu \frac{\partial^2 P_{\mathrm{NL}}}{\partial t^2} = \mu \frac{\partial^2}{\partial t^2}\{\varepsilon_0 \chi^{(3)} E^3\} \tag{5.2}$$

である．ただし，簡単のため，偏波依存性は考えないものとし，また，非線形分極 $P_{\mathrm{NL}} = \varepsilon_0 \chi^{(3)} E^3$ を代入した．式 (5.2) の E に式 (5.1) を代入し，角周波数 ω_1 の成分を書き出す．

$$\nabla^2(E_1 e^{-i\omega_1 t}) - \frac{n^2}{c^2}\frac{\partial^2}{\partial t^2}(E_1 e^{-i\omega_1 t}) = \frac{\mu\varepsilon_0\chi^{(3)}}{4}\frac{\partial^2}{\partial t^2}\{(3|E_1|^2+6|E_2|^2)E_1 e^{-i\omega_1 t}\} \tag{5.3}$$

右辺の非線形分極第 1 項の係数 3,および第 2 項の係数 6 は,光電場の 3 乗 E^3 において,角周波数が ω_1 となる項の組み合わせの数からきている.$\mu = \mu_0$ として $\mu_0\varepsilon_0 = 1/c^2$ を代入し,また,$|E_1|$ および $|E_2|$ は時間的に変化しないものとして,上式を整理する.

$$\nabla^2(E_1 e^{-i\omega_1 t}) - \frac{1}{c^2}\left\{n^2 + \frac{\chi^{(3)}}{4}(3|E_1|^2+6|E_2|^2)\right\}\frac{\partial^2}{\partial t^2}(E_1 e^{-i\omega_1 t}) = 0 \tag{5.4}$$

一方,非線形性がない場合の角周波数 ω_1 の光の伝播方程式は,式 (5.3) の右辺 $= 0$ として,

$$\nabla^2(E_1 e^{-i\omega_1 t}) - \frac{n^2}{c^2}\frac{\partial^2}{\partial t^2}(E_1 e^{-i\omega_1 t}) = 0 \tag{5.5}$$

と書かれる.式 (5.4), (5.5) を見比べると,非線形伝播方程式における $\{n^2 + (\chi^{(3)}/4)(3|E_1|^2+6|E_2|^2)\}$ が,線形方程式における n^2 に対応していることがみて取れる.n は線形媒質の屈折率であるので,このことは,非線形分極の効果により,角周波数 ω_1 の光に対する実効的な屈折率が,$\sqrt{n^2 + (\chi^{(3)}/4)(3|E_1|^2+6|E_2|^2)}$ となっていることを意味する.もとの線形屈折率を n_0,非線形効果が加わった実効屈折率を n と表記しなおして,式で表すと,

$$n = \sqrt{n_0^2 + \frac{\chi^{(3)}}{4}(3|E_1|^2+6|E_2|^2)} \tag{5.6}$$

ということである.非線形項は,もともとは感受率の摂動展開から出てくる項であり,線形項に比べると微小と考えられるので,2 乗根を微小展開すると,式 (5.6) は次のようになる.

$$n \approx n_0 + \frac{3\chi^{(3)}}{8n_0}(|E_1|^2 + 2|E_2|^2) \tag{5.7}$$

さらに,光強度 $I_k = (n_0 c\varepsilon_0/2)|E_k|^2$ で書きなおすと,次式となる.

$$n = n_0 + \frac{3\chi^{(3)}}{4cn_0^2\varepsilon_0}(I_1 + 2I_2) \tag{5.8}$$

上式は,非線形分極のため,光強度に比例して屈折率が変化することを表している.

比例係数をまとめて,

$$n_2 \equiv \frac{3\chi^{(3)}}{4cn_0{}^2\varepsilon_0} \tag{5.9}$$

と表記すると，式 (5.8) は次のように書かれる．

$$n = n_0 + n_2(I_1 + 2I_2) \tag{5.10}$$

この n_2 は非線形屈折率とよばれており，通常のガラスファイバーでは，$n_2 = 3 \times 10^{-20}\,[\mathrm{m^2/W}]$ 程度である．

媒質の屈折率が変化すると，そこを伝播する光の位相が変化する．そこで，自身の光強度によって屈折率が変化する現象（n_2I_1 の屈折率変化）を自己位相変調 (self phase modulation: SPM)，他の光の強度によって屈折率が変化する現象（$2n_2I_2$ の屈折率変化）を相互位相変調 (cross phase modulation: XPM) とよぶ．さらに，これらの光強度により屈折率が変化する現象を，総称して，光カー効果とよぶ．式 (5.10) で示されているように，相互位相変調の効果は，自己位相変調の 2 倍となっている．これは，式 (5.3) で述べたように，ω_1 の非線形分極成分を生み出す周波数項の組み合わせの数の違いに起因する．

◆5.1.2 四光波混合的な見方

前項では，式 (5.3) の右辺の非線形分極項を左辺に移し，これと線形伝播方程式 (5.5) との比較から非線形屈折率を導いた．実は，非線形分極から新たな光が発生するという，四光波混合的な式の展開によっても，光カー効果を導き出すことができる．四光波混合と光カー効果が同時に起こる状況を取り扱う場合（たとえば第 7 章）には，こちらの定式化の方が便利である．本項では，四光波混合的な取り扱いについて述べる．

次式で表される二つの周波数の光が，非線形媒質内を伝播しているものとする．

$$E = \frac{1}{2}A_1(z)\exp[i(\beta_1 z - \omega_1 t)] + \frac{1}{2}A_2(z)\exp[i(\beta_2 z - \omega_2 t)] + c.c. \tag{5.11}$$

これを 3 次の非線形分極 $P_{\mathrm{NL}} = \varepsilon_0 \chi^{(3)} E^3$ に代入し，そこから角周波数 ω_1 の成分を書き出す．それを非線形伝播方程式 (2.13) の右辺に代入し，ω_1 の伝播光を左辺とすると，次式が得られる．

$$\frac{1}{2}\frac{\partial^2}{\partial z^2}\{A_1(z)e^{i(\beta_1 z - \omega_1 t)}\} - \frac{1}{2}\frac{n_0{}^2}{c^2}\frac{\partial^2}{\partial t^2}\{A_1(z)e^{i(\beta_1 z - \omega_1 t)}\}$$
$$= \frac{\mu\varepsilon_0 \chi^{(3)}}{8}\frac{\partial^2}{\partial t^2}\{(3|A_1(z)|^2 + 6|A_2(z)|^2)A_1(z)e^{i(\beta_1 z - \omega_1 t)}\} \tag{5.12}$$

ここでは，非線形屈折率と区別するために，線形屈折率を最初から n_0 としている．式 (5.12) を 2.2.3 項と同様の手順で展開していくと，次式が得られる．

$$\frac{dA_1}{dz} = i\frac{3\beta_0 \chi^{(3)}}{8n_0}\left\{|A_1(z)|^2 + 2|A_2(z)|^2\right\}A_1(z) \tag{5.13}$$

$\beta_0 \equiv (\omega_1/c)$：真空中の伝播定数．

ここで，z_0 から $(z_0 + \delta z)$ までの A_1 の変化を考える．δz は微小量であり，この区間では，$|A_1|^2, |A_2|^2$ は一定とする．すると，式 (5.13) より，

$$A_1(z_0 + \delta z) = A_1(z_0)\exp\left[i\frac{3\chi^{(3)}}{8n_0}\{|A_1(z_0)|^2 + 2|A_2(z_0)|^2\}\beta_0\delta z\right] \tag{5.14}$$

という解が得られる．A_1 は光電場を式 (5.11) のように表したときの複素振幅であるので，上式は，z_0 から $z_0 + \delta z$ までの間に，ω_1 光の位相が，

$$\delta\phi = \left[n_0 + \frac{3\chi^{(3)}}{8n_0}\{|A_1(z_0)|^2 + 2|A_2(z_0)|^2\}\right]\beta_0\delta z$$

だけ変化することを示している．ここで，β_0 は真空中の伝播定数である．したがって，上式は，この区間の屈折率が，

$$n = n_0 + \frac{3\chi^{(3)}}{8n_0}(|A_1|^2 + 2|A_2|^2) \tag{5.15}$$

となっていることを意味する．この式は，式 (5.7) と同じであり，前項と同じく非線形屈折率を表している．このように，非線形伝播方程式から式 (5.13) を経ても，非線形屈折率が導き出される．

ところで，前章では，非線形分極から発生した光がもとの伝播光に足し合わされるというモデルで，四光波混合を記述した．同様に，式 (5.13) の微分方程式も，非線形分極から発生した光が右辺となって，左辺の ω_1 光に足し合わされるとみなせる．どちらも新たな発生光の足し合わせ現象であるのに，一方は光強度変化，他方は光位相変化となる．この違いは，以下のように理解される．

z_0 から $z_0 + \delta z$ までの A_1 の変化は，差分形式で，次のように表される．

$$A_1(z_0 + \delta z) = A_1(z_0) + \frac{dA_1}{dz}(z_0) \cdot \delta z$$

上式に式 (5.13) を代入すると，次式となる．

$$A_1(z_0 + \delta z) = A_1(z_0) + e^{i\pi/2}\frac{3\beta_0\chi^{(3)}}{8n_0}\{|A_1(z_0)|^2 + 2|A_2(z_0)|^2\}\delta z \cdot A_1(z_0) \tag{5.16}$$

この表式は，z_0 における A_1 に，第 2 項が追加分として足し合わされることを表している．ここで気が付くことは，足し合わされる振幅ともとの振幅の位相が，必ず 90° 違っているということである．この様子は，複素平面で，図 5.1 のように図示される．位相が 90° 異なるということは，もとの振幅ベクトルに対して直角方向に足し合わされるということであり，この場合，振幅の大きさはそのままで，位相だけが回転する．このように，もとの光との位相関係のため，新たに追加される発生光は，位相を変化させるように作用する．一方，四光波混合では，まったく何もないところから振幅が足し合わされ始め，位相整合条件が満たされていれば，それらは同位相であるため，光強度変化となる．

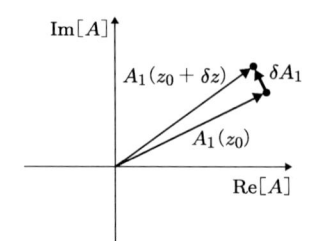

図 5.1 複素平面による光カー効果の説明図

5.2 パルス光の周波数変化

前節で，光強度に比例して，非線形媒質の屈折率が変化することを示した．本節以降では，そのうちの自己位相変調について，特にパルス光の伝播特性への影響を中心に述べる．

◆ 5.2.1 周波数チャープ

自己位相変調は自身の光強度による屈折率変化なので，ここでは，単一の光が伝播する状況を考える．伝播光が連続光の場合，光強度は時間的に一定であり，非線形屈折率も一定，したがって伝播光の位相も一定となる．一定値の位相が付加されても，光の特性としては何も変わらない．つまり，連続光は自己位相変調の影響を受けない．

自己位相変調が効くのは，パルス光に対してである．パルス光は，光強度が時間的に変化している．このような光が非線形媒質を伝播すると，自己位相変調により，屈折率が時間的に変化する．屈折率の時間変動は，搬送波の周波数シフトとなる．このことは，次のように示される．

まず，z 方向に伝播している角周波数 ω の光電場を，

$$E = A\cos(\omega t - n\beta_0 z) \tag{5.17}$$

と表す（n：屈折率, β_0：真空中の伝播定数）. ここで, 屈折率を時刻 t_0 の近傍で $n(t) = n(t_0) + (t-t_0)\dot{n}$ と展開し（$\dot{n} \equiv dn/dt$）, これを上式に代入する.

$$E = A\cos\{\omega t - n(t_0)\beta_0 z - (t-t_0)\dot{n}\beta_0 z\} = A\cos[(\omega - \dot{n}\beta_0 z)t - \{n(t_0) + t_0\dot{n}\}\beta_0 z]$$

この式は, 角周波数が $\omega - \dot{n}\beta_0 z$ であることを表している. つまり, 屈折率の時間変動 $\dot{n}$ は, 周波数シフトとなる. シフトする方向は, 屈折率の時間微分すなわち光強度の時間微分の符号と逆方向である.

自己位相変調により, パルス伝播光の位相は時間的に変化し, 位相の時間変化は周波数シフトとなる. したがって, 自己位相変調により, パルス光の搬送波周波数が変化する. 図 5.2 は, パルス波形をガウス関数形としたときの, 周波数変位の計算例である. パルス光強度は, 最初ゼロから立ち上がり, 中心時刻でピークとなった後に, ゼロに戻っていく. これにともない, 屈折率も同じように変化する. この屈折率波形の時間微分は, 前半部ではプラス, 後半部ではマイナスである. そのため, 光周波数が, 前半部ではマイナス方向, 後半部ではプラス方向へ変位している.

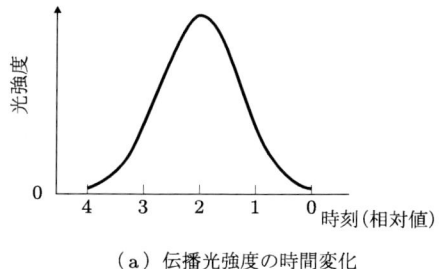

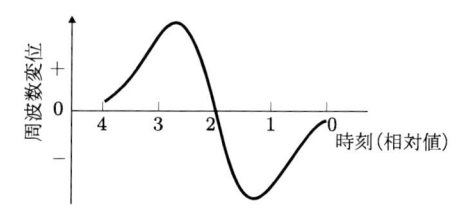

（a）伝播光強度の時間変化　　　　　（b）伝播光周波数の時間変化

図 5.2　自己位相変調による周波数変位

なお, このように, ひとつのパルス内で光周波数が時間的に変化していることを, **周波数チャープ**という. また, 光周波数のプラス側への変位を**ブルーシフト**, マイナス側への変位を**レッドシフト**とよぶ. この名前付けは, 周波数が高いということは波長が短い, すなわち可視光でいえば青色であり, 周波数が低いということは波長が長いということであり, 可視光では赤色であるところからきている.

◆ **5.2.2　スペクトル拡がり**

前項でみたのは, 時間軸上の光周波数変位である. これを周波数軸上でみると, スペクトル拡がりとなる. 図 5.3 は, その計算例である（ファイバー長 $= 50\,\text{km}$, 無損失, $\gamma = 10\,\text{km}^{-1}\text{W}^{-1}$）. 計算では, パルス光の強度波形を $I(t)$, 振幅を $A(t) = \sqrt{P(t)}e^{i\gamma P(t)}$ とし（P：光パワー, γ：非線形定数）, フーリエ変換により $A(t)$ の振幅

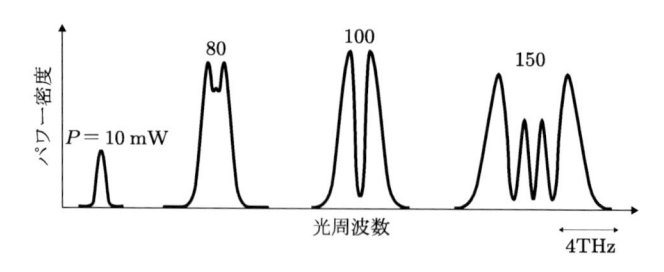

図 5.3 自己位相変調によるスペクトル拡がり

スペクトル $\tilde{A}(\Omega)$ を求めたうえで，$|\tilde{A}(\Omega)|^2$ をプロットした．入射光強度が大きいと，光周波数スペクトルが大きく拡がる様子が示されている．

5.3 パルス伝播特性

それでは，自己位相変調によって生じるパルス光の周波数変位は，光伝播特性にどのような影響を与えるか．単純に考えれば，周波数チャープがあっても，光強度に変わりはなく，パルス波形はそのまま伝播されるように思える．しかし，一般に，伝送媒体には，群速度分散というものが存在する．これは，波長（光周波数）によって伝播速度が異なる性質のことであり，このため，高周波数成分は速く（または遅く），低周波数成分は遅く（または速く）伝播する．その結果，パルス波形が変化する．本節では，自己位相変調と群速度分散が絡み合って伝播光波形が変化する現象について述べる．

◆ 5.3.1 線形パルス伝播

自己位相変調を受けたパルスの伝播特性を論じる前段階として，まずは，非線形効果がないとしたときのパルス伝播特性について述べる．

(1) 群速度

$z = 0$ における光電場振動を，次式とする．

$$E(0,t) = A(0,t)\cos(\omega_0 t) = \frac{1}{2}A(0,t)e^{-i\omega_0 t} + c.c. \tag{5.18}$$

ω_0 は搬送波の角周波数（振動電場の中心角周波数），$A(0,t)$ はその包絡線の時間変化を表す実関数である（図 5.4 参照）．一般に，時間波形 $A(0,t)$ は，複数の周波数成分の足し合わせ，すなわちフーリエ積分形として，次のように表される．

$$A(0,t) = \frac{1}{2\pi}\int_{-\infty}^{\infty}\tilde{A}(\Omega)e^{-i\Omega t}d\Omega \tag{5.19}$$

$\tilde{A}(\Omega)$ は $A(t)$ の振幅スペクトル，Ω は各スペクトル成分の角周波数である．式 (5.19)

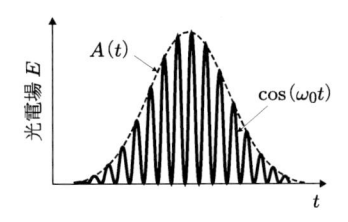

図 5.4 キャリア振動と包絡線

を式 (5.18) に代入すると，次のようになる．

$$E(0,t) = \frac{1}{4\pi}\int \tilde{A}(\Omega)e^{-i(\omega_0+\Omega)t}d\Omega + c.c. \tag{5.20}$$

式 (5.20) は，$z=0$ での光電場振動の表式である．この光が距離 z だけ伝播すると，各周波数成分に，伝播位相 $e^{i\beta(\Omega)z}$ が付け加わる（$\beta(\Omega)$：角周波数 Ω の成分の伝播定数）．式で表すと，

$$E(z,t) = \frac{1}{4\pi}\int \tilde{A}(\Omega)e^{i\beta(\Omega)z}e^{-i(\omega_0+\Omega)t}d\Omega + c.c.$$

となる．ただし，簡単のため，伝播損失は無視した．これを，搬送波の伝播定数 β_0 を使って，書きなおす．

$$E(z,t) = \frac{1}{2}\left\{\frac{1}{2\pi}\int \tilde{A}(\Omega)e^{i(\beta-\beta_0)z}e^{-i\Omega t}d\Omega\right\}e^{i(\beta_0 z-\omega_0 t)} + c.c. \tag{5.21}$$

この式を式 (5.18) と見比べると，{ } 内が角周波数 ω_0 の搬送波の包絡線を表していることがわかる．

ここで，式 (5.21) 内の β を，搬送波角周波数 ω_0 の近傍で，次のように展開する．

$$\begin{aligned}\beta(\omega_0+\Omega) &= \beta(\omega_0) + \left(\frac{d\beta}{d\omega}\right)_{\omega=\omega_0}\Omega + \frac{1}{2}\left(\frac{d^2\beta}{d\omega^2}\right)_{\omega=\omega_0}\Omega^2 + \cdots \\ &= \beta_0 + \frac{1}{v_{\mathrm{g}}(\omega_0)}\Omega + \frac{1}{2}\beta_2(\omega_0)\Omega^2 + \cdots\end{aligned} \tag{5.22}$$

ただし，$\beta_0 = \beta(\omega_0)$ である．また，

$$\frac{1}{v_{\mathrm{g}}} \equiv \frac{d\beta}{d\omega} \tag{5.23}$$

$$\beta_2 \equiv \frac{d^2\beta}{d\omega^2} \tag{5.24}$$

を導入した．式 (5.22) を用いると，式 (5.21) の包絡線波形 $A(z,t)$ は，

$$A(z,t) = \frac{1}{2\pi} \int_{-\infty}^{\infty} \tilde{A}(\Omega) \exp\left[i\left\{\left(\frac{1}{v_\mathrm{g}}\Omega + \frac{1}{2}\beta_2\Omega^2 + \cdots\right)z - \Omega t\right\}\right] d\Omega \tag{5.25}$$

と書き表される．

ここで，式 (5.22) の 1 次の近似展開までを考える．すると，式 (5.25) は，

$$A(z,t) = \frac{1}{2\pi} \int_{-\infty}^{\infty} \tilde{A}(\Omega) \exp\left[i\left(\frac{z}{v_\mathrm{g}} - t\right)\Omega\right] d\Omega \tag{5.26}$$

となる．この表式と式 (5.19) を見比べると，

$$A\left(z, t + \frac{z}{v_\mathrm{g}}\right) = A(0,t) \tag{5.27}$$

であることがみて取れる．この関係式は，$z=0$ での包絡線波形が，z/v_g 秒後に，z だけ離れた位置に移動していることを示している．その波形移動の速度は，$z/(z/v_\mathrm{g}) = v_\mathrm{g}$ である．そこで，式 (5.23) で定義された v_g を，**群速度**とよぶ．波束の移動速度であることから，「群」という呼び名が付けられている．

包絡線波形の移動速度が v_g であることは，次のように理解することもできる．前述のように，包絡線が時間的に変化している光電場は，複数の周波数成分の足し合わせで表される（式 (5.20) 参照）．逆の言い方をすると，複数の周波数光の合成波の包絡線は，時間的に変化する．この際，各周波数光の位相が合うと，その時間位置に包絡線ピークが現れる．図 5.5 は，その様子を，五つの異なる周波数振動の合成を例として，図示したもので，図 (a) は各周波数振動を重ね描きした図，図 (b) はその合成波

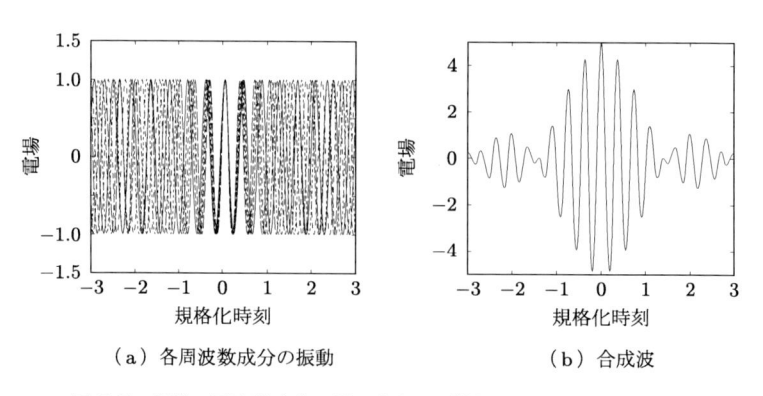

(a) 各周波数成分の振動

(b) 合成波

図 5.5 複数の周波数成分の足し合わせ（位相がそろっている場合）

である．図 (a) では，時刻 0 で各周波数振動の位相がそろっており，そこから離れるに従って位相ずれが大きくなっている．図 (b) に示されているように，このような周波数光の合成の包絡線は，位相がそろった時刻で最大となり，そこから離れると，減少する形状になる．ここでは，等振幅の異なる五つの周波数の光しか考えていないため，きれいなパルス波形とはなっていないが，原理的には，このようにして光パルスが形成される．

上記の事柄を式で表すと，

$$\beta(\omega_i)z - \omega_i t = 0 \tag{5.28}$$

を満たす $\{z,t\}$ にパルスが現れるということである．ここで，w_i は構成要素となる各周波数成分の角周波数である．この考察を進めると，上式を満たす $\{z,t\}$ に沿って，パルスが伝播することになる．ここで，$\{z_0,t_0\}$ にパルスが存在していたとする．すなわち，

$$\beta(\omega_i)z_0 - \omega_i t_0 = 0 \tag{5.29}$$

とすると，各周波数成分の $\{z_0+\Delta z, t_0+\Delta t\}$ における位相は，

$$\beta(\omega_i)(z_0+\Delta z) - \omega_i(t_0+\Delta t) = \beta(\omega_i)\Delta z - \omega_i \Delta t \tag{5.30}$$

となる．この表式に，伝播定数 β を ω_0 の周りで，式 (5.22) のように近似展開した 1 次項までを代入する．

$$\left(\beta_0 + \frac{1}{v_\mathrm{g}}\Omega\right)\Delta z - (\omega_0+\Omega)\Delta t = \beta_0 \Delta z - \omega_0 \Delta t + \left(\frac{\Delta z}{v_\mathrm{g}} - \Delta t\right)\Omega \tag{5.31}$$

上式は，

$$\frac{\Delta z}{v_\mathrm{g}} - \Delta t = 0 \quad \rightarrow \quad \frac{\Delta z}{\Delta t} = v_\mathrm{g} \tag{5.32}$$

の場合には，$\{\beta(\omega_i)(z_0+\Delta z)-\omega_i(t_0+\Delta t)\}$ は周波数に無依存，すなわち，どの周波数成分も同じ位相値となることを示している．つまり，$\Delta z/\Delta t = v_\mathrm{g}$ である $\{z_0+\Delta z, t_0+\Delta t\}$ にパルスが現れる．このパルスは，時間 Δt の間に距離 Δz 移動するので，その移動速度は $\Delta z/\Delta t$ である．式 (5.32) より，これは v_g に他ならない．すなわち，パルスを形成する各周波数成分が同位相となる位置の移動速度が v_g となっている．これが，群速度の直感的イメージである．

(2) 群速度分散

それでは次に，式 (5.22) の近似展開の 2 次の項まで考える．2 次近似項の係数は，

$$\beta_2 = \frac{d^2\beta}{d\omega^2} = \frac{d}{d\omega}\left(\frac{1}{v_\mathrm{g}}\right) = -\frac{1}{v_\mathrm{g}^2}\frac{dv_\mathrm{g}}{d\omega} \tag{5.33}$$

と書かれる．上式において，$1/v_\mathrm{g}$ は，単位長さをパルスが通過するのに要する時間である．β_2 は，その所要時間の周波数依存性，すなわち，パルスの伝播時間が周波数によって異なる度合いを表すパラメーターとなっている．これを，**群速度分散**とよぶ．

群速度分散があると，伝播するにつれて，パルス幅が拡がる．これは，パルスを形成する各周波数成分の位相関係がずれてくるためである．(1)で述べたように，各周波数成分が同位相となる地点にパルスが現れる．すなわち，同位相条件を満たす $\{z,t\}$ に沿ってパルスが伝播する．ところが，群速度分散があると，以下に示すように，どの周波数成分も同位相となる状況が存在し得ない．

たとえば，(1)と同じく，$\{z_0,t_0\}$ で全ての周波数成分が同位相であったとする（式(5.29)）．すると，$\{z_0+\Delta z, t_0+\Delta t\}$ における各周波数成分の位相は，式(5.30) となる．この表式に，伝播定数 β を ω_0 の周りで近似展開した 2 次の項（式(5.22)参照）までを代入する．

$$\begin{aligned}
&\left(\beta_0 + \frac{1}{v_\mathrm{g}}\Omega + \frac{1}{2}\beta_2\Omega^2\right)\Delta z - (\omega_0+\Omega)\Delta t \\
&= \beta_0\Delta z - \omega_0\Delta t + \left(\frac{\Delta z}{v_\mathrm{g}} - \Delta t\right)\Omega + \frac{1}{2}\beta_2\Omega^2\Delta z
\end{aligned} \tag{5.34}$$

上式は，$\Delta z/\Delta t = v_\mathrm{g}$ であっても，位相が周波数差 Ω に依存すること，すなわち，Ω によって位相が異なることを示している．ただし，β_2 は高次の近似展開係数なので，その位相差は大きくはない．

位相が少しずつずれた複数の周波数成分の合成波の包絡線は，パルス状ではありつつも，ピーク値が下がり，時間幅が拡がった形状となる．図 5.6 に，その様子を例示

（a）各周波数成分の振動　　　　　　（b）合成波

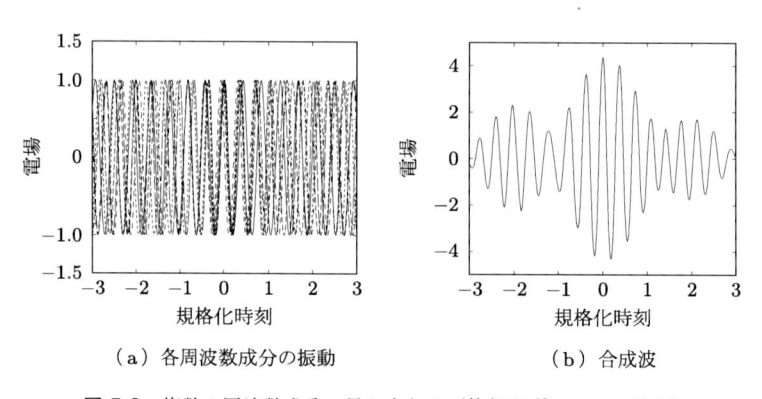

図 5.6　複数の周波数成分の足し合わせ（位相がずれている場合）

する．基本的には図 5.5 と同じ状況設定であるが，時刻 0 での各周波数成分の振動の位相を少しずつずらしてある．そのため，時刻 0 でも各周波数成分が完全には同位相で足し合わされず，図 5.5 に比べると，合成波のピーク値は小さくなっている．そしてその分，時間幅の拡がった包絡線となっている．このように，群速度分散があると，パルス拡がりが生じる．

なお，ファイバーの分散を表すパラメーターとしては，一般に，分散値 D_c が用いられる（1.1.3 項）．群速度分散の係数 β_2 と D_c は，D_c の定義式 (1.5) または式 (4.2) より，次のように関係付けられる．式 (4.2) を再記すると，

$$D_c = -\frac{c}{2\pi\lambda^2}\left(\frac{d^2\beta}{df^2}\right)$$

である．周波数を角周波数に書き換えると，次式となる．

$$D_c = -\frac{2\pi c}{\lambda^2}\left(\frac{d^2\beta}{d\omega^2}\right) = -\frac{2\pi c}{\lambda^2}\beta_2 \tag{5.35}$$

◆ 5.3.2 非線形シュレディンガー方程式

前項では，線形なパルス伝播特性について述べた．非線形効果が加わると，群速度分散と自己位相変調の複合作用を受けながら，パルスが伝播する．その様子は一般には複雑で，解析解は得られない．そこで，通常は，**非線形シュレディンガー方程式**とよばれる微分方程式を，数値的に解くことになる．本項では，この式を導出する．

5.3.1 項の (1) で，包絡線が時間的に変化している伝播光，すなわち伝播するパルス光の光電場を，式 (5.21) のように表した．そこでは，群速度の説明を目的としていたため，伝播損失は無視し，また，自己位相変調は考えなかった．これらを考慮すると，伝播パルス光は，次のように表される．

$$E(z,t) = \frac{1}{2}\left\{\frac{1}{2\pi}\int \tilde{A}(\Omega)e^{-(\alpha/2)z}e^{i(\beta_L+\beta_{NL}-\beta_0)z}e^{-i\Omega t}d\Omega\right\}e^{i(\beta_0 z-\omega_0 t)} + c.c. \tag{5.36}$$

α は損失係数であり，$e^{-(\alpha/2)z}$ により伝播損失の効果を取り込んでいる．また，伝播定数 β を，線形項 β_L と非線形項 β_{NL} とに分けて表記した．自己位相変調があると，屈折率が光強度により変化し，それにともなって，伝播定数が変化する．これを β_{NL} で表している．式 (5.36) を，たとえば式 (2.37) と見比べると，{ } 内は，振動数 ω_0，伝播定数 β_0 で伝播する光の複素振幅 A に相当していることがわかる．すなわち，式 (5.36) を

$$E(z,t) = \frac{1}{2}A(z,t)e^{i(\beta_0 z - \omega_0 t)} + c.c. \tag{5.37}$$

と表したときの複素振幅 A が，

$$A(z,t) = \frac{1}{2\pi}\int \tilde{A}(\Omega)e^{-(\alpha/2)z}e^{i(\beta_{\rm L}+\beta_{\rm NL}-\beta_0)z}e^{-i\Omega t}d\Omega \tag{5.38}$$

となっている．非線形シュレディンガー方程式とは，式 (5.37), (5.38) で表される $A(z,t)$ の振る舞いを記述する微分方程式である．これを解くことにより，伝搬にともなうパルス波形の変化を知ることができる．

それでは，非線形シュレディンガー方程式を導出する．そのために，式 (5.38) を，次のように，空間および時間微分してみる．

$$\frac{\partial A(z,t)}{\partial z} = \frac{1}{2\pi}\int\left\{-\frac{\alpha}{2} + i(\beta_{\rm L}+\beta_{\rm NL}-\beta_0)\right\}\tilde{A}(\Omega)e^{-(\alpha/2)z}e^{i(\beta_{\rm L}+\beta_{\rm NL}-\beta_0)z}e^{-i\Omega t}d\Omega \tag{5.39}$$

$$\frac{\partial A(z,t)}{\partial t} = -\frac{i}{2\pi}\int \Omega\tilde{A}(\Omega)e^{-(\alpha/2)z}e^{i(\beta_{\rm L}+\beta_{\rm NL}-\beta_0)z}e^{-i\Omega t}d\Omega \tag{5.40}$$

$$\frac{\partial^2 A(z,t)}{\partial t^2} = -\frac{1}{2\pi}\int \Omega^2\tilde{A}(\Omega)e^{-(\alpha/2)z}e^{i(\beta_{\rm L}+\beta_{\rm NL}-\beta_0)z}e^{-i\Omega t}d\Omega \tag{5.41}$$

なお，式 (5.39) では，$\beta_{\rm NL}$ を一定値として空間微分を実行した．$\beta_{\rm NL}$ は光強度に依存し，光強度は伝搬にともなって変化するので，厳密には，これは正しくない．しかし，ここで導出しようとしているのは，A の微分方程式，すなわち，微小距離あるいは微小時間当たりの A の変化率であり，この考察範囲では，$\beta_{\rm NL}=$ 一定 としてよい．

次に，式 (5.39) 内の $\beta_{\rm L}$ を式 (5.22) のように近似展開し，その 2 次の項までをとる．

$$\frac{\partial A}{\partial z} = \frac{1}{2\pi}\int\left\{-\frac{\alpha}{2} + i\left(\frac{1}{v_{\rm g}}\Omega + \frac{\beta_2}{2}\Omega^2 + \beta_{\rm NL}\right)\right\}\tilde{A}(\Omega)e^{-(\alpha/2)z}e^{i(\beta_{\rm L}+\beta_{\rm NL}-\beta_0)z}e^{-i\Omega t}d\Omega \tag{5.42}$$

式 (5.38), (5.40), (5.41), (5.42) を見比べると，次の関係が成り立っていることがわかる．

$$\frac{\partial A}{\partial z} = -\frac{\alpha}{2}A - \frac{1}{v_{\rm g}}\frac{\partial A}{\partial t} - i\frac{\beta_2}{2}\frac{\partial^2 A}{\partial t^2} + i\beta_{\rm NL}A \tag{5.43}$$

ところで，式 (5.15) より，自己位相変調による非線形伝搬定数 $\beta_{\rm NL}$ は，

$$\beta_{\rm NL} = \frac{n_{\rm NL}\omega_0}{c} = \frac{3\chi^{(3)}\omega_0}{8cn_0}|A|^2 \tag{5.44}$$

と書かれる．これを，式 (5.43) に代入して，整理する．

$$\frac{\partial A}{\partial z} + \frac{\alpha}{2}A + \frac{1}{v_\mathrm{g}}\frac{\partial A}{\partial t} + i\frac{\beta_2}{2}\frac{\partial^2 A}{\partial t^2} = i\frac{3\chi^{(3)}\omega_0}{8cn_0}|A|^2 A \tag{5.45}$$

これが，非線形シュレディンガー方程式である．

以上では，平面波を想定して，その振幅方程式を導いた．3.1.2 項で述べたように，ファイバー導波光の場合には，さらなる考察が必要である．3.1.2 項では，導波路の断面方向の電界分布を取り込んで，平面波についての振幅方程式 (3.6) を，導波光の実効振幅 F に関する方程式 (3.30) に書き換えた（F は $|F|^2$ が導波光パワーとなるように規格化された振幅）．同様の手順により，式 (5.45) を，導波光についての非線形シュレディンガー方程式に書き換えることができる．式 (3.6) と式 (3.30) を見比べると，平面波振幅 A が実効振幅 F に置き換わり，非線形分極項の係数 $3\omega\chi^{(3)}/(8cn)$ が非線形光学定数 γ となっている．途中の導出過程は省略して，この置き換え関係を適用すると，導波光についての非線形シュレディンガー方程式が，次のように書かれる．

$$\frac{\partial F}{\partial z} + \frac{\alpha}{2}F + \frac{1}{v_\mathrm{g}}\frac{\partial F}{\partial t} + i\frac{\beta_2}{2}\frac{\partial^2 F}{\partial t^2} = i\gamma|F|^2 F \tag{5.46}$$

この式により，非線形媒質を導波伝播するパルス光の振る舞いが記述される．ちなみに，式 (5.46) と平面定常波に対する式 (5.13) および式 (5.9) とを見比べると，この平面波から導波光への書き換えの背後には，$\beta_0 n_2 \to \gamma$ という書き換え関係があることに気が付く（ただし，振幅の書き換えとペアの話なので，$\beta_0 n_2 = \gamma$ というわけではない）．

式 (5.46) は，媒質に固定した座標系で表された微分方程式である．パルス波形の伝播にともなう変化をみるには，パルス光とともに移動する座標で眺めた方が便利である．図に表すと，図 5.7 のような座標系 $\{T, z\}$ であり，式では，

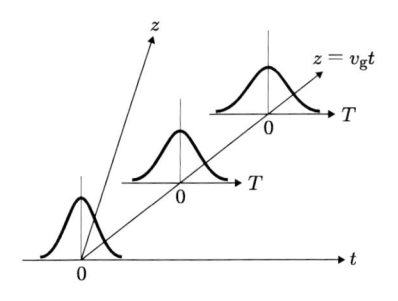

図 5.7　パルスとともに移動する座標系

$$T = t - \frac{z}{v_{\mathrm{g}}} \tag{5.47}$$

と表される．$\{z, t\}$ 系で表された微分方程式を，$\{z, T\}$ 系で書きなおすには，

$$\frac{\partial F}{\partial z} = \frac{\partial F}{\partial T}\frac{\partial T}{\partial z} + \frac{\partial F}{\partial z}\frac{\partial z}{\partial z} = -\frac{1}{v_{\mathrm{g}}}\frac{\partial T}{\partial z} + \frac{\partial F}{\partial z}, \quad \frac{\partial F}{\partial t} = \frac{\partial F}{\partial T}\frac{\partial T}{\partial t} + \frac{\partial F}{\partial z}\frac{\partial z}{\partial t} = \frac{\partial F}{\partial T}$$

という座標変換の関係式を適用する．そうすると，次の微分方程式が得られる．

$$\frac{\partial F}{\partial z} + \frac{\alpha}{2}F + i\frac{\beta_2}{2}\frac{\partial^2 F}{\partial T^2} = i\gamma|F|^2 F \tag{5.48}$$

この式により，伝搬光波形そのものの振る舞いが記述される．非線形シュレディンガー方程式による計算では，こちらを使うことが多い．

◆5.3.3 スプリット・ステップ・フーリエ法

非線形シュレディンガー方程式 (5.48) は，一般には，数値計算によって解くことになる．計算方法としては，**スプリット・ステップ・フーリエ法**とよばれる手法が広く用いられる．これは，光の伝搬方向 z を微小長 h ごとに細分化し，z_0 での振幅 $F(z_0, T)$ から $(z_0 + h)$ での振幅 $F(z_0 + h, T)$ を得る計算を，順次行っていく方法である．1 区画の計算にあたっては，本来は群速度分散と自己位相変調の効果を一緒に考えなければならないところを，近似的に，両者を分けて取り扱う．具体的な手順は，以下の通りである（図 5.8 参照）．

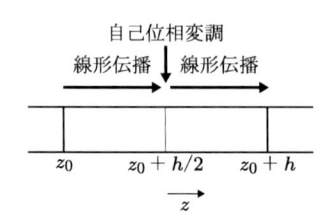

図 5.8 スプリット・ステップ・フーリエ法

① z_0 での振幅 $F(z_0, T)$ が与えられたとする（式 (5.18) の A に相当）．
② フーリエ変換により，$F(z_0, T)$ の振幅スペクトル $\tilde{F}(z_0, \Omega)$ を求める．

$$\tilde{F}(z_0, \Omega) = \int F(z_0, T) e^{i\Omega T} dT \tag{5.49a}$$

$\tilde{F}$ により F は，

$$F(z_0, T) = \frac{1}{2\pi} \int \tilde{F}(z_0, \Omega) e^{-i\Omega T} d\Omega \tag{5.49b}$$

と表される（式 (5.19) 参照）．

③ z_0 から $z_0 + h/2$ まで線形に伝播したとして，$F(z_0 + h/2, T)$ を求める．具体的には，式 (5.49b) の各周波数成分が，伝播損失および伝播による位相変化を受けて，z_0 から $(z_0 + h/2)$ まで伝播したとする．伝播定数 β は 2 次の近似展開項までをとり，キャリア周波数成分からの位相シフト分を考慮する（式 (5.21), (5.22) 参照）．

$$F\left(z_0 + \frac{h}{2}, T\right) = \frac{1}{2\pi} \int \tilde{F}(z_0, \Omega) e^{-(\alpha/2)(h/2)} e^{i(\beta_2/2)\Omega^2(h/2)} e^{-i\Omega T} d\Omega \tag{5.49c}$$

なお，1 次の展開項は，ここでの座標系（パルスとともに移動する座標系）では現れない．

④ $(z_0 + h/2)$ において，1 区間分の自己位相変調が加わったとする．

$$F'\left(z_0 + \frac{h}{2}, T\right) = F\left(z_0 + \frac{h}{2}, T\right) \exp\left[i\gamma \left|F\left(z_0 + \frac{h}{2}, T\right)\right|^2 h\right] \tag{5.49d}$$

⑤ $F'(z_0 + h/2, T)$ の振幅スペクトル $\tilde{F}(z_0 + h/2, \Omega)$ を求める．

$$\tilde{F}\left(z_0 + \frac{h}{2}, \Omega\right) = \int F'\left(z_0 + \frac{h}{2}, T\right) e^{i\Omega T} dT \tag{5.49e}$$

⑥ $(z_0 + h/2)$ から $(z_0 + h)$ まで線形に伝播したとして，$F(z_0 + h, T)$ を求める．

$$F(z_0 + h, T) = \frac{1}{2\pi} \int \tilde{F}\left(z_0 + \frac{h}{2}, \Omega\right) e^{-(\alpha/2)(h/2)} e^{i(\beta_2/2)\Omega^2(h/2)} e^{-i\Omega T} d\Omega \tag{5.49f}$$

以上の手順を順次繰り返して，伝播にともなう波形変化を計算する．

図 5.9 に，スプリット・ステップ・フーリエ法による計算例を示す．計算では（入力光パワー）$= 300\,\mathrm{mW}$, （ファイバー損失）$= 0.5\,\mathrm{dB/km}$, $\gamma = 21\,\mathrm{km^{-1}W^{-1}}$, $D_c = 1\,\mathrm{ps/(km \cdot nm)}$, （入力光半値全幅）$= 5\,\mathrm{ps}$（ガウス波形）とした．伝播するにつれ，自己位相変調と群速度分散が絡み合って，波形が変化していく様子が示されている．より詳しくは，伝播当初は，次項で述べる原理に従ってパルス圧縮が起こり，

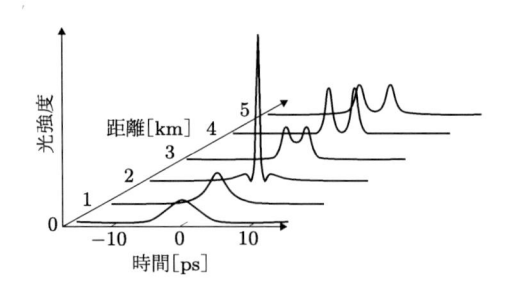

図 5.9 自己位相変調と群速度分散による波形変化：距離依存性

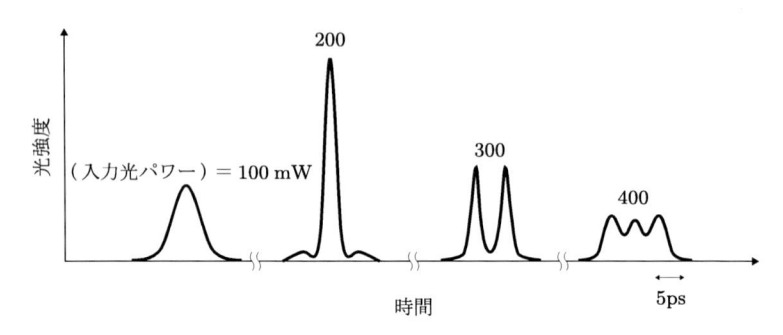

図 5.10 自己位相変調と群速度分散による波形変化：入力パワー依存性

その後，複数のピークに分裂した波形へ移行している．

　図 5.10 は，固定距離でみたパルス波形の，入力光パワー依存性の計算例である．計算条件は，入力光パワー以外は図 5.9 と同様とした．パワーが大きいほど，自己位相変調の効果が大きく，その結果，波形が大きく変化する様子が示されている．

5.4　パルス圧縮

　前節までで，自己位相変調により周波数チャープが起こること，および，それと群速度分散が絡み合ってパルス波形が変化することを述べた．この性質をうまく使うと，光パルスのパルス幅を狭めて出力することができる．このような技術をパルス圧縮といい，たとえば，高速分光測定用の超短パルス光を得る手段として広く用いられている．本節では，自己位相変調を利用したパルス圧縮について述べる．

　5.2.1 項でみたように，パルス光が自己位相変調を受けると，パルスの立ち上がり部分ではレッドシフト，立ち下り部分ではブルーシフトが起こる（図 5.2 参照）．このように周波数チャープした光が，群速度分散 β_2 が負である分散媒質，すなわち光周波数が高いほど群速度が速い媒質（式 (5.33) 参照）を透過すると，立ち上がり部分は遅く，立ち下り部分は速く，伝播する．その結果，パルス幅が狭くなる．

実は，図 5.9 でみられる 2 km 付近の鋭い波形は，このパルス圧縮効果によるものである．光ファイバーは自己位相変調効果と群速度分散をあわせもっているため，このように，1本のファイバーで上記原理によるパルス圧縮が起こる．しかし，ファイバー単体では，周波数チャープ発生と時間差付与という二つの機能を，同時進行で実現しようというところに難点があり，高品質な短パルスは得にくい．実際，図 5.9 を詳しくみてみると，パルス幅は狭くなっているものの，鋭いピークの両端部分に小さなピークが派生している．そこで，二つの機能を別々に実装し，理想に近い短パルス光を生成する方法が，古くから用いられている．チャープ発生は光ファイバーで，パルス圧縮は回折格子対で，それぞれ行う方法である．

図 5.11 に，従来から広く用いられているパルス圧縮法の基本構成を示す．入力光パルスは，光ファイバーに入射され，自己位相変調により周波数チャープされる．次に，チャープされた光は，互いに平行に配置された 1 対の回折格子に入射される．そして，回折格子対からの出射光は，全反射ミラーで反射され，同じ経路を逆向きにたどる．反射光が，圧縮されたパルスとして出力される．

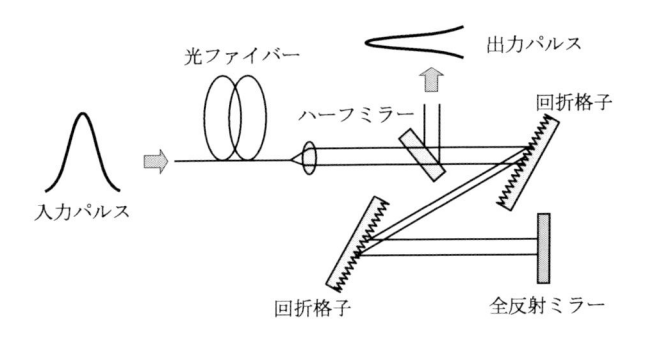

図 5.11 光ファイバーと回折格子対によるパルス圧縮

この構成において，回折格子対は，群速度分散素子として機能する．その原理は，次の通りである．ここでは，説明のため，二つの異なる波長 λ_1, λ_2 の光が格子対に入射されたとする（図 5.12）．回折格子からの回折角は，波長によって異なる．たとえば，

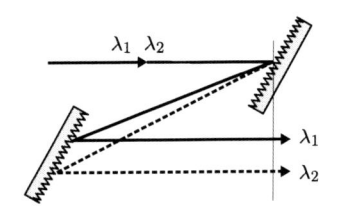

図 5.12 回折格子対の伝播時間分散

1段目の回折格子への入射光は，λ_1 光は実線方向へ，λ_2 光は破線方向へ，それぞれ回折されるとする．この回折光は，2段目の回折格子に入射される．ここで，2段目は1段目と平行に置かれているので，2段目からの回折光は，λ_1, λ_2 光が同じ方向へ出射されることになる．2段目回折格子の出力側において，出射方向と垂直な面（図中の細線面）で比較してみると，λ_1 と λ_2 とでは，回折格子対入射点からそこまでの伝播長が違うため，到達時間が異なる．これは，実効的な群速度分散といえる．ただし，このままだと，波長ごとに空間的に分離されていて，パルス圧縮にはならない．そこで，全反射ミラーにより出射光を反射させ，同じ経路を逆向きにたどるようにする．そうすると，波長によって伝播時間が異なった光が同じ経路上に出射され，短パルス化された光が得られる．

5.5 光ソリトン

5.3.1 項で，線形伝播では群速度分散があるとパルス幅が拡がること，そして前節で，自己位相変調によりパルス圧縮が起こることを述べた．この相反する伝播特性をうまくバランスさせると，パルス波形を保ったまま光を伝播させることができる．このようなパルス光を光ソリトンとよぶ．通常の光ファイバー伝送では，分散によるパルス幅拡がりが長距離高速伝送の妨げとなる．パルス幅一定のまま信号光が伝送できれば，この課題が解決される．そこで，光ソリトンをファイバー通信に適用する研究がなされた．本節では，光ソリトンについて述べる．

◆ 5.5.1 基本ソリトン

光ソリトンの存在は，非線形シュレディンガー方程式 (5.48) から導かれる．この方程式は，一般には数値計算によって解かれるが，特殊な状況では，以下のように解析解が得られる．

まず，式 (5.48) の伝播損失項を無視する．

$$\frac{\partial F}{\partial z} + i\frac{\beta_2}{2}\frac{\partial^2 F}{\partial T^2} = i\gamma|F|^2 F \tag{5.50}$$

そして，F を実数振幅 $y(T)$ と位相 $\phi(z)$ とに分けて，

$$F(z,T) = y(T)\exp[i\phi(z)] \tag{5.51}$$

と表す．これを，式 (5.50) に代入する．

$$\frac{d\phi}{dz} + \frac{\beta_2}{2y}\frac{d^2 y}{dT^2} = \gamma y^2 \tag{5.52}$$

さらに，上式を次のように変数分離する．

$$-\frac{d\phi}{dz} = \frac{\beta_2}{2y}\frac{d^2 y}{dT^2} - \gamma y^2 = -\kappa \quad (\kappa：任意定数) \tag{5.53}$$

すると，上式より，$\phi(z) = \kappa z + \phi_0$，および

$$-\beta_2 \frac{d^2 y}{dT^2} = 2\kappa y - 2\gamma y^3 \tag{5.54}$$

が得られる．

次に，式 (5.54) に dy/dT を掛けて，積分を実行する．すると，次式が得られる．

$$-\frac{\beta_2}{2}\left(\frac{dy}{dT}\right)^2 - \kappa y^2 + \frac{1}{2}\gamma y^4 = C \quad (C：積分定数) \tag{5.55}$$

ここで，$y(T)$ は規格化された実数振幅であり（式 (5.51) 参照），パルス光の場合には $T \to \pm\infty$ で $y \to 0$，$dy/dT \to 0$ であろうから，$C = 0$ となる．すると，上式より，

$$\frac{dy}{dT} = \pm y\sqrt{-\frac{2\kappa}{\beta_2} + \frac{\gamma}{\beta_2}y^2} \tag{5.56}$$

が得られる．$Y \equiv y\sqrt{\gamma/2\kappa}$，$\tau \equiv T\sqrt{-2\kappa/\beta_2}$ と変数変換すると，

$$\frac{dY}{d\tau} = \pm Y\sqrt{1 - Y^2} \tag{5.57}$$

となる．さらに，$x \equiv \sqrt{1 - Y^2}$ と変数変換すると，次のように表される．

$$\frac{dx}{d\tau} = \pm(x^2 - 1) \tag{5.58}$$

この微分方程式は解析的に解くことができ，その解をもとの変数で書きなおすと，

$$Y(\tau) = \frac{2}{e^\tau + e^{-\tau}} = \frac{1}{\cosh(\tau)} = \mathrm{sech}(\tau) \tag{5.59}$$

となる．これより，式 (5.51) は，

$$F(z, T) = \sqrt{\frac{2\kappa}{\gamma}}\,\mathrm{sech}\left(\sqrt{-\frac{2\kappa}{\beta_2}}T\right)\exp[i(\kappa z + \phi_0)] \tag{5.60}$$

と表される．この表式は，実数振幅が z には依存せず，sech の形を保ち続けることを表している．これは，光ソリトンに他ならない．このように，非線形シュレディンガー方程式の解析解から，光ソリトンの存在が示される．

図 5.13 に，ソリトン波形の例を示す．式 (5.60) には，包絡線の形を決めるパラメー

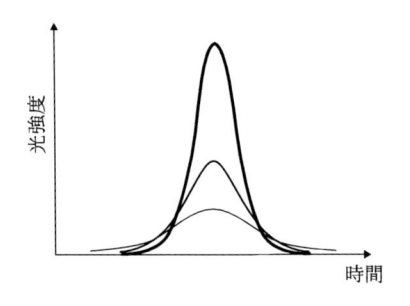

図 5.13 ソリトン波形の例

ターとして式 (5.53) で導入した任意定数 κ が入っており，この分だけ，ソリトン波形には任意性がある．図 5.13 には，いくつかの κ についての波形をプロットしてある．

上記では，無損失系の非線形シュレディンガー方程式 (5.50) の解を式 (5.51) とおいて，光ソリトンとなる解を得た．もっと一般的に解析解を得る手法として，逆散乱法とよばれる計算法が知られている．この手法によると，パルス波形が周期的な変化を繰り返す解が得られる．図 5.14 に，そのような波形の例を示す．ここでは，1 周期長での波形の変化をプロットしてある．伝播するにつれて波形は変化するものの，ある距離だけ進むと，もとの波形に戻っている．1 周期ごとでは同じ波形を保っているので，これも光ソリトンの一種といえる．ただし，上記と区別して，**高次ソリトン**とよばれる．これに対し，上で述べた伝播による波形変化がない光ソリトンは，**基本ソリトン**とよばれる．光通信への応用としては基本ソリトンが中心であるので，逆散乱法あるいは高次ソリトンについては，本書では詳述しないことにする．

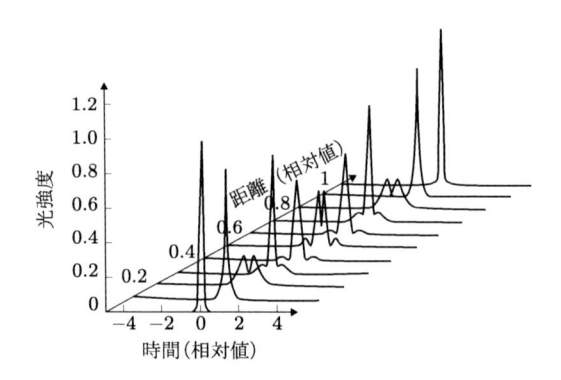

図 5.14 高次ソリトン波形（1 周期分）

◆ 5.5.2 動的ソリトン

前項では，媒質の損失を無視して，光ソリトンを導き出した．しかし，実際の伝送路

では，伝播損失は避けられない．損失があると，伝播するにつれて光パワーが減少し，それにともなって，自己位相変調の効果が弱まる．すると，(自己位相変調による周波数チャープ) + (負の群速度分散) によって生じるパルス圧縮効果と，群速度分散が引き起こす線形なパルス拡がり効果のバランスがとれなくなり，ソリトン波形を保つことができなくなる．つまり，損失のある伝播路では，光ソリトン伝送はできない．この課題を克服するために，光増幅器を用いて伝播損失を補償するソリトン伝送方式が開発された．光増幅により光パワーを維持すれば，自己位相変調効果を保つことができ，長距離にわたるソリトン伝送が可能となる．ただし，光増幅器を用いると，いったん弱まった光パワーが増幅点で再びもとに戻るという伝送系となり，前項で述べたような，常に光パワーが一定である無損失伝送系とは異なる．そのため，波形がそのまま保持される光ソリトンとはならない．

光増幅中継系では，伝送光パワーが，増幅器出力端で最大→伝播するにつれて減少→次の増幅器で再び最大ということが繰り返される．このため，自己位相変調の効果は，増幅器出力直後で最大であり，伝播するにつれて弱まる．このような系におけるソリトン伝送は，増幅器出力直後は，(自己位相変調による周波数チャープ) + (負の群速度分散) の効果が大きいため，パルス圧縮が進み，伝播するにつれて，群速度分散による線形なパルス拡がり効果が相対的に大きくなってパルス拡がりに転じ，次の増幅器に達するときには，前段の増幅器直後のパルス幅に戻っているという形態となる．つまり，パルスの圧縮と拡がりが周期的に繰り返され，1 周期ごとにみると，パルス波形が保たれている．このような光ソリトンは，**動的ソリトン**ともよばれる．

動的ソリトン伝送方式により，地球一周分 (4 万 km) を超える距離のソリトン伝送が実証されている．ただし，ソリトン波形を保つための条件が厳しい，波長分割多重伝送との相性がよくないなど，実用化には課題が多い．

◆ 5.5.3　光カー効果による時間揺らぎ

光ソリトンの研究過程で浮かび上がった問題に，光カー効果により発生する光パルスの時間揺らぎがある (なお，一般に，波形の時間揺らぎをジッターという)．この時間揺らぎは光ソリトン伝送の制限要因となることが指摘され，その対策がさまざまに講じられた．この現象は，もともとは光ソリトン伝送で見出されたものであるが，その後，通常の光伝送系でも問題となり得ることが明らかとなった．特にソリトンに限った話ではないが，本書の構成の都合上，本項でこれについて述べておく．

まずは，光増幅中継系が前提である．光中継増幅器では，信号光が増幅されるとともに，自然放出光が発生する．自然放出光は広い光周波数スペクトル成分からなり，各周波数成分の位相はランダムである．したがって，信号光と自然放出光の足し合わせ

である伝送光の光強度は，信号光と自然放出光との干渉成分，および，自然放出光間の干渉成分を含むことになる．これらの干渉成分は，各周波数成分の位相関係がランダムであるため，時間的にランダムに変動する（式による説明は 7.3.2 項で後出）．光強度が変動すると，光カー効果により屈折率が変動し，そうすると，群速度が変動する．群速度の変動は，パルス到達時刻の変動となる（図 5.15）．これが，光カー効果によって発生するジッターである．

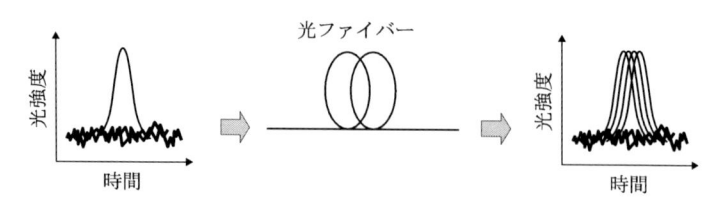

図 5.15 光カー効果によるジッター

ジッターは，信号受信特性を劣化させる．受信機では，復調信号からビットの「1」「0」を識別する．この際，識別時刻は，もっとも識別誤りの起こる確率が小さい時刻，すなわち，ビット「1」とビット「0」に対応する復調信号レベルの差が大きい時刻が選ばれる．ところが，ジッターがあると，この最適識別時刻が，パルスごとに異なる．すると，受信機では，平均的な最適識別時刻でビット識別をするため，パルスによっては最適ではない時刻で識別することになり，そのため，ビット誤り率が増加する．すなわち，信号受信特性が劣化する．

光非線形現象が顕著である伝送系では，以上のようなジッター発生にも，注意を払う必要がある．

5.6 偏波特性

本章ではここまで，偏波は考えずに，光電場をスカラー量として取り扱ってきたが，実際には，ベクトル量である．本節では，自己位相変調の偏波特性について述べる．

ガラス媒質の非線形分極の偏波依存性は 3.3 節で既に示しており，さらに 4.2 節では，光ファイバーの場合について詳細に述べた．そこでの対象は四光波混合であったが，自己位相変調も同様に扱うことができる．式 (3.54) を自己位相変調の場合，すなわち，単一周波数光入射の場合に書き換えると，次のようになる．

$$\boldsymbol{P}_{\mathrm{NL}}(f+f-f) = 3\varepsilon_0\chi_{xxyy}[\boldsymbol{E}\cdot\boldsymbol{E}^*]\boldsymbol{E} + 3\varepsilon_0\chi_{xyxy}[\boldsymbol{E}\cdot\boldsymbol{E}^*]\boldsymbol{E} + 3\varepsilon_0\chi_{xyyx}[\boldsymbol{E}\cdot\boldsymbol{E}]\boldsymbol{E}^* \tag{5.61}$$

これを，$\chi_{xxyy} = \chi_{xyxy} = \chi_{xyyx} = (1/3)\chi_{xxxx}$ という関係式を使って，x 成分と y

成分に書き下すと，次のように表される．

$$P_x^{(\mathrm{NL})} = \varepsilon_0 \chi_{xxxx}\{(3|E_x|^2 + 2|E_y|^2)E_x + E_y E_y E_x^*\} \tag{5.62a}$$

$$P_y^{(\mathrm{NL})} = \varepsilon_0 \chi_{xxxx}\{(3|E_y|^2 + 2|E_x|^2)E_y + E_x E_x E_y^*\} \tag{5.62b}$$

ここで，位相整合について考える．式 (5.62a) の第 3 項の伝播定数は $(2\beta_y - \beta_x)$ であり，これから発生する自由伝播光の伝播定数は β_x，したがって，この成分の位相不整合量は $\Delta\beta = \beta_x - (2\beta_y - \beta_x) = 2(n_x - n_y)(\omega/c)$ である．通常のファイバーでは，$(n_x - n_y) \approx 10^{-6}$ 程度なので，$\Delta\beta \approx 2\pi\,[\mathrm{m}^{-1}]$ である．この値は，数 m 伝播すると，分極波と伝播波の位相が π 以上ずれることを意味している．したがって，通常の長さのファイバーでは，位相不整合のため，式 (5.62a) の第 3 項は無視できる．式 (5.62b) についても同様である．

式 (5.62) において，第 3 項を無視すると，残るは第 1 および第 2 項である．ところで，5.1.1 項において，角周波数 ω_1 の非線形分極成分 $(\varepsilon_0\chi^{(3)}/4)(3|E_1|^2 + 6|E_2|^2)E_1$ が，E_1 の感じる非線形屈折率 $n_{\mathrm{NL}} = \{3\chi^{(3)}/(8n_0)\}(|E_1|^2 + 2|E_2|^2)$ となることを示した（式 (5.3) 右辺および式 (5.7) 参照）．これと同じメカニズムにより，式 (5.62a) の $\varepsilon_0\chi_{xxxx}(3|E_x|^2 + 2|E_y|^2)E_x$ は，E_x の感じる非線形屈折率すなわち光電場の x 成分が感じる非線形屈折率，式 (5.62b) の $\varepsilon_0\chi_{xxxx}(3|E_y|^2 + 2|E_x|^2)E_y$ は，y 成分が感じる非線形屈折率となる．両者を比べると，x 成分と y 成分とで，感じる非線形屈折率が異なっていることがわかる．屈折率が異なると，そこを透過する光の伝播位相が違ってくる．伝播位相が異なると，x 成分と y 成分の相対位相が違ってくる．すると，x 成分と y 成分の合成である偏波状態が変化する．ここで，x 成分と y 成分が感じる非線形屈折率の差は，光強度に依存している．したがって，光強度に依存して，伝播光の偏波状態が変化することになる．これが，自己位相変調の偏波特性である．

ただし，上記は式 (5.61) に基づいた話であり，この式は媒質の座標軸が一定としたときのものである．4.2 節で述べたように，ある長さ以上の通常ファイバーでは，複屈折の主軸方向および大きさがランダムに変化し，その場合には，式 (5.61) の第 3 項は無視できる．そうすると，考えるべき非線形分極は，$\boldsymbol{P}_{\mathrm{NL}} = 3\varepsilon_0\chi_{xxyy}[\boldsymbol{E}\cdot\boldsymbol{E}^*]\boldsymbol{E} + 3\varepsilon_0\chi_{xxyy}[\boldsymbol{E}\cdot\boldsymbol{E}^*]\boldsymbol{E} = 6\varepsilon_0\chi_{xxyy}[\boldsymbol{E}\cdot\boldsymbol{E}^*]\boldsymbol{E}$ となり，この場合には，x 成分と y 成分の非線形屈折率は同じとなる．

第6章

相互位相変調

前章で，光カー効果および自己位相変調について述べた．本章では，もうひとつの光カー効果である，相互位相変調について述べる．

6.1 信号伝播特性への影響

◆ 6.1.1 光強度揺らぎ

相互位相変調の伝播特性への影響は，基本的には，自己位相変調と同様である．すなわち，伝播光がパルス光あるいは強度変調光の場合に，光強度の時間変化→屈折率の時間変化→周波数拡がり→分散による波形変化となる．自己位相変調と異なるのは，屈折率の時間変化を起こすのが，他の波長光ということである．他波長光は，着目している信号光とは無関係に変調されている．そのため，信号光は，自身とは無関係な波形変化を被ることになる．波長の数が多いときには，これは，雑音的な光強度揺らぎとなる．

図 6.1 に，相互位相変調に関する計算例を示す．図では，弱い連続光（プローブ光）とパワーの大きい強度変調光（ポンプ光）を，分散値が数 ps/(km·nm) であるノンゼロ分散ファイバー 130 km に入力したときの，ファイバー伝播後のプローブ光強度を計

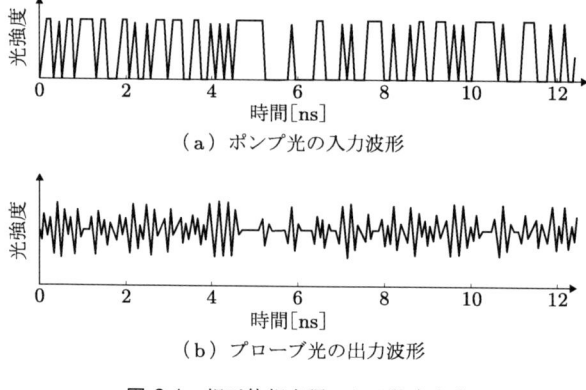

（a）ポンプ光の入力波形

（b）プローブ光の出力波形

図 6.1　相互位相変調による強度変動

算してある．ファイバー入力時には連続光であったプローブ光の光強度が，相互位相変調と分散のために，出力端では変動している．変動の仕方を詳しくみてみると，ポンプ光強度が変化するタイミングで揺らぎが生じている．これは，ポンプ光強度変化→プローブ光位相変化→プローブ光周波数シフト（光周波数拡がり）→分散による波形変化という過程で，プローブ光強度が揺らぐことの現れである．

図 6.1 は，他の波長光がひとつである場合の計算例である．強度変調された波長分割多重伝送では，多くの他波長光の光強度が，それぞれ独立に変調されている．したがって，図 6.1 に示すような光強度変動が複数パターン無相関に重なり合わされる．そのため，信号光は，雑音的な強度揺らぎを被ることなる．

◆ 6.1.2 システムパラメーター依存性

相互位相変調による波長分割多重伝送特性の劣化は，システムパラメーターに大きく依存する．本項では，相互位相変調の特性のいくつかを，定性的に述べる．

(1) 変調速度

伝送劣化のメカニズムは，相互位相変調→光周波数スペクトル拡がり→分散による波形歪みである．位相の時間微分が光周波数であることから（5.2.1 項参照），他波長光の強度変調速度が速いほど周波数拡がりは大きくなり，分散による波形歪みが顕著になる．すなわち，変調速度が高い波長分割多重伝送系ほど，相互位相変調の影響を受けやすい．

(2) 波長間隔

一般に，群速度分散のため，波長が異なるとパルスの伝播速度が異なる．すると，伝播するにつれて，他波長光パルスと信号光パルスの相対的な時間位置がずれてくる．これを**ウォークオフ**とよぶ．相互位相変調の効果は，このウォークオフに依存する．ウォークオフの程度は，群速度分散および波長差に依存する．したがって，相互位相変調特性は，信号光と他波長光との波長差に依存する．

波長差が大きい場合，ウォークオフが大きく，他の波長の光パルスは信号光パルスを追い越して（またはその逆）いく．すると，他波長光パルスの前半部による周波数シフトと後半部による周波数シフトが相殺して，相互位相変調の影響は抑えられる．たとえば，他波長光のパルス波形が台形であると（図 6.2(a)），信号光の周波数は相互位相変調により，パルスの立ち上がり部で $-\Delta f$，立ち下り部で $+\Delta f$ だけシフトする（図 6.2(b)）．他波長光パルスに追い越される場合，信号光は追いつかれる際に $-\Delta f$ の周波数変移を受け，追い越されるときに $+\Delta f$ の周波数変移を受ける．すると，追い越された後では，$\pm\Delta f$ の周波数変移が相殺し，何も影響を受けなかったのと同じこととなる．

(a) 他の波長の光強度　　　　(b) 信号光の周波数変移

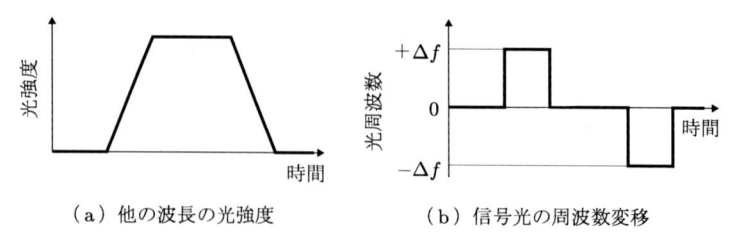

図 6.2　相互位相変調による周波数変移

ただし，上記は，追い越しの間，他波長の光パワーはほとんど減衰しないとしたときの話である．波長差がそれほど大きくなく，追い越しに時間がかかる場合には，伝播損失のため，追い越し開始時と終了時とで他波長光の強度が異なることになる．すると，パルス立ち上り部から受ける周波数変移と，立ち下り部から受ける周波数変移の絶対値が異なり，両者が相殺し切れない．このような状況では，相互位相変調の影響が出てくる．とくに，信号光を光増幅しながらファイバー伝送する系において，他の波長の光パルスの追い越しが光増幅器をまたぐ場合には，追い越し開始時と終了時の光強度差が大きく，周波数変移はほとんど相殺されない．

さらに，波長差がほとんどない場合には，追い越しそのものが起こらず，伝播するにつれてプラス（あるいはマイナス）の周波数シフト成分はそのまま増え続けるので，相互位相変調の影響はさらに大きくなる．

それでは，定量的に，どの位の波長差あるいは群速度分散のときに，相互位相変調が相殺されるのか．まず，二つの波長の光の群速度差は，式 (5.33), (5.35) より，次のように表される．

$$\frac{d}{d\lambda}\left(\frac{1}{v_g}\right) = D_c \quad \rightarrow \quad \Delta\left(\frac{1}{v_g}\right) = \int_{\lambda_1}^{\lambda_2} D_c(\lambda)d\lambda \approx D_c(\lambda_1)\Delta\lambda \tag{6.1}$$

v_g：群速度，D_c：波長分散，λ：波長，$\Delta\lambda$：波長差．これより，距離 L を伝播するときの伝播時間差は，次のように表される．

$$\Delta t = L\left\{\frac{1}{v_g(\lambda_1)} - \frac{1}{v_g(\lambda_2)}\right\} = LD_c\Delta\lambda \tag{6.2}$$

パルス幅を T とすると，$\Delta t \geq T$ であると完全に追い越し，$\Delta t = T/2$ であると半分だけ追い越しとなる．ポンプ光の減衰が無視できる距離は定義しにくいが，目安として，非線形効果の有効距離を表す実効長 L_{eff}（式 (3.35)）の飽和点である 20 km 内（図 3.2 参照）では，減衰が小さいものとし，式 (6.2) の L にこの長さを代入して，$\Delta t > T$ であれば，追い越し効果により相互位相変調の影響は小さい状況と考えることができる．

(3) 分　散

相互位相変調の効果は，ファイバーの分散値 D_c にも依存する．ただし，その効き

方は少々複雑である．相互位相変調による伝送劣化は，相互位相変調で拡がった光周波数スペクトルが，分散を介して波形歪みとなるために起こる．したがって，分散値が大きいほど，スペクトル拡がりから波形歪みへの変換が効率よく起こり，光強度揺らぎが大きくなる．しかし，一方で分散値が大きいと，異なる二つの波長間の伝播時間差が大きく（式 (6.2) 参照），前項で述べたウォークオフにより，相互位相変調の影響が抑えられる．このため，適度な分散値のときに，相互位相変調の影響がもっとも大きくなる．具体的には，分散値が数 ps/(km·nm) の領域である．四光波混合回避のために導入されたノンゼロ分散シフトファイバー伝送系が，これに相当する．

(4) 分散補償系

長距離伝送システムでは，分散による波形歪みを補償するため，伝送路の全分散量（(分散値) × (距離)）と絶対値が同じで符号が逆の分散媒質を挿入する分散補償技術が，しばしば用いられる．相互位相変調による伝送劣化のメカニズムは，光周波数拡がり→分散を介した波形歪みであるので，これを備えた分散補償伝送系では，相互位相変調の影響が低減される．ただし，たとえば，伝送路の前半部で周波数拡がりが起こり，後半部でそれが波形歪みに変換されるといった単純なものではなく，両者が長手方向にわたって同時に起こりつつ出力端に達するので，出力端で一気に分散補償を行っても，効果は小さい．伝送路途中の要所要所で分散補償を行った場合に，低減効果が得られる．

6.2 式による取り扱い

前節で，相互位相変調の影響を定性的に述べた．本節では，定量的に論じる手法を紹介する．

◆ 6.2.1 摂動解析

相互位相変調による信号伝播特性を厳密にみるには，数値計算によらなければならない．しかし，おおよその基本特性は，非線形効果がそれほど大きくないとした摂動手法により，解析的に見通すことができる．本項では，摂動解析手法について述べる†．

(1) 基本式の導出

知りたいのは，信号光をファイバー伝送したときに，相互位相変調により，どのような光強度変動が生じるかである．ところで，一般に，任意の信号波形は，フーリエ積分形で，周波数の異なる正弦波の足し合わせとして表される．そして，線形な系であれば，各周波数成分の伝達関数を足し合わせたものが，全系の伝達関数となる．相互位相変調は非線形現象ではあるが，摂動的手法として，このアプローチを採用する．

---

† 本節の内容は次の論文に基づく．A. Cartoxo, J. Lightwave Technol. vol.17, p.178 (1999).

信号光とポンプ光の 2 光波を想定する．信号光は，ポンプ光には影響を与えず，かつ自己位相変調を起こさない程度に，弱いパワーであるとする．さらに，信号光は連続波（CW 光），ポンプ光は正弦波強度変調光（変調角周波数 ω_m）として，ファイバーに入力されるものとする．信号光は，ポンプ光より相互位相変調を受ける．位相変調された信号光は，ファイバーの分散により，強度変調光に変換される．この強度変調の振幅，位相特性が，角周波数 ω_m についての，相互位相変調系の伝達関数となる．ランダムデジタル信号について知りたければ，ポンプ光波形をフーリエ変換により周波数成分に分解し，各周波数成分に上記伝達関数を施し，その結果を合成すればよい．さらに，波長分割多重伝送系については，波長の異なるポンプ光が複数あるものとして，各ポンプ光による伝達関数を足し合わせる．

各周波数成分の伝達関数を得るにあたっては，さらに摂動近似を用いる．ポンプ光による位相変調と分散による位相変調→強度変調変換は，ファイバー長にわたって複合的かつ連続的に起こるのであるが，これを，線形伝播部と相互位相変調部に分けて考える（図 6.3）．すなわち，信号光は，ファイバー入力端 ($z = 0$) から z_0 まで線形に伝播し，そこでポンプ光から相互位相変調を受ける．そして，残りのファイバー長を線形に伝播して，出力端 ($z = L$) に達するとする．z_0 から L までの伝播過程で，分散により，位相変調が強度変調に変換される．以上は，z_0 において相互位相変調を受ける信号光成分についてなので，これを $z = 0$ から $z = L$ まで加え合わせて（積分して），ファイバー全体にわたっての伝播特性を得る．

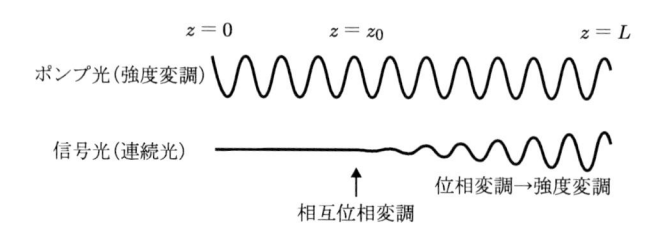

図 6.3　相互位相変調伝播系の解析モデル

それでは，上記手順を式でたどっていく（なお，以下の式の展開にあたっては 5.3.1 項参照）．まず，ポンプ光である．$z = 0$ において，角周波数 ω_m で強度変調されたキャリア角周波数 ω_p のポンプ光電場 E_p は，次のように表される．

$$E_\mathrm{p}(0,t) = \{A_\mathrm{p} + a_\mathrm{p}\cos(\omega_\mathrm{m}t)\}\cos(\omega_\mathrm{p}t)$$
$$= \frac{1}{2}A_\mathrm{p}e^{-i\omega_\mathrm{p}t} + \frac{1}{4}a_\mathrm{p}e^{-i(\omega_\mathrm{p}+\omega_\mathrm{m})t} + \frac{1}{4}a_\mathrm{p}e^{-i(\omega_\mathrm{p}-\omega_\mathrm{m})t} + c.c. \quad (6.3)$$

A_p：無変調成分の振幅，a_p：変調成分の振幅．上式のように，角周波数 ω_m で強度変

調された光は，$\omega_\mathrm{p}, (\omega_\mathrm{p} \pm \omega_\mathrm{m})$ という三つの周波数成分に分解される．各周波数成分は，伝播損失およびそれぞれの伝播位相を経験して，z_0 まで伝播する．

$$\begin{aligned}
E_\mathrm{p}(z_0, t) = & \frac{1}{2} A_\mathrm{p} e^{-(\alpha/2)z_0} e^{-i\omega_\mathrm{p} t} e^{i\beta(\omega_\mathrm{p})z_0} \\
& + \frac{1}{4} a_\mathrm{p} e^{-(\alpha/2)z_0} e^{-i(\omega_\mathrm{p}+\omega_\mathrm{m})t} e^{i\beta(\omega_\mathrm{p}+\omega_\mathrm{m})z_0} \\
& + \frac{1}{4} a_\mathrm{p} e^{-(\alpha/2)z_0} e^{-i(\omega_\mathrm{p}-\omega_\mathrm{m})t} e^{i\beta(\omega_\mathrm{p}-\omega_\mathrm{m})z_0} + c.c. \quad (6.4)
\end{aligned}$$

ここで，各伝播定数を，

$$\beta(\omega_\mathrm{p}+\omega_\mathrm{m}) \approx \beta_\mathrm{p} + \frac{1}{v_\mathrm{gp}}\omega_\mathrm{m} + \frac{1}{2}\beta_2 \omega_\mathrm{m}{}^2, \quad \beta(\omega_\mathrm{p}-\omega_\mathrm{m}) \approx \beta_\mathrm{p} - \frac{1}{v_\mathrm{gp}}\omega_\mathrm{m} + \frac{1}{2}\beta_2 \omega_\mathrm{m}{}^2$$

と展開する（式 (5.22) 参照）．ただし，$\beta_\mathrm{p} \equiv \beta(\omega_\mathrm{p})$, v_gp：ω_p 光の群速度，$\beta_2 \equiv (d^2\beta/d\omega^2)_{\omega=\omega_0}$ である．これを式 (6.4) に代入して，整理する．

$$\begin{aligned}
& E_\mathrm{p}(z_0, t) \\
& = \frac{1}{2} e^{-(\alpha/2)z_0} e^{i(\beta_\mathrm{p} z_0 - \omega_\mathrm{p} t)} \Bigg\{ A_\mathrm{p} + \frac{a_\mathrm{p}}{2} e^{i\{-\omega_\mathrm{m} t + (\omega_\mathrm{m}/v_\mathrm{gp})z_0\}} \exp\left[i\left(\omega_\mathrm{m}{}^2 \frac{\beta_2}{2}\right)z_0\right] \\
& \quad + \frac{a_\mathrm{p}}{2} e^{-i\{-\omega_\mathrm{m} t + (\omega_\mathrm{m}/v_\mathrm{gp})z_0\}} \exp\left[i\left(\omega_\mathrm{m}{}^2 \frac{\beta_2}{2}\right)z_0\right] \Bigg\} + c.c. \quad (6.5)
\end{aligned}$$

$\{\ \}$ 内が，搬送波角周波数 ω_p の伝播波の複素振幅である．このポンプ光の光強度 $I_\mathrm{p}(z_0, t)$ は，次のように表される．

$$\begin{aligned}
I_\mathrm{p}(z_0, t) = & \frac{cn\varepsilon_0}{2} e^{-\alpha z_0} \bigg| A_\mathrm{p} + \frac{a_\mathrm{p}}{2} e^{i\{-\omega_\mathrm{m} t + (\omega_\mathrm{m}/v_\mathrm{gp})z_0\}} \exp\left[i\left(\omega_\mathrm{m}{}^2 \frac{\beta_2}{2}\right)z_0\right] \\
& + \frac{a_\mathrm{p}}{2} e^{-i\{-\omega_\mathrm{m} t + (\omega_\mathrm{m}/v_\mathrm{gp})z_0\}} \exp\left[i\left(\omega_\mathrm{m}{}^2 \frac{\beta_2}{2}\right)z_0\right] \bigg|^2 \\
\approx & \frac{cn\varepsilon_0}{2} e^{-\alpha z_0} \bigg[A_\mathrm{p}{}^2 + a_\mathrm{p} A_\mathrm{p} \cos\left\{\left(\omega_\mathrm{m}{}^2 \frac{\beta_2}{2}\right)z_0\right\} \\
& \times \left[e^{-i\{-\omega_\mathrm{m} t + (\omega_\mathrm{m}/v_\mathrm{gp})z_0\}} + e^{i\{-\omega_\mathrm{m} t + (\omega_\mathrm{m}/v_\mathrm{gp})z_0\}}\right] \bigg] \\
= & I_\mathrm{p0} + \Delta I_\mathrm{p} [e^{-i\{-\omega_\mathrm{m} t + (\omega_\mathrm{m}/v_\mathrm{gp})z_0\}} + e^{i\{-\omega_\mathrm{m} t + (\omega_\mathrm{m}/v_\mathrm{gp})z_0\}}] \quad (6.6)
\end{aligned}$$

ただし，

$$I_\mathrm{p0} = \frac{cn\varepsilon_0}{2} A_\mathrm{p}{}^2 e^{-\alpha z_0} \quad (6.7\mathrm{a})$$

$$\Delta I_{\mathrm{p}} = \frac{cn\varepsilon_0}{2} a_{\mathrm{p}} A_{\mathrm{p}} e^{-\alpha z_0} \cos\left\{\left(\omega_{\mathrm{m}}{}^2 \frac{\beta_2}{2}\right) z_0\right\} \tag{6.7b}$$

である．なお，上式の展開にあたっては，$|A_{\mathrm{p}}| \gg |a_{\mathrm{p}}|$ とした．

ポンプ光は，微小区間 $\{z_0, z_0 + dz\}$ において，相互位相変調を介して，信号光の位相を変調する．直流的な位相シフトは伝播特性には関係ないので，振動成分だけに着目すると，信号光が受ける屈折率変調 Δn は，

$$\begin{aligned}\Delta n(z_0, t) &= 2n_2 \Delta I_{\mathrm{p}} [e^{-i\{-\omega_{\mathrm{m}} t + (\omega_{\mathrm{m}}/v_{\mathrm{gp}}) z_0\}} + e^{i\{-\omega_{\mathrm{m}} t + (\omega_{\mathrm{m}}/v_{\mathrm{gp}}) z_0\}}] dz \\ &= \Delta n_0 [e^{-i\{-\omega_{\mathrm{m}} t + (\omega_{\mathrm{m}}/v_{\mathrm{gp}}) z_0\}} + e^{i\{-\omega_{\mathrm{m}} t + (\omega_{\mathrm{m}}/v_{\mathrm{gp}}) z_0\}}] dz\end{aligned} \tag{6.8}$$

と書かれる（式 (5.10) 参照）．ただし，n_2：非線形屈折，$\Delta n_0 \equiv 2n_2 \Delta I_{\mathrm{p}}$ である．z_0 において位相変調を受けた信号光は，

$$\begin{aligned}E_{\mathrm{s}}(z_0, t) &= A_{\mathrm{s}} e^{-(\alpha/2) z_0} \cos(\omega_{\mathrm{s}} t - \beta_{\mathrm{s}} z_0 + \Delta n \cdot \beta_{\mathrm{s}0} \cdot dz_0) \\ &= \frac{1}{2} A_{\mathrm{s}} e^{-(\alpha/2) z_0} \exp[i\{-\omega_{\mathrm{s}} t + \beta_{\mathrm{s}} z_0 - \phi_0 [e^{-i\{-\omega_{\mathrm{m}} t + (\omega_{\mathrm{m}}/v_{\mathrm{gp}}) z_0\}} \\ &\quad + e^{i\{-\omega_{\mathrm{m}} t + (\omega_{\mathrm{m}}/v_{\mathrm{gp}}) z_0\}}] dz\}] + c.c.\end{aligned} \tag{6.9}$$

と表される．ただし，$\phi_0 = \Delta n_0 \beta_{\mathrm{s}0}$，$A_{\mathrm{s}}$：$z=0$ における信号光の振幅，ω_{s}：信号光の搬送波角周波数，$\beta_{\mathrm{s}} = \beta(\omega_{\mathrm{s}})$，$\beta_{\mathrm{s}0}$：信号光の真空中の伝播定数である．$\phi_0$ を微小とすると，上式は次のようになる．

$$\begin{aligned}E_{\mathrm{s}}(z_0, t) &\approx \frac{1}{2} A_{\mathrm{s}} e^{-(\alpha/2) z_0} e^{i(\beta_{\mathrm{s}} z_0 - \omega_{\mathrm{s}} t)} \\ &\quad \times \{1 - i\phi_0 [e^{-i\{-\omega_{\mathrm{m}} t + (\omega_{\mathrm{m}}/v_{\mathrm{gp}}) z_0\}} + e^{i\{-\omega_{\mathrm{m}} t + (\omega_{\mathrm{m}}/v_{\mathrm{gp}}) z_0\}}] dz\} + c.c. \\ &= \frac{A_{\mathrm{s}}}{2} e^{-(\alpha/2) z_0} e^{i\beta_{\mathrm{s}} z_0} \{e^{-i\omega_{\mathrm{s}} t} - i\phi_0 [e^{i\{-(\omega_{\mathrm{s}} - \omega_{\mathrm{m}}) t - (\omega_{\mathrm{m}}/v_{\mathrm{gp}}) z_0\}} \\ &\quad + e^{i\{-(\omega_{\mathrm{s}} + \omega_{\mathrm{m}}) t + (\omega_{\mathrm{m}}/v_{\mathrm{gp}}) z_0\}}] dz\} + c.c.\end{aligned} \tag{6.10}$$

このように，近似展開により，信号光は三つの周波数成分に分解される．

各周波数成分は，それぞれの伝播位相で，z_0 から L まで線形に伝播する．

$$\begin{aligned}&E_{\mathrm{s}}(z_0 \to L, t) \\ &= \frac{A_{\mathrm{s}}}{2} e^{-(\alpha/2) z_0} e^{-(\alpha/2)(L - z_0)} e^{i\beta_{\mathrm{s}} z_0} \Bigg\{ e^{-i\omega_{\mathrm{s}} t} e^{i\beta_{\mathrm{s}}(L - z_0)} \\ &\quad - i\phi_0 e^{i\{-(\omega_{\mathrm{s}} - \omega_{\mathrm{m}}) t - (\omega_{\mathrm{m}}/v_{\mathrm{gp}}) z_0\}} \exp\left[i\left(\beta_{\mathrm{s}} - \frac{\omega_{\mathrm{m}}}{v_{\mathrm{gs}}} + \frac{\beta_2 \omega_{\mathrm{m}}{}^2}{2}\right)(L - z_0)\right] dz \\ &\quad - i\phi_0 e^{i\{-(\omega_{\mathrm{s}} + \omega_{\mathrm{m}}) t + (\omega_{\mathrm{m}}/v_{\mathrm{gp}}) z_0\}} \exp\left[i\left(\beta_{\mathrm{s}} + \frac{\omega_{\mathrm{m}}}{v_{\mathrm{gs}}} + \frac{\beta_2 \omega_{\mathrm{m}}{}^2}{2}\right)(L - z_0)\right] dz \Bigg\} + c.c.\end{aligned} \tag{6.11}$$

上式では，

$$\beta(\omega_\mathrm{s}+\omega_\mathrm{m}) \approx \beta_\mathrm{s} + \frac{1}{v_\mathrm{gs}}\omega_\mathrm{m} + \frac{1}{2}\beta_2\omega_\mathrm{m}^2, \quad \beta(\omega_\mathrm{s}-\omega_\mathrm{m}) \approx \beta_\mathrm{s} - \frac{1}{v_\mathrm{gs}}\omega_\mathrm{m} + \frac{1}{2}\beta_2\omega_\mathrm{m}^2$$

を用いた（v_gs：角周波数 ω_s の光の群速度）．式 (6.11) を整理すると，

$$\begin{aligned}
&E_\mathrm{s}(z_0 \to L, t) \\
&= \frac{A_\mathrm{s}}{2} e^{-(\alpha/2)L} e^{i(\beta_\mathrm{s} L - \omega_\mathrm{s} t)} \\
&\quad \times \left\{ 1 - i\phi_0 e^{i\omega_\mathrm{m}\{t-(1/v_\mathrm{gp})z_0-(1/v_\mathrm{gs})(L-z_0)\}} \exp\left[i\left(\frac{\beta_2\omega_\mathrm{m}^2}{2}\right)(L-z_0)\right] dz \right. \\
&\quad \left. - i\phi_0 e^{-i\omega_\mathrm{m}\{t-(1/v_\mathrm{gp})z_0-(1/v_\mathrm{gs})(L-z_0)\}} \exp\left[i\left(\frac{\beta_2\omega_\mathrm{m}^2}{2}\right)(L-z_0)\right] dz \right\} + c.c.
\end{aligned}$$
(6.12)

となる．この光強度は，

$$\begin{aligned}
&I_\mathrm{s}(z_0 \to L, t) \\
&= \frac{cn\varepsilon_0}{2} A_\mathrm{s}^2 e^{-\alpha L} \left| 1 - i\phi_0 e^{i\omega_\mathrm{m}\{t-(1/v_\mathrm{gp})z_0-(1/v_\mathrm{gs})(L-z_0)\}} e^{i(\beta_2\omega_\mathrm{m}^2/2)(L-z_0)} dz \right. \\
&\qquad \left. - i\phi_0 e^{-i\omega_\mathrm{m}\{t-(1/v_\mathrm{gp})z_0-(1/v_\mathrm{gs})(L-z_0)\}} e^{i(\beta_2\omega_\mathrm{m}^2/2)(L-z_0)} dz \right|^2 \\
&\approx \frac{cn\varepsilon_0}{2} A_\mathrm{s}^2 e^{-\alpha L} \\
&\quad \times \left[1 + 2\phi_0 e^{-i\omega_\mathrm{m}\{t-(1/v_\mathrm{gp})z_0-(1/v_\mathrm{gs})(L-z_0)\}} \sin\left\{\left(\frac{\beta_2\omega_\mathrm{m}^2}{2}\right)(L-z_0)\right\} dz \right. \\
&\quad \left. + 2\phi_0 e^{i\omega_\mathrm{m}\{t-(1/v_\mathrm{gp})z_0-(1/v_\mathrm{gs})(L-z_0)\}} \sin\left\{\left(\frac{\beta_2\omega_\mathrm{m}^2}{2}\right)(L-z_0)\right\} dz \right]
\end{aligned}$$
(6.13)

である．ただし，ϕ_0 は微小量として，ϕ_0^2 の項は無視した．これより，ω_m 振動成分の複素振幅は，

$$\Delta \tilde{I}(z_0 \to L) = 2cn\varepsilon_0 A_\mathrm{s}^2 e^{\{-\alpha+i(\omega_\mathrm{m}/v_\mathrm{gs})\}L} \phi_0 e^{i\omega_\mathrm{m}(1/v_\mathrm{gp}-1/v_\mathrm{gs})z_0} \sin\left\{\left(\frac{\beta_2\omega_\mathrm{m}^2}{2}\right)(L-z_0)\right\} dz$$
(6.14)

と表される．

式 (6.14) は，ファイバー長のある地点 z_0 で受けた相互位相変調による強度変動である．これを $z=0$ から L まで足し合わせる（積分する）ことにより，全体の強度変動の表式が，次のように得られる．

$\Delta \tilde{I}(\omega_{\mathrm{m}})$

$$= \int_0^L \Delta \tilde{I}(z \to L)$$

$$= 2(cn\varepsilon_0)^2 \beta_{s0} n_2 a_{\mathrm{p}} A_{\mathrm{p}} A_{\mathrm{s}}^2 e^{\{-\alpha + i(\omega_{\mathrm{m}}/v_{\mathrm{gs}})\}L}$$

$$\times \int_0^L e^{-\alpha z} e^{i\omega_{\mathrm{m}}(1/v_{\mathrm{gp}} - 1/v_{\mathrm{gs}})z} \cos\left\{\left(\frac{\omega_{\mathrm{m}}^2 \beta_2}{2}\right)z\right\} \sin\left\{\left(\frac{\omega_{\mathrm{m}}^2 \beta_2}{2}\right)(L-z)\right\} dz$$

上式は，平面波伝播光についての表式である．導波光の場合は，光強度を光パワーに読み換え，非線形性を表すパラメーターを $\beta_0 n_2 \to \gamma$ とすればよい（式 (5.46) の後の説明参照）．そのようにすると，次のようになる．

$\Delta P_{\mathrm{s}}(\omega_{\mathrm{m}})$

$$= \gamma P_{\mathrm{s}} \Delta P_{\mathrm{p}} e^{\{-\alpha + i(\omega_{\mathrm{m}}/v_{\mathrm{gs}})\}L}$$

$$\times \int_0^L e^{-\alpha z} e^{i\omega_{\mathrm{m}}(1/v_{\mathrm{gp}} - 1/v_{\mathrm{gs}})z} \cos\left\{\left(\frac{\omega_{\mathrm{m}}^2 \beta_2}{2}\right)z\right\} \sin\left\{\left(\frac{\omega_{\mathrm{m}}^2 \beta_2}{2}\right)(L-z)\right\} dz \tag{6.15}$$

ΔP_{s}：信号光出力パワー変動振幅，P_{s}：信号光入力パワー，ΔP_{p}：ポンプ光パワー変調振幅．これが，相互位相変調による光パワー変動を表す式である．

なお，上記では単一ファイバー伝送系を想定したが，実際には，光増幅中継伝送系や分散補償器が挿入された伝送系，さらには分散マネージメント伝送系など，さまざまな形態が考えられる．そのような場合でも，上記と同様のモデルにより，基本式を導くことができる．すなわち，伝送路のある地点で，ポンプ光から位相変調を受けた信号光が，残りの経路を線形に伝播して，出力端に到達するものとする．そして，それらの足し合わせを出力光とする．相互位相変調を受ける地点までおよびそれ以後の線形伝播を，考察対象の伝送系に合わせて記述すれば，その系についての基本式が得られる．

(2) 基本特性

式 (6.15) を吟味すると，相互位相変調による強度変動特性のいくつかを窺い知ることができる．まず，変調角周波数 ω_{m} が高くないとして，cos, sin 項を，$\cos\{(\omega_{\mathrm{m}}^2 \beta_2/2)z\} \approx 1$, $\sin\{(\beta_2 \omega_{\mathrm{m}}^2/2)(L-z)\} \approx (\beta_2 \omega_{\mathrm{m}}^2/2)(L-z)$ と近似してみる．すると，式 (6.15) は，

$$\Delta P_{\mathrm{s}}(\Omega) \approx \gamma P_{\mathrm{s}} \Delta P_{\mathrm{p}} e^{\{-\alpha + i(\omega_{\mathrm{m}}/v_{\mathrm{gs}})\}L} \frac{\beta_2 L}{2} \frac{\omega_{\mathrm{m}}^2}{\alpha - i\omega_{\mathrm{m}}(1/v_{\mathrm{gp}} - 1/v_{\mathrm{gs}})}$$

$$\times \left[1 - \frac{1 - e^{-\{\alpha - i\omega_{\mathrm{m}}(1/v_{\mathrm{gp}} - 1/v_{\mathrm{gs}})\}L}}{\{\alpha - i\omega_{\mathrm{m}}(1/v_{\mathrm{gp}} - 1/v_{\mathrm{gs}})\}L}\right] \tag{6.16}$$

となる．

さらに，2波長光の群速度差が小さいとすると，$\alpha \gg \omega_\mathrm{m}(1/v_\mathrm{gp} - 1/v_\mathrm{gs})$ として，

$$\Delta P_\mathrm{s}(\Omega) \approx \gamma P_\mathrm{s} \Delta P_\mathrm{p} e^{\{-\alpha + i(\omega_\mathrm{m}/v_\mathrm{gs})\}L} \frac{\beta_2 L}{2} \frac{\omega_\mathrm{m}^2}{\alpha} \left(1 - \frac{L_\mathrm{eff}}{L}\right) \tag{6.17}$$

となる．ただし，L_eff は実効長（式(3.35)）である．上式は，相互位相変調による強度変動が，変調角周波数 ω_m の2乗に比例することを示している．これは，6.1.2項の(1)で述べた，変調速度が高いと相互位相変調の影響が大きいという特性を裏付けている．

逆に，群速度差が大きい場合は，$\alpha \ll \omega_\mathrm{m}(1/v_\mathrm{gp} - 1/v_\mathrm{gs})$ として，

$$\Delta P_\mathrm{s}(\omega_\mathrm{m}) \approx \gamma P_\mathrm{s} \Delta P_\mathrm{p} e^{\{-\alpha + i(\omega_\mathrm{m}/v_\mathrm{gs})\}L} \frac{\beta_2 L}{2} \frac{i\omega_\mathrm{m}}{(1/v_\mathrm{gp} - 1/v_\mathrm{gs})} \tag{6.18}$$

この式は，強度変動が変調周波数に比例することを示している．群速度差が小さいときより ω_m 依存性が緩くなっているのは，6.1.2項の(2)で述べた，ウォークオフ効果のためである．周波数が高いことはパルス幅およびパルス間隔が狭いことに相当し，パルス幅および間隔が狭いと，ウォークオフによる追い越し度合いが大きい（図6.4）．追い越し度合いが大きいと，周波数シフトの相殺効果が高くなる．したがって，変調角周波数 ω_m が高いと，相互位相変調の効果が低減される．そのため，式(6.17)では光強度変動は ω_m^2 に比例する一方，式(6.18)では ω_m に比例している．

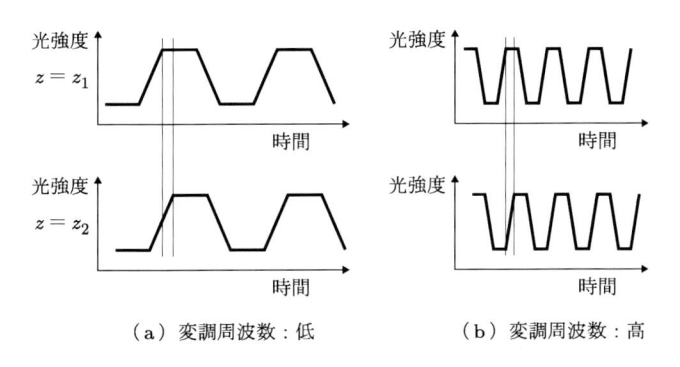

図6.4 ウォークオフによる追い越し度合い

さらに，式(6.18)は，群速度差（最終項の分母）が大きいと，強度変動が小さいことを示唆している．群速度差が大きいと追い越し度合いが大きく，相殺効果により強度変動が低減される．

以上の特性が，式(6.16)から示唆される．

(3) 計算例

それでは，式 (6.15) による計算例をいくつか紹介する．図 6.5 は，規格化強度変調指数 $(\Delta P_\mathrm{s}/\Delta P_\mathrm{p}e^{-\alpha L})$ の変調周波数依存性を計算した結果である．仮定したシステムパラメーターは，(波長) $= 1.55\,\mathrm{\mu m}$, $D_\mathrm{c} = 17\,\mathrm{ps/(km \cdot nm)}$, $dD_\mathrm{c}/d\lambda = 0.044\,\mathrm{ps/(km \cdot nm \cdot nm)}$, $\gamma = 1.18\,\mathrm{km^{-1}W^{-1}}$, (伝播損失) $= 0.21\,\mathrm{dB/km}$, $L = 80\,\mathrm{km}$, (入力光パワー) $= 0\,\mathrm{dBm}$ で，実線が式 (6.15) による解析計算結果，黒点が次項で述べる数値計算による結果を表す (特に断らない限り，以後の計算例でも同様)．解析計算と数値計算の結果は，よく一致している．図には，(2) で述べた，波長差が小さい (＝群速度差が小さい) と変調周波数の 2 乗に比例し，波長差があると (＝群速度差が大きい) と 1 乗に比例する特性が現れている．さらに，変調周波数が高くなると，急激に強度変調度が低下する．これは，ウォークオフによる相互位相変調の相殺効果が顕著になるためである．

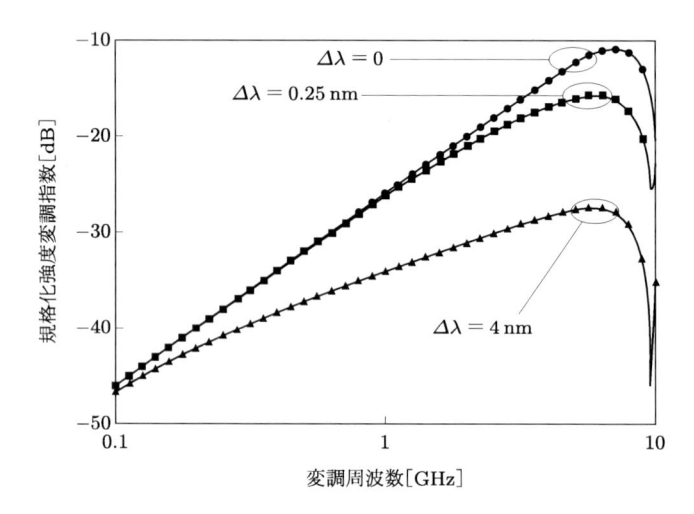

図 6.5 相互位相変調の影響 (変調周波数依存性)：$\Delta\lambda$ はポンプ光と信号光との波長差

図 6.6 は，波長差依存性を，いくつかのポンプ光パワーについて計算した例である．波長差が大きくなると，6.1.2 項の (2) で述べた，ウォークオフにより相互位相変調の効果が低下する様子が示されている．このことは，波長分割多重伝送システムにおいては，相互位相変調による伝送劣化は，主として近接チャンネルから生じることを示唆している．

図 6.7 は，分散補償伝送系の計算例である．光増幅器により伝送損失が補償された長距離伝送系について，1 スパンごとに分散補償を行う場合 (分布分散補償) と，受信端でまとめて分散補償を行う場合 (集中分散補償) とを比較している．用いた

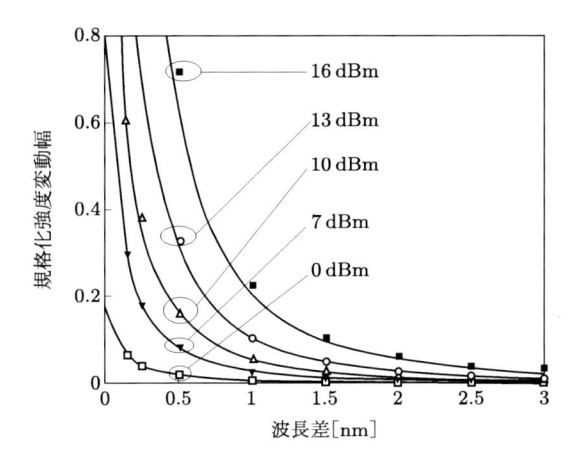

図 6.6　相互位相変調の影響（波長差依存性）

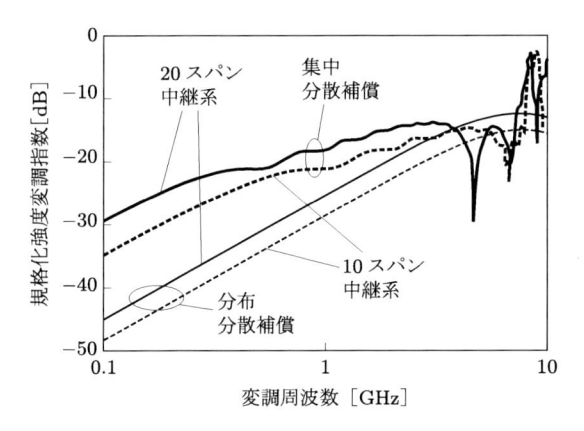

図 6.7　相互位相変調の影響（分散補償システム）

パラメーターは，増幅器（間隔（1 スパン））= 80 km，$D_c = -1.7\,\mathrm{ps/(km \cdot nm)}$，$dD_c/d\lambda = 0.065\,\mathrm{ps/(km \cdot nm \cdot nm)}$，$\gamma = 2.2\,\mathrm{km^{-1}W^{-1}}$ である．分布分散補償の方が，相互位相変調効果が低減されている様子が示されている．

◆ 6.2.2　数値解法

前項では，摂動解析手法について述べた．基本特性を知るにはそれで十分であるが，厳密には，数値解法によらなければならない．実際，図 6.6 の計算例をよくみてみると，光パワーの大きい場合には，解析解と数値解とで差がある．

数値解を得るには，5.3.2 項で述べた非線形シュレディンガー方程式 (5.46) を，次のように多波長系に拡張して用いる．

$$\frac{\partial F_k}{\partial z} + \frac{\alpha}{2}F_k + \frac{1}{v_g^{(k)}}\frac{\partial F_k}{\partial t} + i\frac{\beta_2^{(k)}}{2}\frac{\partial^2 F_k}{\partial t^2} = i\gamma_k \left(|F_k|^2 + 2\sum_{j \neq k}|F_j|^2\right)F_k$$

(6.19)

各パラメーターの添え字（k または j）で，各波長を表している．上式を考察するチャンネル数分だけ連立させて計算すれば，答が得られる．

6.3 位相変調信号伝送への影響

これまでは，暗に強度変調信号光を想定して話を進めてきた．これは，送受信系の簡便さから，光通信といえば，光の強度を変調して，信号伝送するのが定番であったためである．しかし，最近では，光の位相を変調して，信号を伝送する研究も進められている．位相変調方式は，受信器構成は複雑化するものの，高い信号伝送性能が得られるため，長距離幹線系のような高性能伝送に適している．本節では，位相変調伝送系における相互位相変調の影響について，簡単に述べる．

位相変調方式にも，連続光を位相変調するNRZ（non return to zero）位相変調方式と，パルス光に位相変調を加えるRZ（return to zero）位相変調方式とがある．NRZ位相変調方式の場合，光強度一定なので，原理的には，相互位相変調による位相変位は直流的であり，直接的には信号特性には何も影響を与えない．しかし，ファイバー伝送系では，分散により位相変調が強度変調に変換され，これが，相互位相変調を介して，伝播信号光の位相を変調し得る．このとき，各チャンネルの信号変調は独立なので，誘起される位相変調はランダムであり，これが位相雑音となって，伝送特性を劣化させる．信号劣化のシステムパラメーター依存性（伝送速度，波長間隔，分散値など）は，基本的には，6.1.2項で述べた強度変調方式の場合と同様である．

一方，RZ位相変調方式の場合，光強度が始めからパルス状になっており，これが，相互位相変調を介して，伝播光の位相変動を引き起こす．ただし，この位相変動は，パルスの繰り返し周波数にピークがある特性を有するため，受信段の電気フィルターにより除去可能である．しかし，やはり分散などの影響により除去できない雑音成分もあり，伝送特性は劣化する．

以上で述べたのは，他チャンネル信号光によって生じる位相雑音であるが，光増幅器の自然放出光も，光カー効果を介して，位相揺らぎを引き起こす．5.5.3項で，信号光と自然放出光との干渉により光強度が変動し，それが光カー効果を介して光パルスの時間揺らぎとなることを述べた．同じ現象が，位相変調光の位相雑音となる．ただし，前章では，自身と自然放出光との干渉揺らぎを考えたが，本章で対象としている

波長分割多重伝送系では，他チャンネル光と自然放出光との干渉揺らぎが，主な雑音要因となる．

以上が，位相変調信号伝送における相互位相変調の影響である．

6.4 偏波特性

これまでは，偏波を考えずに相互位相変調について述べてきた．しかし，正しくは，偏波依存性がある．本節では，相互位相変調の偏波特性について述べる．

偏波依存性を考慮した非線形分極の表式 (3.54) を，相互位相変調の場合，すなわち，周波数 f_1 と f_2 の光電場から f_1 成分の非線形分極が発生する状況に書き換えると，次式となる．

$$\boldsymbol{P}_{\mathrm{NL}}(f_1 + f_2 - f_2) = 6\varepsilon_0 \chi_{xxyy}[\boldsymbol{E}_2 \cdot \boldsymbol{E}_2^*]\boldsymbol{E}_1 + 6\varepsilon_0 \chi_{xyxy}[\boldsymbol{E}_1 \cdot \boldsymbol{E}_2^*]\boldsymbol{E}_2 \\ + 6\varepsilon_0 \chi_{xyyx}[\boldsymbol{E}_1 \cdot \boldsymbol{E}_2]\boldsymbol{E}_2^* \tag{6.20}$$

$\boldsymbol{E}_1, \boldsymbol{E}_2$ は，それぞれ f_1, f_2 光の複素振幅ベクトルである．上式を，5.6 節と同様にして，x, y 成分に書き下すと，

$$P_x^{(\mathrm{NL})} = 2\varepsilon_0 \chi_{xxxx}\{(3|E_{2x}|^2 + |E_{2y}|^2)E_{1x} + E_{1y}E_{2x}E_{2y}^* + E_{1y}E_{2x}^*E_{2y}\} \tag{6.21a}$$

$$P_y^{(\mathrm{NL})} = 2\varepsilon_0 \chi_{xxxx}\{(3|E_{2y}|^2 + |E_{2x}|^2)E_{1y} + E_{1x}E_{2y}E_{2x}^* + E_{1x}E_{2y}^*E_{2x}\} \tag{6.21b}$$

となる．このうち，最後の 2 項は，5.6 節と同様に，位相不整合のため無視できる．すると，x 成分の非線形屈折率は $n_x^{(\mathrm{NL})} \propto 3|E_{2x}|^2 + |E_{2y}|^2$，$y$ 成分の非線形屈折率は $n_y^{(\mathrm{NL})} \propto |E_{2x}|^2 + 3|E_{2y}|^2$ となり，f_2 光の光強度に依存して，x 成分と y 成分の屈折率が異なることになる．両成分の屈折率が異なると，偏波状態が変化する．すなわち，f_2 光の光強度に依存して，f_1 光の偏波状態が変化する．

式 (6.21) は，媒質の座標軸が一定としたときの表式である．4.2 節で述べたように，ある程度以上の長さの通常ファイバーでは，複屈折の主軸方向および大きさがランダムに変化し，その場合には，式 (6.20) の第 3 項は無視できる．そうすると，考えるべき非線形分極は，

$$\boldsymbol{P}_{\mathrm{NL}}(f_1) = 6\varepsilon_0 \chi_{xxyy}[\boldsymbol{E}_2 \cdot \boldsymbol{E}_2^*]\boldsymbol{E}_1 + 6\varepsilon_0 \chi_{xyxy}[\boldsymbol{E}_1 \cdot \boldsymbol{E}_2^*]\boldsymbol{E}_2 \tag{6.22}$$

となる．x, y 成分に分けて書き出すと，

$$P_{1x}^{(\mathrm{NL})} = 2\varepsilon_0 \chi_{xxxx}\{(2|E_{2x}|^2 + |E_{2y}|^2)E_{1x} + E_{1y}E_{2x}E_{2y}^*\} \tag{6.23a}$$

$$P_{1y}^{(\mathrm{NL})} = 2\varepsilon_0 \chi_{xxxx}\{(2|E_{2y}|^2 + |E_{2x}|^2)E_{1y} + E_{1x}E_{2y}E_{2x}^*\} \qquad (6.23\mathrm{b})$$

と書かれる．さらに，最後の項は位相不整合のため無視できるので（4.2 節参照），

$$P_{1x}^{(\mathrm{NL})} = 2\varepsilon_0 \chi_{xxxx}(2|E_{2x}|^2 + |E_{2y}|^2)E_{1x} \qquad (6.24\mathrm{a})$$

$$P_{1y}^{(\mathrm{NL})} = 2\varepsilon_0 \chi_{xxxx}(|E_{2x}|^2 + 2|E_{2y}|^2)E_{1y} \qquad (6.24\mathrm{b})$$

となる．よって，x, y 成分の非線形屈折率は，次のようになる．

$$n_x^{(\mathrm{NL})} \propto 2|E_{2x}|^2 + |E_{2y}|^2, \quad n_y^{(\mathrm{NL})} \propto |E_{2x}|^2 + 2|E_{2y}|^2 \qquad (6.25)$$

上式は，複屈折の主軸が一定でない媒質，すなわち，長尺の通常ファイバーであっても，他の周波数光の強度に依存して，直交する二つの成分が感じる屈折率が異なることを示している．したがって，他の周波数の光強度により，偏波状態が変化することになる．

また，式 (6.25) は，屈折率の変化量自体が偏波状態に依存することを示している．たとえば，信号光を x 偏波とすると，他の波長光が x 偏波のときの屈折率変化量は y 偏波の場合の 2 倍となる．さらに，一般的な場合でも，式 (6.22) より，同一偏波時は直交偏波時の 2 倍となる．このことは，相互位相変調を全光機能デバイスへ応用する際に，考慮すべき事項となる．ただし，長距離伝送では，伝播につれて 2 波長光の偏波関係が変化していくので，平均化効果により，実効的に偏波依存性は現れない．

第 7 章

光パラメトリック増幅

第 3, 4 章で，四光波混合により，複数の入射光から新たな周波数の光が発生することを述べた．たとえば，周波数が f_1 と f_2 の光を入射すると，$f_\mathrm{f} = 2f_1 - f_2$ の周波数位置に，新しい光が発生する．このとき，位相整合条件 $(2\beta_1 - \beta_2 - \beta_\mathrm{f} = 0)$ が満たされていると，もっとも発生効率が高い．ところで，この位相整合条件は，f_1, f_f の光から $f_2 = 2f_1 - f_\mathrm{f}$ の光が発生する四光波混合過程の位相整合条件と同じである．そのため，f_f 光が成長すると，今度は逆に，f_1, f_f 光から f_2 光が発生する．この発生光はもとの f_2 光に同位相で足し合わされ，そのまま f_2 光の増加となる．さらに，f_2 光が増加すると，それにより f_f 光が発生，増加し，それにより f_2 光が発生，増加し，という過程が次々に起こり，f_2 の光が伝播につれて指数関数的に成長する．すなわち，f_2 光が増幅される．この増幅現象を，光パラメトリック増幅という．本章では，ファイバーにおける光パラメトリック増幅について述べる．

7.1 パラメトリック相互作用

◆ 7.1.1 結合方程式

第 3, 4 章では，非線形相互作用による入射光の変化は無視できる（ポンプ・デプレッションなし）として，四光波混合光の表式を導出した．しかし，非線形相互作用が大きい場合には，この近似はもはや通用しない．この状況を解析するには，関与する光波すべてについての伝播方程式を連立させて，答を求めることになる．そして，そのようにすると，四光波混合光が発生するとともに，入射光が増幅作用を受ける，つまりパラメトリック増幅されるという解が得られる．本項では，その出発点となる結合方程式を示す．ただし，ここでは，線形的な損失は無視する．これは，光パラメトリック増幅では，比較的短いファイバー（長くても数 km）が用いられるためである．

二つの周波数光 f_p, f_s から $f_\mathrm{i} = 2f_\mathrm{p} - f_\mathrm{s}$ の周波数の光が発生する，一部縮退四光波混合を考える．各光波を，

$$E(\omega_k, z) = \frac{1}{2} A_k(z) \exp[i(\beta_k z - \omega_k t)] + c.c. \quad (k = \mathrm{p, s, i}) \tag{7.1}$$

と表記したうえで，光電場を $E = E(\omega_\mathrm{p}, z) + E(\omega_\mathrm{s}, z) + E(\omega_\mathrm{i}, z)$ とし，非線形分極 $P_\mathrm{NL} = \varepsilon_0 \chi^{(3)} E^3$ に代入する．P_NL の中から対応する周波数成分を書き出し，各周波数光についての非線形伝播方程式 (2.13) に代入して，3.1 節と同様に，式を展開していく．そして最後に，$|F_k(z)|^2$ が光パワーとなる規格化振幅 $F_k(z)$（式 (3.24)）の微分方程式に書き換える（式 (3.30) 参照）．このような手順を経ると，最終的に，次式が得られる．

$$\frac{dF_\mathrm{p}(z)}{dz} = i\gamma_\mathrm{p}(|F_\mathrm{p}|^2 + 2|F_\mathrm{s}|^2 + 2|F_\mathrm{i}|^2)F_\mathrm{p} + 2i\gamma_\mathrm{p} F_\mathrm{s} F_\mathrm{i} F_\mathrm{p}^* e^{-i\Delta\beta z} \quad (7.2\mathrm{a})$$

$$\frac{dF_\mathrm{s}(z)}{dz} = i\gamma_\mathrm{s}(2|F_\mathrm{p}|^2 + |F_\mathrm{s}|^2 + 2|F_\mathrm{i}|^2)F_\mathrm{s} + i\gamma_\mathrm{s} F_\mathrm{p}^{\,2} F_\mathrm{i}^* e^{i\Delta\beta z} \quad (7.2\mathrm{b})$$

$$\frac{dF_\mathrm{i}(z)}{dz} = i\gamma_\mathrm{i}(2|F_\mathrm{p}|^2 + 2|F_\mathrm{s}|^2 + |F_\mathrm{i}|^2)F_\mathrm{i} + i\gamma_\mathrm{i} F_\mathrm{p}^{\,2} F_\mathrm{s}^* e^{i\Delta\beta z} \quad (7.2\mathrm{c})$$

ただし，$\Delta\beta = 2\beta_\mathrm{p} - \beta_\mathrm{s} - \beta_\mathrm{i}$，また，非線形光学定数の周波数依存性（式 (3.29) 参照）を考慮して，γ には添え字を付けてある．各式の右辺第 1 項は自己位相変調，相互位相変調を，第 2 項は四光波混合発生をそれぞれ表している．

式 (7.2) により相互作用の様子が記述されるわけだが，直感的理解を得るために，さらに，次のように式を展開する．まず，$F_k = |F_k|e^{i\phi_k}$ と表記し，これを式 (7.2) に代入する．式 (7.2a) についてみると，

$$\frac{d|F_\mathrm{p}|}{dz} e^{i\phi_\mathrm{p}} + i\frac{d\phi_\mathrm{p}}{dz}|F_\mathrm{p}|e^{i\phi_\mathrm{p}}$$
$$= i\gamma_\mathrm{p}(|F_\mathrm{p}|^2 + 2|F_\mathrm{s}|^2 + 2|F_\mathrm{i}|^2)|F_\mathrm{p}|e^{i\phi_\mathrm{p}} + 2i\gamma_\mathrm{p}|F_\mathrm{p}||F_\mathrm{s}||F_\mathrm{i}|e^{i(\phi_\mathrm{s} + \phi_\mathrm{i} - \phi_\mathrm{p} - \Delta\beta z)}$$

上式の左辺の指数項を右辺に移し，実部と虚部に分けて書き出す．

$$\frac{d|F_\mathrm{p}|}{dz} = -2\gamma_\mathrm{p}|F_\mathrm{p}||F_\mathrm{s}||F_\mathrm{i}|\sin(\phi_\mathrm{s} + \phi_\mathrm{i} - 2\phi_\mathrm{p} - \Delta\beta z) \quad (7.3\mathrm{a})$$

$$\frac{d\phi_\mathrm{p}}{dz}|F_\mathrm{p}| = \gamma_\mathrm{p}(|F_\mathrm{p}|^2 + 2|F_\mathrm{s}|^2 + 2|F_\mathrm{i}|^2)|F_\mathrm{p}|$$
$$+ 2\gamma_\mathrm{p}|F_\mathrm{p}||F_\mathrm{s}||F_\mathrm{i}|\cos(\phi_\mathrm{s} + \phi_\mathrm{i} - 2\phi_\mathrm{p} - \Delta\beta z) \quad (7.3\mathrm{b})$$

同様のことを他の周波数成分についても行い，全部を書き並べると，以下となる．

$$\frac{d|F_\mathrm{p}|}{dz} = -2\gamma_\mathrm{p}|F_\mathrm{p}||F_\mathrm{s}||F_\mathrm{i}|\sin\theta \quad (7.4\mathrm{a})$$

$$\frac{d|F_\mathrm{s}|}{dz} = \gamma_\mathrm{s}|F_\mathrm{p}|^2|F_\mathrm{i}|\sin\theta \quad (7.4\mathrm{b})$$

$$\frac{d|F_\mathrm{i}|}{dz} = \gamma_\mathrm{i}|F_\mathrm{p}|^2|F_\mathrm{s}|\sin\theta \tag{7.4c}$$

$$\frac{d\theta}{dz} = (2\gamma_\mathrm{p}|F_\mathrm{p}|^2 - \gamma_\mathrm{s}|F_\mathrm{s}|^2 - \gamma_\mathrm{i}|F_\mathrm{i}|^2)$$
$$+ \left(\gamma_\mathrm{s}\frac{|F_\mathrm{p}|^2|F_\mathrm{i}|}{|F_\mathrm{s}|} + \gamma_\mathrm{i}\frac{|F_\mathrm{p}|^2|F_\mathrm{s}|}{|F_\mathrm{i}|} - 4\gamma_\mathrm{p}\frac{|F_\mathrm{p}||F_\mathrm{s}||F_\mathrm{i}|}{|F_\mathrm{p}|}\right)\cos\theta - \Delta\beta \tag{7.4d}$$

上式では，

$$\theta \equiv \phi_\mathrm{s} + \phi_\mathrm{i} - 2\phi_\mathrm{p} - \Delta\beta z \tag{7.5}$$

というパラメーターを導入し，位相に関する微分方程式をひとつにまとめてある．また，式 (7.4d) の導出にあたっては，γ_k の周波数依存性（式 (3.29)）を利用した．

式 (7.2) または (7.4) が，パラメトリック相互作用を記述する結合方程式となる．

◆ 7.1.2 パラメトリック増幅

式 (7.4) を吟味すると，伝播につれての，各周波数光のパワーの変化の様子を窺い知ることができる．光パワーは，$|F_k(z)|^2$ で与えられる（式 (3.25)）．そこで，式 (7.4) から，$|F_k(z)|^2$ の微分方程式を次のように書き下す．

$$\frac{d}{dz}|F_\mathrm{p}|^2 = 2|F_\mathrm{p}|\frac{d|F_\mathrm{p}|}{dz} = -4\gamma_\mathrm{p}|F_\mathrm{p}|^2|F_\mathrm{s}||F_\mathrm{i}|\sin\theta \tag{7.6a}$$

$$\frac{d}{dz}|F_\mathrm{s}|^2 = 2\gamma_\mathrm{s}|F_\mathrm{p}|^2|F_\mathrm{s}||F_\mathrm{i}|\sin\theta \tag{7.6b}$$

$$\frac{d}{dz}|F_\mathrm{i}|^2 = 2\gamma_\mathrm{i}|F_\mathrm{p}|^2|F_\mathrm{s}||F_\mathrm{i}|\sin\theta \tag{7.6c}$$

これより，次式が得られる．

$$\frac{d}{dz}(|F_\mathrm{p}|^2 + |F_\mathrm{s}|^2 + |F_\mathrm{i}|^2) = 2(\gamma_\mathrm{s} + \gamma_\mathrm{i} - 2\gamma_\mathrm{p})|F_\mathrm{p}|^2|F_\mathrm{s}||F_\mathrm{i}|\sin\theta = 0 \tag{7.7}$$

上式では，γ_k に定義式 (3.29) を代入したうえで，周波数の関係式 $\omega_\mathrm{i} = 2\omega_\mathrm{p} - \omega_\mathrm{s}$ を用いた．式 (7.7) は，$(|F_\mathrm{p}|^2 + |F_\mathrm{s}|^2 + |F_\mathrm{i}|^2)$ は z によらない一定値であることを示している．これは，エネルギー保存則に他ならない．

さらに，式 (7.6) を詳しくみると，各周波数の光パワーの増減の仕方は，次のどちらかであることがみてとれる．

① f_p の光が減って，$f_\mathrm{s}, f_\mathrm{i}$ の光が増える．
② $f_\mathrm{s}, f_\mathrm{i}$ の光が減って，f_p の光が増える．

また，f_s 光と f_i 光の変化量は，周波数の違い分以外は同じとなっている．それでは，光パワーの移行は，①，②のどちらであるか．移行の向きは，θ で決まる．$0<\theta<\pi$ ならば $f_p \to f_s, f_i$，$\pi<\theta<2\pi$ ならば $f_s, f_i \to f_p$ である．θ は，$z=0$ での初期値が与えられると，その後の変化は式 (7.4d) に従う．そこでまず，θ の初期値について調べてみる．ここでは，f_p, f_s の光の入射から f_i の光が発生する状況を考えているので，$F_i(0) = 0$ である．このことと式 (7.2c) より，入射端近傍の $z = \delta z$ での F_i は，

$$F_i(\delta z) = F_i(0) + \left[\frac{dF_i}{dz}\right]_{z=0} \delta z = i\gamma_i [F_p(0)]^2 F_s^*(0) \delta z$$

であり，この位相は，次のようになっている．

$$\phi_i(\delta z) = 2\phi_p(0) - \phi_s(0) + \frac{\pi}{2}$$

これを式 (7.5) に代入すると，入射端近傍での θ が，次のように表される．

$$\begin{aligned}\theta(\delta z) &= \phi_s(\delta z) + \phi_i(\delta z) - 2\phi_p(\delta z) - \Delta\beta\delta z \\ &= \phi_s(\delta z) + \left\{2\phi_p(0) - \phi_s(0) + \frac{\pi}{2}\right\} - 2\phi_p(\delta z) - \Delta\beta\delta z\end{aligned}$$

上式は，$\delta z \to 0$ では $\theta(0) = \pi/2$ となる．したがって，入射領域では，$\sin\theta = 1$ であるので，光エネルギーは f_p 光から f_s, f_i 光へ移行する．

光の伝播につれてのエネルギー移行の向きの変化は，式 (7.4d) により記述される．どのように θ が変わっていくかは式中の変数に依存するが，ここで，

$$\Delta\beta - (2\gamma_p|F_p|^2 - \gamma_s|F_s|^2 - \gamma_i|F_i|^2) = 0 \tag{7.8}$$

としてみる．すると，入射領域では $d\theta/dz = 0$ となり，θ は一定，したがって伝播しても $\theta = \pi/2$ が維持されることになる．このため，f_p 光から f_s, f_i 光へのエネルギーの移行が続く．光周波数軸上で模式的に描くと，図 7.1 のような状況である．

光エネルギーの増減は，光子数の増減に言い換えることができる．今の場合でいえば，周波数 f_p の光子数が減り，周波数 f_s, f_i の光子数が増える．式 (7.6) を吟味す

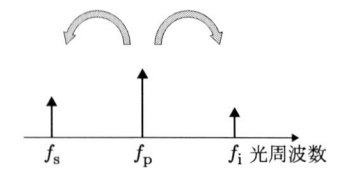

図 7.1　一部縮退四光波混合におけるエネルギーの移行

ると，(f_p 光パワーの減少分)：(f_s 光パワー増加分)：(f_i 光パワー増加分) の比は，$2\gamma_\mathrm{p} : \gamma_\mathrm{s} : \gamma_\mathrm{i} = 2f_\mathrm{p} : f_\mathrm{s} : f_\mathrm{i}$ となっている．1光子のエネルギーは hf なので（h：プランク定数），このことは，(f_p の光子の減少数)：(f_s の光子の増加数)：(f_i の光子の増加数) の比は，$2:1:1$ であることを意味する．つまり，f_p 光子が2個減って，f_s 光子と f_i 光子が1個ずつ増えるということである．エネルギー準位図で模式的に描くと，図7.2のような状況である．

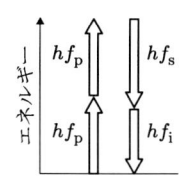

図 7.2 一部縮退四光波混合の光子モデル

このように，連立微分方程式 (7.2) で記述される非線形相互作用により，$f_\mathrm{p}, f_\mathrm{s}$ の光が入射されると，f_p 光から f_s 光へのエネルギーの移行が起こる．この現象は，「f_p 光をエネルギー源とする f_s 光増幅」とみることができる．そこで，これを**光パラメトリック増幅**，また，f_p 光を**ポンプ光**，f_s 光を**シグナル光**とよぶ．さらに，シグナル光増幅にともなって発生する f_i の光は，慣例的に**アイドラー光**とよばれる（実は，ここまで使ってきた添え字の p, s, i は，pump, signal, idler の意味である）．

◆ 7.1.3 位相整合

前項で，ポンプ光からシグナル光およびアイドラー光へのエネルギーの移行が持続的に起こるのは，$\Delta\beta - (2\gamma_\mathrm{p}|F_\mathrm{p}|^2 - \gamma_\mathrm{s}|F_\mathrm{s}|^2 - \gamma_\mathrm{i}|F_\mathrm{i}|^2) = 0$ のときであることを述べた（式 (7.8)）．光パワーが大きくない場合には，この条件式は，$\Delta\beta = 0$ と書かれる．これは，第3章で述べた位相整合条件（式 (3.41)）に他ならない．つまり，前項の光エネルギー移行方向の話は，位相整合条件の別の見方でもある．$\Delta\beta = 0$ であると，光エネルギーは，ポンプ光からシグナル光とアイドラー光へ移り続ける．すなわち，四光波混合が効率よく起こる．一方，$\Delta\beta \neq 0$ の場合は，伝播するにつれて，θ は初期値 $\pi/2$ から増え続け，$\sin\theta$ は正になったり負になったりする．このため，光エネルギーは，ポンプ光と｛シグナル光，アイドラー光｝を行ったり来たりする（図 3.4 参照）．その結果，四光波混合の効率は低くなる．

式 (7.8) には，$\Delta\beta$ に加えて $\{-(2\gamma_\mathrm{p}|F_\mathrm{p}|^2 - \gamma_\mathrm{s}|F_\mathrm{s}|^2 - \gamma_\mathrm{i}|F_\mathrm{i}|^2)\}$ という項がある．この項の出所は式 (7.2) の右辺第1項であり，これは，自己および相互位相変調を表す項である（5.1.2項参照）．このことは，光パワーにより位相がシフトし，その分，位相整合条件が $\Delta\beta = 0$ からずれることを意味している．光パラメトリック増幅では通

常，ポンプ光パワーが強く，$2\gamma_p|F_p|^2 - \gamma_s|F_s|^2 - \gamma_i|F_i|^2 > 0$ であるので，その分，$\Delta\beta$ が正のときに位相整合が満たされる．$2f_p - f_s \to f_i$ という非縮退四光波混合の場合に，$\Delta\beta$ が正となる周波数配置は，式 (4.6b) から知ることができる．再記すると，

$$\Delta\beta = -\frac{2\pi\lambda^4}{c^2}\frac{dD_c}{d\lambda}(f_p - f_0)(f_p - f_s)^2$$

である．ポンプ光の周波数 f_p がゼロ分散周波数 f_0 に等しいときに $\Delta\beta = 0$ であり，そこからずれると，$\Delta\beta$ は正または負になる．1.5 μm 帯では，$dD_c/d\lambda > 0$ であるので（図 1.4 参照），$f_p < f_0$，すなわちポンプ光波長がゼロ分散波長より長波長側であると，$\Delta\beta$ は正となる．つまり，光カー効果による位相シフト分だけ，ゼロ分散波長から長波長側にシフトした波長位置にポンプ光があるときに，パラメトリック増幅の位相整合条件が満たされる．

◆ 7.1.4　2 ポンプ構成

7.1.1～7.1.3 項では一部縮退四光波混合による増幅現象をみてきたが，非縮退四光波混合によっても，同様の増幅作用が得られる．一部縮退四光波混合により増幅作用が起こったのは，$2\beta_p - \beta_s - \beta_i = 0$ という位相整合条件（説明の簡単化のため，光パワー依存性は無視）が満たされていると，f_p, f_s の光から f_i ($= 2f_p - f_s$) の光が発生するとともに，f_p, f_i 光から f_s 光が発生するためであった．ところで，第 3 章で，$\beta_1 + \beta_2 - \beta_3 - \beta_f = 0$ が満たされていると，f_1, f_2, f_3 の光から $f_f = f_1 + f_2 - f_3$ の光が効率よく発生することを述べた．この条件は，f_1, f_2, f_f 光から $f_3 = f_1 + f_2 - f_f$ 光が発生する過程の位相整合条件でもある．したがって，f_3 の光が前項でのシグナル光，f_f の光がアイドラー光，f_1, f_2 の光がポンプ光にそれぞれ対応し，f_1, f_2 光から f_3, f_f 光へのエネルギーの移行が起こる．$\{f_1, f_2\} \to \{f_{p1}, f_{p2}\}, f_3 \to f_s, f_f \to f_i$ と書き改めてエネルギー移行の関係を図示すると，図 7.3 のような状況である．

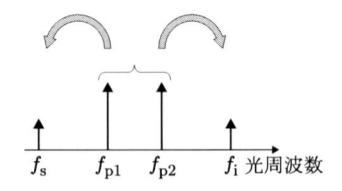

図 7.3　非縮退四光波混合におけるエネルギーの移行

また，図 7.2 に対応するエネルギー関係図は，図 7.4 となる．

2 ポンプ構成のパラメトリック増幅の特徴は，偏波無依存動作が可能なことである．3.3 節で述べたように，四光波混合は入射光の偏波状態に依存するため，一般に，光パ

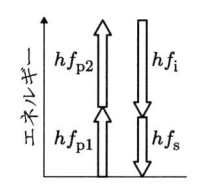

図 7.4 非縮退四光波混合の光子モデル

ラメトリック増幅には偏波依存性がある．ところが，2 ポンプ構成において，二つのポンプ光偏波を直交させると，以下に述べるように，偏波無依存動作が得られる．

光ファイバーにおける非縮退四光波混合の偏波特性は，式 (4.27a) で表される．添え字を今の場合に書きなおして再記すると，次式である．

$$\boldsymbol{E}_i \propto [\boldsymbol{E}_{p2} \cdot \boldsymbol{E}_s^*]\boldsymbol{E}_{p1} + [\boldsymbol{E}_{p1} \cdot \boldsymbol{E}_s^*]\boldsymbol{E}_{p2} \tag{7.9}$$

ここで，二つのポンプ光は直交偏波状態，シグナル光は任意の偏波状態として，それぞれを次のように表す．

$$\boldsymbol{E}_{p1} = (E_{p1}, 0) \tag{7.10a}$$

$$\boldsymbol{E}_{p2} = (0, E_{p2}) \tag{7.10b}$$

$$\boldsymbol{E}_s = E_s(\cos\varphi, e^{i\delta}\sin\varphi) \tag{7.10c}$$

φ, δ は，シグナル光の偏波状態を表すパラメーターである．

これを式 (7.9) に代入すると，

$$\boldsymbol{E}_i \propto E_{p1}E_{p2}E_s^*(e^{i\delta}\sin\varphi, \cos\varphi) \tag{7.11}$$

となる．この光強度は，次のように表される．

$$|\boldsymbol{E}_i|^2 \propto |E_{p1}|^2|E_{p2}|^2|E_s|^2 \tag{7.12}$$

上式は，アイドラー光の発生効率が φ と δ によらないこと，すなわち，シグナル光の偏波状態によらないことを示している．ポンプ光とアイドラー光からシグナル光が発生する過程についても同様である．したがって，シグナル光の偏波状態には依存せずに，パラメトリック増幅が起こる．

7.2 パラメトリック増幅利得

◆ 7.2.1 未飽和利得

前節で，四光波混合による光増幅作用を定性的に述べたが，そこでは，増幅利得値

や利得スペクトルについては言及しなかった．これらを正確に知るには，数値計算によらなくてはならない．しかし，ポンプ光のパワーは十分に強く，四光波混合からの反作用が無視できる場合には，解析解が得られる．このときの利得は，一般の光増幅器における未飽和利得（小信号時の利得）に相当する．本項では，光パラメトリック増幅の未飽和利得を導出する．

基本となるのは，式 (7.2) の連立微分方程式である．この式は，$|F_\mathrm{p}| \gg |F_\mathrm{s}|, |F_\mathrm{i}|$ かつポンプ光は四光波混合の影響を受けないとすると，次のように書き改められる．

$$\frac{dF_\mathrm{p}}{dz} = i\gamma |F_\mathrm{p}|^2 F_\mathrm{p} \tag{7.13a}$$

$$\frac{dF_\mathrm{s}}{dz} = 2i\gamma |F_\mathrm{p}|^2 F_\mathrm{s} + i\gamma F_\mathrm{p}^{\;2} F_\mathrm{i}^{*} e^{i\Delta\beta z} \tag{7.13b}$$

$$\frac{dF_\mathrm{i}}{dz} = 2i\gamma |F_\mathrm{p}|^2 F_\mathrm{i} + i\gamma F_\mathrm{p}^{\;2} F_\mathrm{s}^{*} e^{i\Delta\beta z} \tag{7.13c}$$

なお，式 (7.2) では，エネルギー保存則を正確に示したいために，非線形光学定数 γ に添え字 p, s, i を付けたが，上式では簡略化のため添え字は省いた．光周波数は約 200 THz であるのに対し，ここで想定している周波数範囲内は 1 THz 程度なので，γ は各周波数ともほぼ同じとしてよい．

式 (7.13a) はそのまま解くことができて，その解は，

$$F_\mathrm{p}(z) = F_\mathrm{p}(0) \exp[i\gamma |F_\mathrm{p}(0)|^2 z] = F_\mathrm{p}(0) \exp[i\gamma P_0 z] \tag{7.14}$$

となる．ただし，$P_0 \equiv |F_\mathrm{p}(0)|^2$ である．上式を，式 (7.13b), (7.13c) に代入する．

$$\frac{dF_\mathrm{s}}{dz} = 2i\gamma P_0 F_\mathrm{s} + i\gamma P_0 F_\mathrm{i}^{*} \exp[i(2\gamma P_0 + \Delta\beta)z] \tag{7.15a}$$

$$\frac{dF_\mathrm{i}}{dz} = 2i\gamma P_0 F_\mathrm{i} + i\gamma P_0 F_\mathrm{s}^{*} \exp[i(2\gamma P_0 + \Delta\beta)z] \tag{7.15b}$$

次に，F_k を $F_k(z) = b_k(z) \exp[2i\gamma P_0 z]$ ($k=$ s, i) と表記して，上式に代入する．

$$\frac{db_\mathrm{s}}{dz} = i\gamma P_0 b_\mathrm{i}^{*} e^{i\Delta\beta' z} \tag{7.16a}$$

$$\frac{db_\mathrm{i}^{*}}{dz} = -i\gamma P_0 b_\mathrm{s} e^{-i\Delta\beta' z} \tag{7.16b}$$

ただし，

$$\Delta\beta' = \Delta\beta - 2\gamma P_0 \tag{7.17}$$

である．

以下，式 (7.16) を解いていく．そのために，まず，次のように変数を書き換える．

$$b_s(z) = c_s(z) e^{i(\Delta\beta'/2)z} \tag{7.18a}$$

$$b_i^*(z) = c_i(z) e^{-i(\Delta\beta'/2)z} \tag{7.18b}$$

これを，式 (7.16) に代入する．

$$\frac{dc_s}{dz} + i\frac{\Delta\beta'}{2}c_s = i\gamma P_0 c_i \tag{7.19a}$$

$$\frac{dc_i}{dz} - i\frac{\Delta\beta'}{2}c_i = -i\gamma P_0 c_s \tag{7.19b}$$

上式をあれこれやり繰りすると，次の微分方程式が得られる．

$$\frac{d^2 c_s}{dz^2} = \left\{(\gamma P_0)^2 - \left(\frac{\Delta\beta'}{2}\right)^2\right\} c_s \tag{7.20a}$$

$$\frac{d^2 c_i}{dz^2} = \left\{(\gamma P_0)^2 - \left(\frac{\Delta\beta'}{2}\right)^2\right\} c_i \tag{7.20b}$$

上式はそのまま解くことができて，その解は，

$$c_s(z) = c_{s1} e^{gz} + c_{s2} e^{-gz} \tag{7.21a}$$

$$c_i(z) = c_{i1} e^{gz} + c_{i2} e^{-gz} \tag{7.21b}$$

と書かれる．ただし，

$$g \equiv \sqrt{(\gamma P_0)^2 - \left(\frac{\Delta\beta'}{2}\right)^2} \tag{7.22}$$

である．また，$c_{s1}, c_{s2}, c_{i1}, c_{i2}$ は積分定数である．式 (7.21) からもとの表式にさかのぼると，F が，次のように書き表される．

$$F_s(z) = (c_{s1} e^{gz} + c_{s2} e^{-gz}) \exp\left[i\left(\frac{\Delta\beta'}{2} + 2\gamma P_0\right)z\right] \tag{7.23a}$$

$$F_i^*(z) = (c_{i1} e^{gz} + c_{i2} e^{-gz}) \exp\left[-i\left(\frac{\Delta\beta'}{2} + 2\gamma P_0\right)z\right] \tag{7.23b}$$

積分定数 $c_{s1}, c_{s2}, c_{i1}, c_{i2}$ は，境界条件から，次のように求められる．入力がポンプ光とシグナル光のみとすると，

$$F_s(0) = c_{s1} + c_{s2} \tag{7.24a}$$

$$F_\text{i}^*(0) = c_{\text{i}1} + c_{\text{i}2} = 0 \tag{7.24b}$$

である．また，式 (7.19), (7.21) より，

$$\frac{dc_\text{s}}{dz}(0) + i\frac{\Delta\beta'}{2}c_\text{s}(0) = i\gamma P_0 c_\text{i}(0) \quad \to \quad gc_{\text{s}1} - gc_{\text{s}2} + i\frac{\Delta\beta'}{2}F_\text{s}(0) = 0 \tag{7.24c}$$

$$\frac{dc_\text{i}}{dz}(0) - i\frac{\Delta\beta'}{2}c_\text{i}(0) = i\gamma P_0 c_\text{s}(0) \quad \to \quad gc_{\text{i}1} - gc_{\text{i}2} = i\gamma P_0 F_\text{s}(0) \tag{7.24d}$$

である．上の四つの連立方程式から，$c_{\text{s}1}, c_{\text{s}2}, c_{\text{i}1}, c_{\text{i}2}$ が導き出される．そうして得られた表式を式 (7.23) に代入すると，次式が得られる．

$$F_\text{s}(z) = \left\{\cosh(gz) - i\frac{\Delta\beta'}{2g}\sinh(gz)\right\}F_\text{s}(0)\exp\left[i\left(\frac{\Delta\beta'}{2} + 2\gamma P_0\right)z\right] \tag{7.25a}$$

$$F_\text{i}(z) = -i\frac{\gamma P_0}{g}\sinh(gz)F_\text{s}^*(0)\exp\left[i\left(\frac{\Delta\beta'}{2} + 2\gamma P_0\right)z\right] \tag{7.25b}$$

通常，光増幅器の利得は，光パワーに対して定義される．式 (7.25) より，シグナル光パワー P_s およびアイドラー光パワー P_i は，

$$P_\text{s}(z) = |F_\text{s}(z)|^2 = \left\{\cosh^2(gz) + \left(\frac{\Delta\beta'}{2g}\right)^2\sinh^2(gz)\right\}P_\text{s}(0) \tag{7.26a}$$

$$P_\text{i}(z) = |F_\text{i}(z)|^2 = 4\left(\frac{\gamma P_0}{2g}\right)^2\sinh^2(gz)P_\text{s}(0) \tag{7.26b}$$

となり，シグナル光に対する増幅利得 G_s は，

$$G_\text{s} = \frac{P_\text{s}(z)}{P_\text{s}(0)} = \cosh^2(gz) + \left(\frac{\Delta\beta'}{2g}\right)^2\sinh^2(gz) \tag{7.27}$$

で与えられる．これが，光パラメトリック増幅の未飽和利得の表式である．

$gz \gg 1$ とすると，式 (7.27) は，次のように近似される．

$$G_\text{s} \approx \frac{1}{4}\left\{1 + \left(\frac{\Delta\beta'}{2g}\right)^2\right\}e^{2gz} \tag{7.28}$$

この近似表式は，$2g$ を利得係数とする指数関数形をしている．g は，式 (7.22) で定義されている．これをみると，利得係数 g は，$\Delta\beta' = 0$ のときに最大値 $g_\text{peak} = \gamma P_0$ となり，$|\Delta\beta'|$ がゼロから離れるにしたがって，そこから低下する．ところで，$\Delta\beta'$ は

式 (7.17) で与えられており，これと式 (7.8) を見比べると，$\Delta\beta' = 0$ は，(ポンプ光パワー) $\gg$ (シグナル光パワー),(アイドラー光パワー) のときの位相整合条件であることがわかる．つまり，位相整合時にパラメトリック増幅がもっとも効率よく起こることが，式 (7.28) の利得係数に反映されている．

式 (7.28) では，e^{2gz} に，係数 $\{1 + (\Delta\beta'/2g)^2\}$ が掛け合わさっている．この係数は $|\Delta\beta'|$ とともに増加する関数形となっており，厳密には，利得 G の $\Delta\beta'$ 依存性は両者の兼ね合いで決まる．しかし，指数関数形の方が，2 乗関数形よりも変数の変化に対して敏感なので，利得の $\Delta\beta'$ 依存性は，主として e^{2gz} で決まると考えてよい．すなわち，$\Delta\beta' = 0$ 時に増幅利得最大となる．$\Delta\beta' = 0$ を式 (7.28) および式 (7.22) に代入すると，次式のようになる．

$$G_{\rm s}^{\rm (peak)} \approx \frac{1}{4} e^{2\gamma P_0 z} \tag{7.29}$$

これが，光パラメトリック増幅のピーク利得値の表式である．具体的な値としては，たとえば，ポンプ光パワー $P_0 = 1\,{\rm W}$，ファイバー長 $z = 1.5\,{\rm km}$，非線形光学定数 $\gamma = 2\,{\rm km}^{-1}{\rm W}^{-1}$ では，(増幅利得) $= 20\,{\rm dB}$ となる．

◆ 7.2.2 利得スペクトル

前項で，$\Delta\beta' = 0$ のときに増幅利得が最大となることを示した．式 (7.22), (7.27) はさらに，位相不整合がある場合の増幅利得も表している．4.1 節で述べたように，位相不整合量は入射光波長に依存する．したがって，式 (7.22), (7.27) より，信号光波長が利得ピークから離れているときの利得値，すなわち，利得スペクトルを知ることができる．

ただし，式 (7.22), (7.27) を導くにあたっては，暗黙のうちに，位相不整合量は小さい状況を想定して，$(\gamma P_0)^2 - (\Delta\beta'/2)^2 > 0$ とした (式 (7.22) 参照)．広い波長範囲にわたる利得スペクトルをみるには，$(\gamma P_0)^2 - (\Delta\beta'/2)^2 < 0$ のときの増幅利得も知っておく必要がある．それには，式 (7.22)〜(7.26) の g を虚数に置き換えればよい．

$$g \to ig_{\rm i} \quad \left(g_{\rm i} = \sqrt{\left(\frac{\Delta\beta'}{2}\right)^2 - (\gamma P_0)^2}\right) \tag{7.30}$$

このようにすると，式 (7.25a) から，次式が得られる．

$$F_{\rm s}(z) = \left\{\cos(g_{\rm i} z) - i\frac{\Delta\beta'}{2g_{\rm i}} \sin(g_{\rm i} z)\right\} F_{\rm s}(0) \exp\left[i\left(\frac{\Delta\beta'}{2} + 2\gamma P_0\right) z\right] \tag{7.31}$$

これより，

$$P_\mathrm{s}(z) = |F_\mathrm{s}(z)|^2 = \left\{1 + \left(\frac{\gamma P_0}{g_\mathrm{i}}\right)^2 \sin^2(g_\mathrm{i} z)\right\} P_\mathrm{s}(0) \tag{7.32}$$

であり，増幅利得が，

$$G_\mathrm{s} = 1 + \left(\frac{\gamma P_0}{g_\mathrm{i}}\right)^2 \sin^2(g_\mathrm{i} z) \tag{7.33}$$

で与えられる．これが，位相不整合量が大きい場合の増幅利得の表式である．

式 (7.27), (7.33) による計算例を図 7.5 に示す．ポンプ光の周波数をファイバーのゼロ分散周波数より 100, 200, 300 GHz だけ低周波数側とし，ポンプ光とシグナル光との周波数差を横軸としたときの，増幅利得値をプロットしてある．パラメーター値は，$\gamma = 2\,\mathrm{km}^{-1}\mathrm{W}^{-1}$，(ファイバー長) $= 1.5\,\mathrm{km}$，(ポンプ光パワー) $= 1\,\mathrm{W}$，$dD_\mathrm{c}/d\lambda = 0.07\,\mathrm{ps/(km \cdot nm \cdot nm)}$ とし，線形位相不整合量 $\Delta\beta$ の計算には，式 (4.5b) を用いた．ポンプ光の周波数がゼロ分散周波数に近い方が，利得帯域が広い様子が示

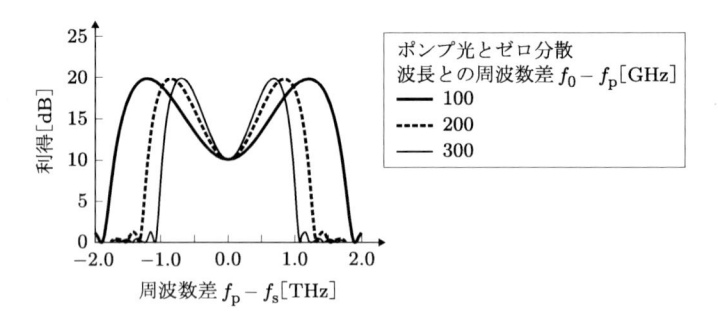

図 7.5 利得スペクトル (1)

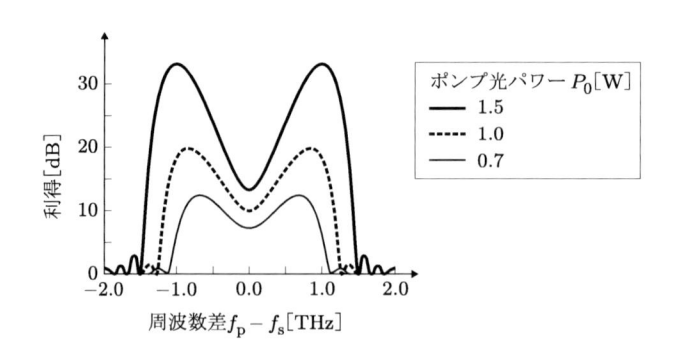

図 7.6 利得スペクトル (2)

されている．

図 7.6 は，ポンプ光パワーを変えたときの，利得スペクトルの計算例である．(ポンプ光とゼロ分散波長との周波数差) = 200 GHz，その他のパラメーター値は図 7.5 と同じとしている．ポンプ光パワーを大きくすると，増幅利得値が高くなるとともに，増幅される波長域が拡がる様子が示されている．

◆ 7.2.3 飽和特性

前項では，ポンプ光パワー一定として利得特性を論じた．しかし，シグナル光およびアイドラー光のパワーが大きくなると，その分，ポンプ光が減少し，この前提は成り立たなくなる．その場合には，式 (7.2) または式 (7.4) を全て連立させて，数値計算しなければならない．図 7.7 は，そのようにして得た，シグナル光の入出力パワーの計算および測定例である（ファイバー長 = 2.5 km，$\gamma = 2\,\mathrm{km^{-1}W^{-1}}$，ポンプ光入力 = 1.3 W）．ポンプ・デプレッションの様子をみるために，ポンプ光出力パワーもプロットしてある．

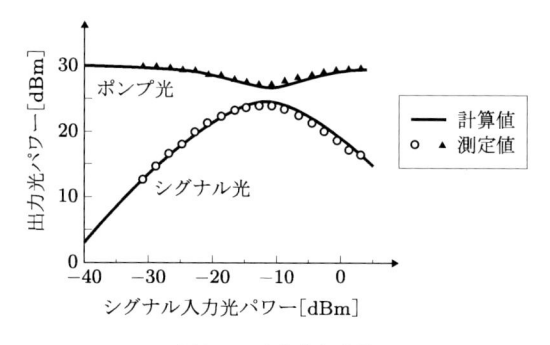

図 7.7 出力飽和特性

入力光パワーが小さい領域では，シグナル光出力は入力に対して線形に増加するが，だんだんと頭打ちとなり，ある入力値から減少に転じる．それに対応して，ポンプ光出力は，低入力領域では一定，そこから少しずつ減少していき，シグナル出力反転とともに増加に転じている．低入力領域が未飽和利得状態であり，入力光パワーの増加につれ，ポンプ光減少が効いてきて，利得が低下する．特徴的なことは，単純に出力パワーが飽和するのではなく，ある入力値を境に，減少に転じることである．このような入出力特性は，他の光増幅器ではみられない．この現象は，次のように理解される．

7.1.2 項で，パラメトリック相互作用における，光パワーの移行の方向について説明した．その際，$\Delta\beta - (2\gamma_\mathrm{p}|F_\mathrm{p}|^2 - \gamma_\mathrm{s}|F_\mathrm{s}|^2 - \gamma_\mathrm{i}|F_\mathrm{i}|^2) = 0$ であると，式 (7.5) で定義される θ が，ファイバー長にわたって，$\theta = \pi/2$ となり，ポンプ光からシグナル光およ

びアイドラー光へ，エネルギーが移り続けることを示した．ここで，$|F_k|^2$ は光パワーである（$k =$ p, s, i）．ファイバー入力端では $\Delta\beta - (2\gamma_\mathrm{p}|F_\mathrm{p}|^2 - \gamma_\mathrm{s}|F_\mathrm{s}|^2 - \gamma_\mathrm{i}|F_\mathrm{i}|^2) = 0$ であっても，伝播するにつれて，シグナル光パワーとアイドラー光パワーは増加し，ポンプ光パワーは減少するので，$\{\Delta\beta - (2\gamma_\mathrm{p}|F_\mathrm{p}|^2 - \gamma_\mathrm{s}|F_\mathrm{s}|^2 - \gamma_\mathrm{i}|F_\mathrm{i}|^2)\}$ はゼロではなくなってくる．すると，式 (7.4d) に従って，θ の値が $\pi/2$ から離れていき，ついには，$\pi < \theta < 2\pi$ の領域，すなわち，エネルギー移行の向きがシグナル光およびアイドラー光からポンプ光である領域に入り込む．そして，これが進むと，シグナル入力光パワーの増加にともなって，出力光パワーが減少する結果となる．これが，図 7.7 に示される特異な入出力特性のメカニズムである．

なお，図 7.7 ではシグナル光出力が減少していくところまでしかプロットしていないが，さらに入力光パワーを大きくすると，再び $0 < \theta < \pi$ の領域に入って，出力光は増加に転じる．

7.3 雑音特性

◆ 7.3.1 一般の場合

これまで，光パラメトリック増幅の増幅利得について述べてきたが，光増幅器としては，雑音特性も気になるところである．光増幅器の雑音源は，増幅作用にともなって発生する自然放出光である．この光は，信号光とは無関係であり，信号光に対して干渉雑音として作用し，信号を劣化させる（次項の式 (7.44) 近辺参照）．したがって，自然放出光の発生量が，光増幅器の雑音特性を決めることとなる．

自然放出光の発生メカニズムを説明するには，量子力学によらなければならず，そこまでは本書では立ち入らない．ここでは，光パラメトリック増幅における自然放出光発生パワーは，原理的には，信号光の信号対雑音（SN）比を 3 dB 劣化させるだけの量とだけ述べておく．この事情は，通常の光増幅器における量子雑音限界と同じである．さらに，実際の系では，これに加えて，ポンプ光パワーの揺らぎやポンプ光源に付随する自然放出光なども，SN 比を劣化させる．

◆ 7.3.2 位相感応増幅の場合

一般には，光増幅器から自然放出光が発生し，信号光の SN 比を劣化させる．ところが，位相感応増幅器（phase sensitive amplifier）とよばれる特殊な光増幅器では，SN 比を劣化させずに光増幅する無雑音増幅が可能である．この位相感応増幅には，光パラメトリック増幅が利用される．本項では，位相感応増幅について述べる．

光パラメトリック増幅において，ポンプ光とシグナル光は同一周波数とする．必然的に，アイドラー光も同一周波数となり，シグナル光とアイドラー光は縮退する．この

ようにすると，特定の位相のシグナル光だけが増幅されることになる．まずは，そのメカニズムについて説明する．なお，これまで述べてきたような，一本のファイバーに同一方向から光を入射する構成では，同一周波数光をポンプ光とシグナル光とに区別することはできないが，ループミラーなどの構成上の工夫により，これは可能である（詳細は省略）．

シグナル光とアイドラー光が縮退している場合の振幅方程式は，式 (7.13) より，

$$\frac{dF_\mathrm{p}}{dz} = i\gamma |F_\mathrm{p}|^2 F_\mathrm{p} \tag{7.34a}$$

$$\frac{dF_\mathrm{s}}{dz} = i\gamma(2|F_\mathrm{p}|^2 F_\mathrm{s} + F_\mathrm{p}{}^2 F_\mathrm{s}^* e^{i\Delta\beta z}) \tag{7.34b}$$

となる．式 (7.34a) の解は，

$$F_\mathrm{p}(z) = F_\mathrm{p}(0)\exp[i\gamma|F_\mathrm{p}|^2 z] = F_\mathrm{p0}\exp[i\gamma P_0 z]$$

と書かれる．ただし，$F_\mathrm{p0} \equiv F_\mathrm{p}(0)$, $P_0 \equiv |F_\mathrm{p}|^2$ とした．上式を，式 (7.34b) に代入する．

$$\frac{dF_\mathrm{s}}{dz} = i\gamma\{2P_0 F_\mathrm{s} + F_\mathrm{p0}{}^2 F_\mathrm{s}^* e^{i(2\gamma P_0 + \Delta\beta)z}\} \tag{7.35}$$

以下，この式を解いていく．

まず，$F_\mathrm{s} = F_\mathrm{s}'\exp[2i\gamma P_0 z]$ とおいて，式 (7.35) に代入し，さらに位相整合条件 ($\Delta\beta - 2\gamma P_0 = 0$) が満たされているとすると，次式が得られる．

$$\frac{dF_\mathrm{s}'}{dz} = i\gamma F_\mathrm{p0}{}^2 F_\mathrm{s}'^{*} \tag{7.36}$$

$F_\mathrm{s}'(z) = A_\mathrm{s}(z)\exp[i\theta_\mathrm{s}(z)]$, $F_\mathrm{p0} = A_\mathrm{p0}\exp[i\theta_\mathrm{p0}]$ と表記して，これに代入する．

$$\frac{dA_\mathrm{s}}{dz} + i\frac{d\theta_\mathrm{s}}{dz} = i\gamma A_\mathrm{p0}{}^2 A_\mathrm{s} e^{2i(\theta_\mathrm{p0} - \theta_\mathrm{s})} \tag{7.37}$$

次に，上式を実部と虚部に分ける．

$$\text{実部}: \frac{dA_\mathrm{s}}{dz} = -\gamma A_\mathrm{p0}{}^2 A_\mathrm{s} \sin\{2(\theta_\mathrm{p0} - \theta_\mathrm{s})\} \tag{7.38a}$$

$$\text{虚部}: \frac{d\theta_\mathrm{s}}{dz} = \gamma A_\mathrm{p0}{}^2 A_\mathrm{s} \cos\{2(\theta_\mathrm{p0} - \theta_\mathrm{s})\} \tag{7.38b}$$

ここで，入力端において

$$\theta_\mathrm{p0} - \theta_\mathrm{s} = -\frac{\pi}{4} \tag{7.39}$$

であると，式 (7.38b) より，$d\theta_\mathrm{s}/dz = 0$ となる．このことは，θ_s は z によらない一定値であり，伝播中も式 (7.39) が維持されることを意味する．そこで，式 (7.39) を式 (7.38a) に代入する．

$$\frac{dA_\mathrm{s}}{dz} = \gamma A_\mathrm{p0}{}^2 A_\mathrm{s} \tag{7.40}$$

この解は，次のようになる．

$$A_\mathrm{s}(z) = A_\mathrm{s}(0) e^{\gamma A_\mathrm{p0}{}^2 z} \tag{7.41}$$

上式は，シグナル光増幅を示している．ただし，このような増幅解を得るには，$\theta_\mathrm{p0} = \theta_\mathrm{s} - \pi/4$ という条件（式 (7.39)）が必要であった．そうでないと，$(\theta_\mathrm{p0} - \theta_\mathrm{s})$ は変化し続け，式 (7.38a) より，シグナル光は増減を繰り返すだけとなる．つまり，シグナル光とポンプ光が特定の位相関係を満たした場合に，シグナル光が増幅される．このように，増幅特性が入射光の位相に依存することから，これを**位相感応増幅**とよぶ．

さて，位相に依存して信号増幅が起こることを示したところで，次は，その雑音特性である．前項で触れたように，光増幅現象には，必ず自然放出光発生がともなう．自然放出光は，ファイバーの各所で発生し，増幅されつつ，出力端まで伝播する．ファイバーから出力される自然放出光は，ファイバー全長にわたる増幅作用のため，入力端付近で発生した自然放出光が主となる．この自然放出光は，シグナル光と同じように増幅伝搬されて，出力端にいたる．したがって，出力される増幅自然放出光の周波数は，シグナル光と同一となっている．また，ポンプ光の位相に対して式 (7.39) を満たす位相関係の自然放出光だけが増幅されることも，信号光と同様である．そのため，出力される自然放出光の主成分の位相は，シグナル光と同一となっている．

ここで，無雑音増幅特性を説明するために，一般の光増幅器において信号光の SN 比が劣化するメカニズムを述べる．一般の光増幅器では，ある波長域にわたって，位相がランダムな自然放出光が発生する．そして，光増幅器からの出力光は，増幅された信号光と，これらの自然放出光との足し合わせとなる．式で表すと，次のように書かれる．

$$E = A_\mathrm{s} \exp[i(\omega_\mathrm{s} t + \theta_\mathrm{s})] + \sum_k A_\mathrm{sp}^{(k)} \exp[i\{\omega_\mathrm{sp}^{(k)} t + \theta_\mathrm{sp}^{(k)}\}] \tag{7.42}$$

第 1 項が増幅信号光の電場，第 2 項が自然放出光の電場である．自然放出光はある波長範囲にわたって発生することを取り入れて，第 2 項は，微小波長域の自然放出光電場の和としている．式 (7.42) より，光増幅器からの出力光強度は，

$$I \propto |E|^2 = A_{\mathrm{s}}^2 + \sum_k A_{\mathrm{sp}}^{(k)2} + 2A_{\mathrm{s}} \sum_k A_{\mathrm{sp}}^{(k)} \cos[\{\omega_{\mathrm{sp}}^{(k)} - \omega_{\mathrm{s}}\}t + \{\theta_{\mathrm{sp}}^{(k)} - \theta_{\mathrm{s}}\}]$$

$$+ 2 \sum_{k<k'} A_{\mathrm{sp}}^{(k)} A_{\mathrm{sp}}^{(k')} \cos[\{\omega_{\mathrm{sp}}^{(k)} - \omega_{\mathrm{sp}}^{(k')}\}t + \{\theta_{\mathrm{sp}}^{(k)} - \theta_{\mathrm{sp}}^{(k')}\}] \quad (7.43)$$

と表される．第1項は信号光強度，第2項は自然放出光強度，第3項は信号光と自然放出光との干渉，第4項は自然放出光間の干渉をそれぞれ表している．ここで，第3項と第4項は，自然放出光の位相に依存している．これらは互いに無相関なので，各項の和は，時間的にランダムに変動する．これが出力光強度揺らぎとなり，信号光のSN比を劣化させる．これが，一般の光増幅器における信号劣化のメカニズムである．

一方，位相感応増幅器ではどうか．前述のように，位相感応増幅器では，増幅信号光と自然放出光の周波数および位相は，同一となっている．したがって，式 (7.43) の第3項と第4項は，変動しない一定値となる．そのため，出力光強度に揺らぎは生じず，SN比は劣化しない．これにより，無雑音増幅特性が得られる．

以上のように，光パラメトリック増幅をうまく使うと，雑音のない光増幅器を得ることができる．ただし，実際に実現するには，ポンプ光とシグナル光の分離，ポンプ光とシグナル光との位相同期など，困難な課題がある．

7.4 変調不安定性

本章の最後に，光パラメトリック増幅から派生する，**変調不安定性**（modulation instability: MI）とよばれる特異な非線形現象について触れておく．

前節で述べたように，光パラメトリック増幅が起こる状況下では，ポンプ光入射のみであっても，シグナルおよびアイドラーの周波数に，自発的に光が発生する（自然放出光）．三者間には，$2f_{\mathrm{p}} = f_{\mathrm{s}} + f_{\mathrm{i}}$ という周波数関係があり，自然放出光が発生するのは，ポンプ光の両側の対称的な周波数位置である．ところで，一般に，搬送周波数 f_0 の光が周波数 f_{m} で強度変調されると，$(f_0 \pm f_{\mathrm{m}})$ の周波数に変調側帯波が生じる．逆にいうと，f_0 と $(f_0 \pm f_{\mathrm{m}})$ の周波数光が適当な振幅比および位相関係で共存していると，全体としては，周波数 f_{m} で強度変調された光となる．ポンプ光から自然放出光が発生している状況は，まさにこれに相当する．したがって，条件が適当であれば，全体として，周期的に強度変調された光となる．

このように，連続光（上記におけるポンプ光）を入射したのにもかかわらず，光非線形性により強度変調光が出力される現象を，変調不安定性とよぶ．「不安定」という名前付けは，もともとこの非線形現象が，入射光の微小な強度揺らぎが自己位相変調と分散のために増強されて強度変調にいたると理解されているところからきている．実

をいうと，こちらの見方の方が主流であり，他の解説書や解説記事では，ほとんど全てそのように記述されている．この従来解釈と上記説明とは，微小な揺らぎがあると，その変調側帯波がシグナル，アイドラーの周波数に発生し，それが光パラメトリック効果により増幅されて大きな強度変調となるという言い方をすれば，本質的には違わない．本書では，光パラメトリック増幅の文脈で語った方がわかりやすいだろうと思い，上記のように説明した．

さて，変調不安定性であるが，この現象で特徴的なことは，強度変調の変調速度が非常に速いことである．変調周波数は，ポンプ光とシグナル光，アイドラー光との周波数差で決まる．この周波数差は，ポンプ光波長と光パラメトリック増幅の利得ピーク波長との周波数差であり，位相整合の満たし方によるが，おおむね数 $100\,\mathrm{GHz}$ から $1\,\mathrm{THz}$ 以上である（図 7.6）．したがって，変調不安定性により出力される強度変調光の変調周波数は，通常の電気的手段で実現できる値に比べて桁違いに高い．そこで，この現象を超高速光パルス列の発生に利用する研究がなされている．

第8章

ラマン散乱

これまで非線形分極から生じる非線形光学現象について述べてきたが，このほかに光ファイバー通信に大きな影響を与える非線形性として，非線形散乱がある．本章では，非線形光散乱現象の発生起源を説明した後，そのうちのひとつである，ラマン散乱について述べる．

8.1 格子振動

非線形光散乱の源は，媒質の固有格子振動である．以下で詳しく述べるように，固有振動にも大きく分けて2種類あり，それに対応して，2種類の非線形散乱現象がある．本節では，格子振動の固有振動モードについて述べる．

2種類の原子が格子状に配置された媒質を考える．各原子は格子点に束縛されているが，その位置は，熱運動などにより，微小に振動する．この状況は，ばねでつながれた質点でモデル化することができる．簡単のため，一直線上に原子がつながれた1次元モデルで，この格子の振る舞いをみてみる．

図 8.1 に示すように，奇数番目に質量 M_1 の重い原子，偶数番目に質量 M_2 の軽い原子が位置し，それぞれが，ばね定数 C でつながれているとする．ここで，s は任意の自然数である．k 番目の原子の位置座標を u_k と表記すると，u_{2s+1} に位置する重い電子と u_{2s} に位置する軽い原子は，それぞれ次の運動方程式に従う．

$$M_1 \frac{d^2 u_{2s+1}}{dt^2} = C(u_{2s+2} - u_{2s+1}) - C(u_{2s+1} - u_{2s}) \tag{8.1a}$$

$$M_2 \frac{d^2 u_{2s}}{dt^2} = C(u_{2s+1} - u_{2s}) - C(u_{2s} - u_{2s-1}) \tag{8.1b}$$

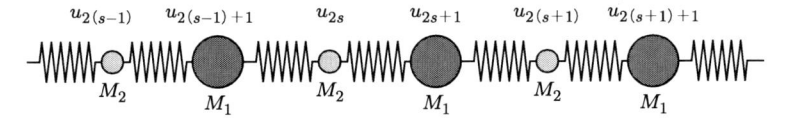

図 8.1　格子モデル

両式の右辺第 1 項は右側の原子からの引張力，第 2 項は左側の原子からの引張力を表している．

各原子は，上式に従って，ばね振動（調和振動）する．ここで，各原子の振動は波のように伝播するものとし，これを複素表示で次のように表す．

$$u_{2s+1} = u_{01} \exp[i\{(2s+1)ka - \omega t\}] \tag{8.2a}$$

$$u_{2s} = u_{02} \exp[i(2ska - \omega t)] \tag{8.2b}$$

ω は振動波の角周波数，k は振動波の伝播定数，a は格子間隔，u_{01}, u_{02} はそれぞれ重い原子，軽い原子の振動の振幅を表す．式 (8.2) を式 (8.1) に代入すると，u_{01} と u_{02} についての連立方程式が，次のように得られる．

$$(M_1\omega^2 - 2C)u_{01} + 2C\cos(ka)u_{02} = 0 \tag{8.3a}$$

$$2C\cos(ka)u_{01} + (M_2\omega^2 - 2C)u_{02} = 0 \tag{8.3b}$$

そして，この連立方程式がゼロでない解をもつための条件式より，ω が，次のように求められる．

$$\omega^2 \approx 2C\left(\frac{1}{M_2} + \frac{1}{M_1}\right) \equiv \omega_\mathrm{o}{}^2 \tag{8.4a}$$

$$\omega^2 \approx \frac{2C}{M_1 + M_2}(ka)^2 \equiv \omega_\mathrm{a}{}^2 \tag{8.4b}$$

ただし，上式の導出にあたっては，振動波の波長は格子間隔よりも十分長いとして，$ka \ll 1$ を用いた．また，この条件より，$\omega_\mathrm{o} \gg \omega_\mathrm{a}$ である．式 (8.4) のように，式 (8.1) を満たす格子振動周波数には，二つの種類がある．これが，図 8.1 の系の固有振動数であり，その周波数の振動が固有振動モードとなる．以下，各固有モードについてみてみる．

まず，角周波数 ω_o の振動について考える．式 (8.4a) を式 (8.3) に代入すると，次の関係式が得られる．

$$M_2 u_{02} = -M_1 u_{01} \tag{8.5}$$

上式は，隣接する異種の原子が逆向きに振動することを示している．つまり，隣り合う 2 原子は近づいたり遠ざかったりする（図 8.2）．二つの原子がそれぞれ正負に帯電していれば，これは双極子となり，これより，振動する電磁場が誘起される．電磁場振動は光電場とみることができる．そこで，このような固有格子振動を光学型格子振動，または，**光学フォノン**とよぶ．フォノンというのは，格子振動を量子力学的にみ

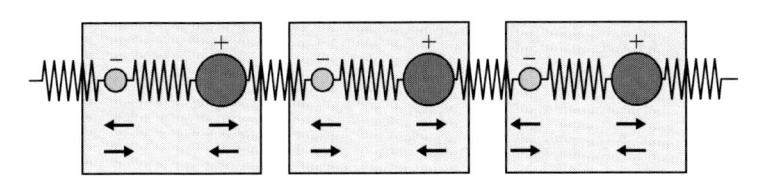

図 8.2 光学フォノン

たときの名称である．格子が振動していると，そこを伝播する光は散乱される．光学フォノンによる光の散乱現象を，**ラマン散乱**という．

次に，角周波数 ω_a の振動についてみてみる．式 (8.4b) を式 (8.3) に代入すると，次の関係式が得られる．

$$u_{02} = u_{01} \tag{8.6}$$

上式は，隣接する異種の原子が同じ方向に振動することを示している（図 8.3）．この場合は，光学フォノンとは異なり，二つの原子が帯電していても，電気的には中性である．ただし，2 原子を一つのユニットとしてみたとき，それが前後に振動する縦波となる．これは，媒質の粗密波，すなわち，音波の伝播と等価である．そこで，このような固有格子振動を，音響型格子振動あるいは**音響フォノン**とよぶ．そして，音響フォノンによる光の散乱現象を，**ブリリュアン散乱**という．

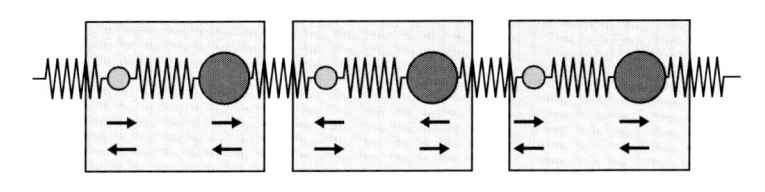

図 8.3 音響フォノン

以下，本章では，光学フォノンによる光散乱，すなわちラマン散乱について述べる．

8.2 光学フォノンによる散乱

光学フォノンが存在すると，媒質の電磁気的性質が摂動を受ける．その様子は，感受率 χ への摂動として，次式で表される．

$$\chi = \chi_0 + \alpha_R u = \chi_0 + \alpha_R(u_0 e^{-i\omega_0 t} + c.c.) \tag{8.7}$$

χ_0 は格子振動がないとしたときの線形感受率，u は光学フォノンを形成する原子の相対位置，u_0 はその振動の振幅，α_R は格子振動の影響の度合いを表す比例定数である．

この媒質に，次式で表される角周波数 ω の光 E が入射したとする．

$$E = E_0 e^{-i\omega t} + c.c. \tag{8.8}$$

これにより誘起される分極 P は，式 (8.7), (8.8) より，

$$P = \varepsilon_0 \chi E = \varepsilon_0 \chi_0 E_0 e^{-i\omega t} + \varepsilon_0 \alpha_R u_0 E_0 e^{-i(\omega+\omega_o)t} + \varepsilon_0 \alpha_R u_0^* E_0 e^{-i(\omega-\omega_o)t} + c.c. \tag{8.9}$$

と表される．右辺の第2項は $(\omega + \omega_o)$ で振動する分極，第3項は $(\omega - \omega_o)$ で振動する分極である．これらより，それぞれの周波数の光が発生する．つまり，格子振動により入射光が変調され，入射光周波数 ω から格子振動周波数 ω_o だけシフトした周波数 $(\omega \pm \omega_o)$ の光が発生する．この発生光に対し，低周波数側 $(\omega - \omega_o)$ にシフトした散乱光を**ストークス光**，高周波数側 $(\omega + \omega_o)$ にシフトした散乱光を**反**（または**アンチ**）**ストークス光**とよぶ．

上記は，光散乱現象の古典電磁気学的な説明であるが，量子力学的に，次のように記述することもできる．量子力学的には，周波数 ω の入射光はエネルギー $\hbar\omega$ の光子，光学型格子振動はエネルギー $\hbar\omega_o$ のフォノン，さらに，ラマン散乱光はエネルギーが $\hbar(\omega \pm \omega_o)$ の光子である（$\hbar$ はプランク定数）．ラマン散乱では，エネルギー $\hbar\omega$ の光子とエネルギー $\hbar\omega_o$ のフォノンの相互作用から，エネルギー $\hbar(\omega \pm \omega_o)$ の光子が発生する．エネルギー保存則から考えると，ストークス光発生は，エネルギー $\hbar\omega$ の光子が消滅してエネルギー $\hbar\omega_o$ のフォノンとエネルギー $\hbar(\omega - \omega_o)$ の光子（ストークス光子）が生成される現象，反ストークス光発生は，エネルギー $\hbar\omega$ の光子とエネルギー $\hbar\omega_o$ のフォノンが消滅してエネルギー $\hbar(\omega + \omega_o)$ の光子（反ストークス光子）が生成される現象とみることができる．図 8.4 に，この状況を模式的に示す．図において，上向き矢印は消滅（または吸収）過程，下向き矢印は生成（または発生）過程を表している．

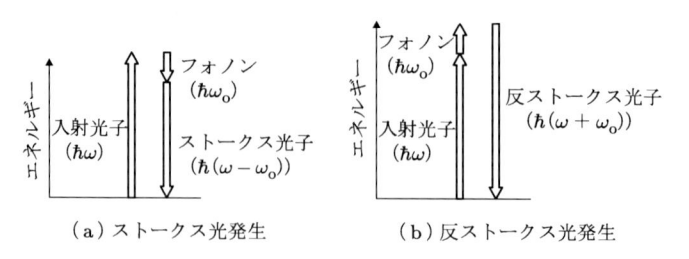

図 8.4　光散乱現象の量子力学的モデル

ラマン散乱による周波数シフト量は，媒質固有の格子振動によって決まるため，媒質ごとに固有の値をとる．石英ガラスファイバーの光学フォノン周波数は，約 12 THz である．ただし，ガラス媒質は，局所場の様子が場所によってさまざまであるため，きっちり 12 THz というわけではなく，ある周波数範囲にわたって分布している．

8.3 誘導ラマン散乱

前節で，光学フォノンにより入射光がラマン散乱されることを述べた．入射光パワーが大きいと，これが次々と誘発される現象が起こる．これを，**誘導ラマン散乱** (stimulated Raman scattering: SRS) とよぶ．さらに，この現象を利用すると，信号増幅作用（ラマン増幅）が得られる．本節では，誘導ラマン散乱について述べる．

ラマン散乱光が発生すると，光電場 E は (入射光) + (散乱光) となる．これを，次のように表す．

$$E = E_0 e^{-i\omega t} + E_{\text{s}} e^{-i(\omega-\omega_{\text{o}})t} + E_{\text{as}} e^{-i(\omega+\omega_{\text{o}})t} + c.c. \tag{8.10}$$

第1項は入射光，第2項はストークス光，第3項は反ストークス光である．この光電場の電磁エネルギー W は，次式で表される．

$$W = \frac{1}{2}PE = \frac{1}{2}\varepsilon_0 \chi E^2 \tag{8.11}$$

電磁場が存在していると，格子振動はそれから駆動力 F を受け，振動の仕方が変化する．外力 F による格子振動の変化分を δu と表記すると，その際に電磁場が行った仕事のエネルギー量は $F\delta u$ であるので，その反動としての電磁場エネルギーの変化分 δW は，$\delta W = F\delta u$ と書かれる．この考察より，F が，次のように表される．

$$F = -\frac{\partial W}{\partial u} \tag{8.12}$$

上式に，式 (8.7), (8.11) を代入する．

$$F = \frac{\partial W}{\partial u} = \frac{\partial}{\partial u}\left\{\frac{1}{2}\varepsilon_0(\chi_0 + \alpha_{\text{R}} u)E^2\right\} = \frac{1}{2}\varepsilon_0 \alpha_{\text{R}} E^2 \tag{8.13}$$

これに光電場の表式 (8.10) を代入すると，E^2 より，いくつかの周波数成分が現れる．その中に，

$$F(\omega_{\text{o}}) = \varepsilon_0 \alpha_{\text{R}}(E_0 E_{\text{s}}^* + E_{\text{as}} E_0^*)e^{-i\omega_{\text{o}}t} + c.c. \tag{8.14}$$

という成分がある．この周波数は，格子の固有振動数と同じである．固有振動数と同

じ周波数で駆動されると，格子振動は共鳴を起こし，その振動振幅が増大する．格子振動が大きくなると，散乱光が増加する．散乱光が増加すると，駆動力 F が大きくなり，格子振動が増大する．そして，格子振動の増大により，さらに散乱光が増大するということが次々に起こる．これが誘導ラマン散乱である．ただし，この誘導過程が起こるのは，ストークス光に対してのみである．

誘導散乱がストークス光に対してのみ起こることは，量子力学的モデルで，次のように理解することができる．量子力学的には，ストークス光発生は，入射光子が消滅して光学フォノンとストークス光子が生成される現象である（図 8.4(a)）．したがって，ストークス光の発生とともに，フォノンが励起される．励起されたフォノンは次の散乱過程を誘発するということが次々と起こり，誘導散乱にいたる．一方，反ストークス光発生は，入射光子と光学フォノンが消滅して反ストークス光子が生成される現象である．この場合は，フォノンが消費されることになるので，次の散乱過程を誘発しない．そのため，反ストークス光については誘導散乱は起こらない．

しかし，量子力学的にこのようになるといわれても，今ひとつすっきりしないであろう．誘導散乱が，ストークス光についてのみであることの古典的波動モデルによる理由付けは，次節で明らかにする．

8.4 ラマン増幅

強いポンプ光が入射されている光ファイバーに，光学フォノン振動数分だけシフトした周波数の光を入力すると，誘導ラマン散乱による増幅現象が起こる（図 8.5）．これを**ラマン増幅**という．本節では，ラマン増幅が起こることを式により導き出す．導出の手順は，次の通りである．

①ポンプ光と信号光が存在する場における格子振動を求める．

②得られた格子振動を誘電率 χ に代入し，分極 P の表式を導く．

③得られた分極をマックスウェル方程式に代入して，光電場の伝播の様子を求める．

なお，ここでは，ラマン媒質として光ファイバーを想定し，ポンプ光と信号光はともに z 方向に伝播するものとする．また，伝播光は平面波として取り扱う．

まず，次式で表されるポンプ光（第 1 項）と信号光（第 2 項）が，媒質内に存在し

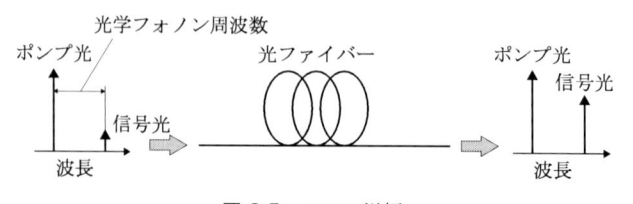

図 8.5 ラマン増幅

ているとする．

$$E = E_\mathrm{p} e^{-i\omega_\mathrm{p} t} + E_\mathrm{sig} e^{-i\omega_\mathrm{sig} t} + c.c. \tag{8.15}$$

すると，格子振動の駆動力の表式 (8.13) の E^2 に $(\omega_\mathrm{p} - \omega_\mathrm{sig})$ の振動成分が現れ，これが，前項で述べたメカニズムにより，格子振動を励振する．このときの格子振動 u の挙動は，次の運動方程式に従う．

$$\frac{d^2 u}{dt^2} + \Gamma \frac{du}{dt} + \omega_\mathrm{o}{}^2 u = F \tag{8.16}$$

ω_o は固有振動角周波数，第 2 項は現象論的に導入した減衰項，Γ はその減衰定数である．第 2 項はばね振動における摩擦力に相当する．右辺はこの固有振動系を駆動する外力であり，(右辺) $= 0$ は外力がないときの固有振動を記述する式である．式 (8.14) を導いた手順により，

$$F(\Delta\omega) = \varepsilon_0 \alpha_\mathrm{R} E_\mathrm{p} E_\mathrm{sig}^* e^{-i\Delta\omega t} + c.c. \quad (\Delta\omega \equiv \omega_\mathrm{p} - \omega_\mathrm{sig}) \tag{8.17}$$

と書かれる．上式のように，駆動力は，角周波数 $\Delta\omega$ で振動している．

$\Delta\omega$ で振動する外力で駆動された格子は，それに追従して，$\Delta\omega$ で振動する．これを

$$u = u_0 \exp[-i\Delta\omega t] + c.c. \tag{8.18}$$

と表す．上式と式 (8.17) を式 (8.16) に代入すると，

$$\{-(\Delta\omega)^2 - i\Gamma\Delta\omega + \omega_\mathrm{o}{}^2\} u_0 = \varepsilon_0 \alpha_\mathrm{R} E_\mathrm{p} E_\mathrm{sig}^*$$

となり，これより，次式が得られる．

$$u_0 = \frac{\varepsilon_0 \alpha_\mathrm{R} E_\mathrm{p} E_\mathrm{sig}^*}{\omega_\mathrm{o}{}^2 - (\Delta\omega)^2 - i\Gamma\Delta\omega} \tag{8.19}$$

ただし，ここでは，定常状態を想定し，u_0 は時間によらない一定値とした．これで，ポンプ光と信号光が存在する場における格子振動の表式が得られた．

次は，格子振動と光電場から誘起される分極である．式 (8.7) より，分極 P は，$P = \varepsilon_0 \chi E = \varepsilon_0 (\chi_0 + \alpha_\mathrm{R} u) E$ と書かれる．このうちの非線形分極成分 $P_\mathrm{NL} = \varepsilon_0 \alpha_\mathrm{R} u E$ に，格子振動の表式 (8.18), (8.19) および光電場 E の表式 (8.15) を代入し，信号周波数 ω_sig の成分を書き出すと，次式が得られる．

$$P_\mathrm{NL}(\omega_\mathrm{sig} = \omega_\mathrm{p} - \Delta\omega) = (\varepsilon_0 \alpha_\mathrm{R} |E_\mathrm{p}|)^2 \frac{E_\mathrm{sig}}{\omega_\mathrm{o}{}^2 - (\Delta\omega)^2 + i\Gamma\Delta\omega} e^{-i\omega_\mathrm{sig} t} + c.c. \tag{8.20}$$

これで，非線形分極の表式が得られた．

最後に，式 (8.20) の非線形分極を非線形伝播方程式に代入して，信号光の伝播の様子を導き出す．損失を無視した非線形伝播方程式は，式 (2.14) で与えられる．$\mu = \mu_0$ として再記すると，

$$\frac{\partial^2}{\partial z^2}E(\omega_{\text{sig}}) - \frac{n^2}{c^2}\frac{\partial^2}{\partial t^2}E(\omega_{\text{sig}}) = \mu_0 \frac{\partial^2}{\partial t^2}P_{\text{NL}}(\omega_{\text{sig}}) \tag{8.21}$$

である．ここで，光電場を $E(\omega_{\text{sig}}) = E_{\text{sig}}(z)\exp[-i\omega_{\text{sig}}t] = A_{\text{sig}}(z)\exp[i(\beta_{\text{sig}}z - \omega_{\text{sig}}t)]$ と表記し，さらに，P_{NL} に式 (8.20) を代入する．そうしたうえで，ゆっくり変化する包絡線近似を用い，さらに $\beta_{\text{sig}} = n\omega_{\text{sig}}/c$ を代入して式を展開すると，次式が得られる．

$$\begin{aligned}\frac{dA_{\text{sig}}}{dz} &= i\frac{c}{2n} \cdot \frac{\omega_{\text{sig}}\mu_0(\varepsilon_0\alpha_{\text{R}})^2}{\omega_{\text{o}}^2 - (\Delta\omega)^2 + i\Gamma\Delta\omega}|E_{\text{p}}|^2 A_{\text{sig}} \\ &= \frac{c\omega_{\text{sig}}\mu_0(\varepsilon_0\alpha_{\text{R}})^2}{2n}\frac{i\{\omega_{\text{o}}^2 - (\Delta\omega)^2\} + \Gamma\Delta\omega}{\{\omega_{\text{o}}^2 - (\Delta\omega)^2\}^2 + (\Gamma\Delta\omega)^2}|E_{\text{p}}|^2 A_{\text{sig}}\end{aligned} \tag{8.22}$$

ポンプ光強度が一定の場合，上式の解は，

$$A_{\text{sig}}(z) = A_{\text{sig}}(0)\exp\left[\frac{1}{2}(g_{\text{R}} + ig_{\text{p}})|E_{\text{p}}|^2 z\right] \tag{8.23}$$

と書き表される．ただし，

$$g_{\text{R}} = \frac{c\omega_{\text{sig}}\mu_0(\varepsilon_0\alpha_{\text{R}})^2}{n}\frac{\Gamma\Delta\omega}{\{\omega_{\text{o}}^2 - (\Delta\omega)^2\}^2 + (\Gamma\Delta\omega)^2} \tag{8.24a}$$

$$g_{\text{p}} = \frac{c\omega_{\text{sig}}\mu_0(\varepsilon_0\alpha_{\text{R}})^2}{n}\frac{\omega_{\text{o}}^2 - (\Delta\omega)^2}{\{\omega_{\text{o}}^2 - (\Delta\omega)^2\}^2 + (\Gamma\Delta\omega)^2} \tag{8.24b}$$

である．式 (8.23) から，光強度についての表式が次のように得られる．

$$I_{\text{sig}}(z) = I_{\text{sig}}(0)e^{g_{\text{R}} I_{\text{p}} z} \tag{8.25}$$

ただし，I_{sig} は信号光強度，I_{p} はポンプ光強度．上式は，$g_{\text{R}} > 0$ であると，信号光が伝播とともに増幅されることを表している．すなわち，以上により，ラマン増幅現象が導かれた．式 (8.25) で示されているように，ラマン増幅の利得係数は，ポンプ光強度に比例する．

式 (8.24a) は，ラマン増幅が起こる（$g_{\text{R}} > 0$ となる）のは，$\Delta\omega > 0$，つまり，信号光の周波数がポンプ光より低いときであることを示している．そして，増幅利得が最大となるのは，$\Delta\omega = \omega_{\text{o}}$，すなわち，ポンプ光と信号光の周波数差が光学フォノン

の周波数に一致したときである．つまり，信号光がストークス周波数に位置するときに効率よく光増幅される．一方，信号光がポンプ光より高い周波数の場合は，$\Delta\omega > 0$ より，$g_R < 0$ となるため，信号光は減衰する．このことは，前節で述べた，誘導散乱はストークス光に対してのみ起こることを示している．

利得係数 g_R は，$\Delta\omega = \omega_o$ で最大値をとり，信号光の周波数がそれからずれると，式 (8.23a) に従って小さくなる．ただし，これは，ひとつの光学フォノンについての話である．実際には，媒質の状態を反映して，さまざまな周波数の光学フォノンが存在する．とくに，ガラス媒質は定まった結晶構造をもたないため，通常の結晶媒質に比べて，光学フォノン周波数が広い範囲にわたって分布している．そのため，ガラス媒質のラマン利得係数スペクトルは，光学フォノンの周波数分布を反映して広くなっており，具体的には，図 8.6 のような形状になっている．

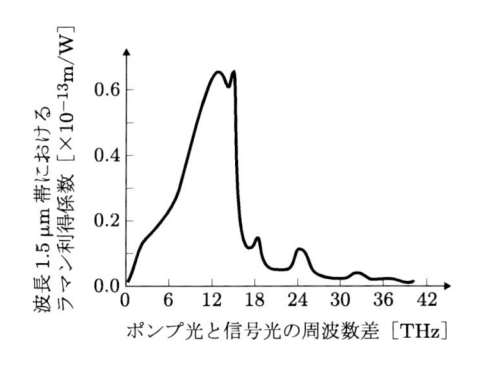

図 8.6　ガラス媒質のラマン増幅利得係数スペクトル

8.5　ファイバー・ラマン増幅器

光ファイバー内のラマン増幅現象は，ファイバー・ラマン増幅器として実用化されている．この光増幅器で特徴的なことは，ファイバー伝送路がそのまま増幅媒体として用いられることである（図 8.7）．本節では，ファイバー・ラマン増幅器について述

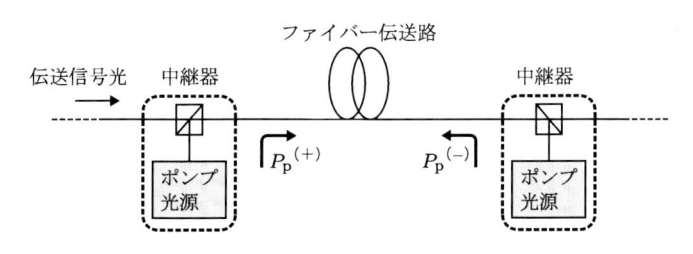

図 8.7　ファイバー・ラマン増幅伝送システム

べる.

◆ 8.5.1　増幅利得

ラマン増幅器の信号増幅特性は，次の結合方程式により記述される[†].

$$\frac{dP_{\rm p}^{(\pm)}}{dz} = \mp\alpha P_{\rm p}^{(\pm)} \mp \sum_k \frac{g_{\rm R}^{(k)}}{KA_{\rm eff}} P_{\rm p}^{(\pm)} P_{\rm sig}^{(k)} \tag{8.26a}$$

$$\frac{dP_{\rm sig}^{(k)}}{dz} = -\alpha P_{\rm sig}^{(k)} + \frac{g_{\rm R}^{(k)}}{KA_{\rm eff}} \{P_{\rm p}^{(+)} + P_{\rm p}^{(-)}\} P_{\rm sig}^{(k)} \tag{8.26b}$$

式 (8.26a), (8.26b) は，それぞれポンプ光および信号光についての微分方程式であり，$P_{\rm p}^{(\pm)}$：ポンプ光パワー，$P_{\rm sig}^{(k)}$：信号光パワー，α：伝播損失係数，$g_{\rm R}^{(k)}$：ラマン増幅係数，$A_{\rm eff}$：実効断面積，K：偏波因子を表す．ラマン増幅では，信号光は，同方向伝播および逆方向伝播のいずれのポンプ光からも，同じように利得を受ける．そのため，上式は双方向のポンプ光を取り込んでおり，両者を上添え字 (±) で区別している．また，波長分割多重伝送を想定し，各信号光パワーおよび利得係数に，各波長を表す上添え字 (k) を付けてある．

式 (8.26) の右辺第 1 項は通常の伝播損失，第 2 項は，ラマン増幅を表している．ラマン増幅過程により，ポンプ光パワーは減少し，信号光パワーは増加する．波長分割多重伝送の場合，ポンプ光は各チャンネルに光エネルギーを供給するので，式 (8.25a) の第 2 項は，各チャンネルの和になっている．

式 (8.26) の右辺第 2 項の係数 K は，偏波の効果を表すパラメーターである．これまで，偏波特性については触れてこなかったが，ラマン増幅では，信号光とポンプ光の偏波が同一のときに利得係数は最大であり，直交していると，その 10 分の 1 以下となる．この効果を，K として取り込んでいる．ただし，この偏波特性は，ラマン増幅が偏波依存性をもつことには，必ずしもつながらない．なぜなら，ラマン増幅では，信号光とポンプ光の波長差が大きく，また伝播長も長いため，ファイバー伝播にともなう偏波変化が，信号光とポンプ光とで異なるからである (4.2.4 項の (2) 参照)．この場合，伝播につれて，同一偏波状態と直交偏波状態が繰り返され，偏波の効果は平均化される．とくに，信号光とポンプ光が対向している場合に，偏波変化の違いは大きい．このようなファイバー伝播特性のため，ラマン増幅器は，実効的に偏波無依存で動作する．完全に平均化されれば，$g_{\rm R}$ を同一偏波時の利得係数として，$K=2$ となる．

式 (8.26) の右辺第 2 項の $A_{\rm eff}$ は，実効断面積である．前節では，平面伝播波についてのラマン利得係数として式 (8.24a) を導いたが，ファイバー導波光の場合には，断

[†] H. Kidorf 他, IEEE Photon. Technol. Lett., vol. 11, p. 530 (1999).

面方向の空間分布を考慮する必要がある．3.1.2 項と同様の考察により，その効果が $1/A_{\text{eff}}$ として取り込まれる．

ポンプ光のパワーが十分強く，ラマン増幅過程によるパワー消費が十分小さい状況では，式 (8.26a) の右辺第 2 項は無視できる（ポンプ・デプレッションなしの近似）．この近似のもとでは，信号利得の解析解が，以下のように得られる．まず，第 2 項がないものとすると，ポンプ光パワーが，次のように表される．

$$P_{\text{p}}^{(+)}(z) = P_{\text{p}}^{(+)}(0)e^{-\alpha z}, \quad P_{\text{p}}^{(-)}(z) = P_{\text{p}}^{(-)}(L)e^{-\alpha(L-z)} \tag{8.27}$$

L：ラマン増幅器長．これを式 (8.26b) に代入し，さらに，$P_{\text{sig}}(z) = A_{\text{s}}(z)e^{-\alpha z}$ とおくと，次式が得られる（簡略化のため上添え字 (k) は省略）．

$$\frac{dA_{\text{s}}}{A_{\text{s}}} = \frac{g_{\text{R}}}{KA_{\text{eff}}}\{P_{\text{p}}^{(+)}(0)e^{-\alpha z} + P_{\text{p}}^{(-)}(L)e^{-\alpha(L-z)}\}dz \tag{8.28}$$

この微分方程式は，次のように定積分できる．

$$[\log(A_{\text{s}})]_{A_{\text{s}}(0)}^{A_{\text{s}}(L)} = \frac{g_{\text{R}}}{KA_{\text{eff}}}\left[-P_{\text{p}}^{(+)}(0)\frac{e^{-\alpha z}}{\alpha} + P_{\text{p}}^{(-)}(L)\frac{e^{-\alpha(L-z)}}{\alpha}\right]_{z=0}^{z=L} \tag{8.29}$$

これより，

$$A_{\text{s}}(L) = A_{\text{s}}(0)\exp\left[\frac{g_{\text{R}}}{KA_{\text{eff}}}\frac{1-e^{-\alpha L}}{\alpha}\{P_{\text{p}}^{(+)}(0) + P_{\text{p}}^{(-)}(L)\}\right] \tag{8.30}$$

が得られる．もとの表式に戻すと，次のようになる．

$$P_{\text{sig}}(L) = P_{\text{sig}}(0)\exp\left[-\alpha L + \frac{g_{\text{R}}}{KA_{\text{eff}}}L_{\text{eff}}\{P_{\text{p}}^{(+)}(0) + P_{\text{p}}^{(-)}(L)\}\right] \tag{8.31}$$

右辺の exp[ ] が，ラマン増幅利得となる．なお，上式には，実効長 $L_{\text{eff}} = (1-e^{-\alpha L})/\alpha$ を代入してある．これは，伝搬損失を考慮した実効的な相互作用長である（3.2.2 項参照）．式 (8.31) で示されているように，ラマン利得係数は，ポンプ光パワー，実効長，実効断面積の逆数に比例する．

◆ 8.5.2 利得帯域

光増幅器としては，信号利得帯域も重要な性能指標である．ラマン増幅の利得帯域は，基本的には，図 8.6 に示されているラマン利得係数の周波数スペクトルによって決まる．図に示されているように，利得係数は，ポンプ光から約 12 THz 離れた周波数（1.5 μm 帯では波長差約 100 nm に相当）をピークとして，そこからポンプ光周波数へ向かって直線的に減少するスペクトル形状をしている．このため，単純なラマン

増幅は，信号波長依存性が大きく，波長分割多重伝送には向かない．

その対策として，多波長ポンプ構成がしばしば用いられる．図 8.6 の横軸はポンプ光と信号光との周波数差であって，信号光周波数の絶対値ではない．したがって，波長の異なる複数のポンプ光を入力すると，複数の利得ピーク波長が現れる．ここで，ポンプ光の波長およびパワーをうまく選んでやれば，全体として平坦な利得スペクトルを得ることができる．図 8.8 は，そのようにして利得帯域を平坦化したラマン増幅器の計算例である．6 波長のポンプ光をそれぞれ適当なパワーで入力することにより，数 10 nm にわたって平坦な信号利得が得られている．なお，最長波長のポンプ光パワーがそれほど大きくないのに，そこからのラマン増幅への寄与が大きくなっているのは，長波長側のポンプ光が短波長側のポンプからラマン増幅を受けるためである．また，短波長側ポンプの伝播損失は長波長側より大きいという事情もある．ポンプ光の波長および入力パワーは，これらの要因を考慮したうえで設定される．

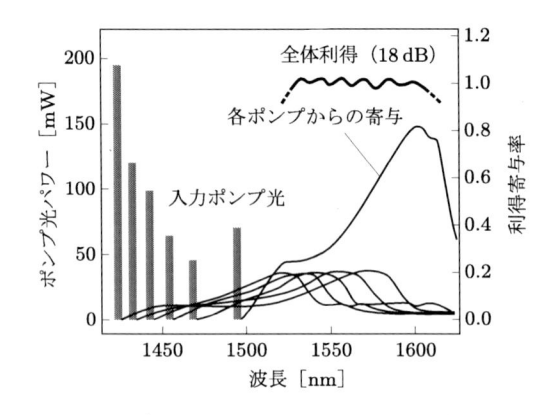

図 8.8 多波長ポンプ・ラマン増幅器の利得特性

◆ 8.5.3 雑音特性

光増幅器としては，雑音特性も重要である．本項では，ラマン増幅器の雑音特性について述べる．

(1) 自然ラマン散乱光

一般に，光増幅器の雑音の源は自然放出光である．自然放出光が信号光と干渉して，信号揺らぎを引き起こす（7.3 節参照）．したがって，発生する自然放出光パワーの大きさが，光増幅器の雑音特性を決める．そこで本項では，ラマン増幅器から出力される自然放出光パワーについて論じる．

ラマン増幅器内の自然放出光パワー P_{sp} の振る舞いは，次の微分方程式で記述される．

$$\frac{dP_{\mathrm{sp}}}{dz} = -\alpha P_{\mathrm{sp}} + \frac{g_{\mathrm{R}}}{A_{\mathrm{eff}}} P_{\mathrm{p}} P_{\mathrm{sp}} + \frac{g_{\mathrm{R}}}{A_{\mathrm{eff}}} P_{\mathrm{p}}(1+\eta)h\nu B \tag{8.32}$$

ただし，$P_{\mathrm{p}} \equiv P_{\mathrm{p}}^{(+)} + P_{\mathrm{p}}^{(-)}$：全ポンプ光パワー，$h$：プランク定数，$\nu$：自然放出光周波数，$B$：着目する自然放出光の周波数帯域幅である．また，

$$\eta \equiv \frac{1}{\exp[h\Delta\nu/(k_{\mathrm{B}}T)] - 1} \tag{8.33}$$

である．$\Delta\nu$：ポンプ光と信号光との周波数差，k_{B}：ボルツマン定数，T：絶対温度．

式 (8.32) の第 1 項は伝播損失，第 2 項はラマン増幅をそれぞれ表し，これらは信号光の場合と同様である．式 (8.32) にはさらに，各局所場で発生する自然放出光が，第 3 項として加わっている．第 3 項がこのように表される理由は量子力学によらなければならず，本書ではそこまで立ち入らない．結論だけをいうと，増幅媒体からは，単位周波数当たりに，その媒体へ 1 光子が入射して増幅されたのと同じだけの自然放出光が発生する．光子 1 個のエネルギーは $h\nu$ であり，第 3 項の $(g_{\mathrm{R}}/A_{\mathrm{eff}})P_{\mathrm{p}}h\nu B$ は，この量子力学の要請から発生する自然放出光パワー（ただし，帯域 B 内）を表している．第 3 項には，これに加えて，$(1+\eta)$ という係数が掛け合わさっている．これについては，(2) で詳しく説明する．

(2) 雑音係数

ここまでは，ポンプ光子からラマン散乱光子と光学フォノンが生成される過程（図 8.9(a)）に目を向けていたが，ラマン散乱光子と光学フォノンが存在すると，その逆過程，すなわち，ラマン散乱光子と光学フォノンからポンプ光子が生成されるという現象（図 8.9(b)）も起こり得る．この二つの遷移過程の起こる確率は，量子力学的に，次のように書かれる[†]．

$$W_{\mathrm{a}} = DN_{\mathrm{g}}n_{\mathrm{p}}(n_{\mathrm{R}}+1) \tag{8.34a}$$

$$W_{\mathrm{b}} = DN_{\mathrm{e}}(n_{\mathrm{p}}+1)n_{\mathrm{R}} \tag{8.34b}$$

N_{g}：基底状態フォノン数，N_{e}：励起状態フォノン数，n_{p}：ポンプ光子数，n_{R}：ラマン散乱光子数，D：比例定数．W_{a} は，散乱光子生成過程（図 8.9(a)）の確率である．量子力学的には，この過程はフォノンが基底状態から励起状態へ遷移する過程であるので，その確率は基底状態のフォノン数 N_{g} に比例する．また，ポンプ光が発生源であるので，ポンプ光子数 n_{p} に比例する．さらに，ラマン散乱光にとっては誘導放出および自然放出過程であるので，$(n_{\mathrm{R}}+1)$ に比例する．これらの事情を表しているの

[†] A. Yariv, Quantum Electronics (3rd ed.), Chap.18, New York, Wiley (1989).

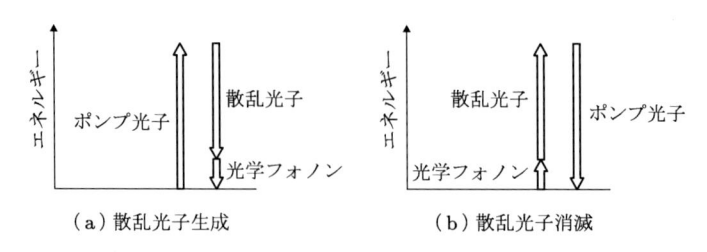

図 8.9　散乱光子の生成，消滅過程

が式 (8.34a) である．一方の W_b は，散乱光子消滅過程（図 8.9(b)）の確率である．この過程は，励起状態にあるフォノンがラマン散乱光子と結合してポンプ光子を生成する現象なので，その確率は，励起状態のフォノン数 N_e およびラマン散乱光子数 n_R に比例する．また，ポンプ光にとっては誘導放出および自然放出なので，$(n_p + 1)$ に比例する．これらを表しているのが式 (8.34b) である．以下，式 (8.34) を用いて，自然放出光の振る舞いを考えていく．

式 (8.34a), (8.34b) は，ラマン散乱光子の増加，減少の確率をそれぞれ表している．この二つの過程が共存する状況での，自然放出光子数の増減を記述する時間微分方程式（レート方程式ともいう）は，次のように書かれる．

$$\frac{dn_{sp}}{dt} = W_a - W_b = DN_g n_p (n_{sp} + 1) - DN_e (n_p + 1) n_{sp} \tag{8.35}$$

なお，ここで考えているのが自然放出光 (spontaneous emission) であることを明確にするために，$n_R \to n_{sp}$ と表記した．通常，ポンプ光パワーは十分大きいので $n_p \gg 1$，よって上式は，

$$\frac{dn_{sp}}{dt} \approx D(N_g - N_e) n_p n_{sp} + DN_g n_p \tag{8.36}$$

と近似される．上式の右辺第 2 項は，局所場で発生する自然発生ラマン光子を表している．

ここで，仮に右辺第 2 項はないものとすると，式 (8.36) は信号光子に対するレート方程式となり，その解は，

$$n_{sig}(t) = n_{sig}(0) \exp[D(N_g - N_e) n_p t] \tag{8.37}$$

と書かれる．この考察より，ラマン増幅の利得係数が，$g = D(N_g - N_e) n_p$ と表されることがわかる．この利得係数 g を用いると，式 (8.36) の右辺第 2 項は，次のように書きなおされる．

$$DN_g n_p = g\frac{N_g}{N_g - N_e} = \frac{g}{1 - N_e/N_g} \tag{8.38}$$

ここで，N_e/N_g について考える．このパラメーターは，基底状態と励起状態のフォノン数の比である．統計力学の原理によれば，熱平衡状態では，これは次のボルツマン分布に従う．

$$\frac{N_e}{N_g} = \exp\left[-\frac{\Delta E}{k_B T}\right] \tag{8.39}$$

ΔE は励起フォノンと基底フォノンとのエネルギー差で，ここではラマン散乱を起こすフォノンのエネルギーであり，そしてこれはポンプ光子と自然放出光子のエネルギー差 $h\Delta\nu$ である．そこで，$\Delta E = h\Delta\nu$ とした式 (8.39) を式 (8.38) に代入し，さらにそれを式 (8.36) に代入すると，次式が得られる．

$$\begin{aligned}\frac{dn_{sp}}{dt} &= gn_{sp} + \frac{g}{1 - \exp[-h(\Delta\nu/k_B)T]} \\ &= gn_{sp} + g\left\{1 + \frac{1}{\exp[h(\Delta\nu/k_B)T] - 1}\right\}\end{aligned} \tag{8.40}$$

上式は，光子数の時間変化を表す式である．これを，自然放出光パワー P_{sp} の式に書き換える．第 1 項は増幅率を表しており，n_{sp} をそのまま P_{sp} に置き換えればよい．第 2 項は発生光子数であるので，1 光子エネルギー $h\nu$ および帯域 B を掛ければ，光パワーとなる．これにより，式 (8.40) から，次式が得られる．

$$\frac{dP_{sp}}{dt} = gP_{sp} + g\left\{1 + \frac{1}{\exp[h(\Delta\nu/k_B)T] - 1}\right\}h\nu B \tag{8.41}$$

さて，ラマン散乱過程を詳細に取り込んだ式 (8.41) が得られたところで，これと，先に天下り的に書き出した式 (8.32) とを見比べてみる．前者は時間微分方程式，後者は空間微分方程式ではあるが，式 (8.41) を光の伝播とともに移動する座標系でみたときの時間変化を表す式とみれば，両者は同じ現象を記述していることになる．ただし，式 (8.41) は，ラマン散乱過程による光子数の増減だけをみているので，伝搬損失の項は含んでいない．このような見方で二つの式を眺めると，$g \Leftrightarrow (g_R/A_{eff})P_p$ という対応関係にあり，また，式 (8.32) の右辺第 3 項内の η が，式 (8.33) となっていることがわかる．すなわち，本項での考察により，$(1+\eta)$ という係数が導き出された．

η があると，その分だけ自然放出光パワーは大きくなるため，増幅器としての雑音性能は悪くなる．上で示したように，η の起源は，図 8.9(b) の散乱光子消滅過程である．つまり，この過程がある分，雑音性能は劣化する．実は，$(1+\eta)$ は，エルビウム

添加ファイバー増幅器でいうところの反転分布パラメーター，または雑音因子 n_{sp}（上で使った自然放出光子数とは別）に相当する．式 (8.39) を使って $(1+\eta)$ を $N_{\mathrm{g}}, N_{\mathrm{e}}$ で表すと，

$$1+\eta = \frac{1}{1-N_{\mathrm{e}}/N_{\mathrm{g}}} \tag{8.42}$$

となり，N_{g} を上準位数，N_{e} を下準位数とみなせば，まさに反転分布パラメーターとなっている．

(3) 多重レイリー散乱

前項で述べたのは，増幅器として本質的にともなう雑音についてであるが，実際には，その他の要因でも雑音が発生する．ファイバー・ラマン増幅系で特に問題となるのは，**多重レイリー散乱**である．レイリー散乱とは，媒質中の微小な屈折率揺らぎによって伝播光が散乱される現象であり，散乱光の一部は，導波光としてもとの光と逆向きにファイバーを伝播する．逆向きに伝播した散乱光はさらにレイリー散乱を受け，逆向きの逆向き，すなわち，もとの光と同じ方向へ伝播する（図 8.10）．これが，多重レイリー散乱である．通常のファイバー伝送では，多重レイリー散乱光は非常に弱く，特に問題とはならない．ところが，ラマン増幅伝送系の場合，散乱光も増幅されるので，多重散乱光といえども無視できない大きさとなり，これが信号揺らぎを引き起こす．このため，ファイバー・ラマン増幅を用いるにあたっては，多重レイリー散乱による伝送劣化が起こらないように，増幅利得を設定する必要がある．

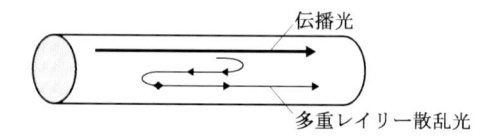

図 8.10 多重レイリー散乱

◆ 8.5.4 分布ラマン増幅伝送系

第1章で述べたように，光増幅器としては，エルビウム添加ファイバー増幅器（EDFA）が利得も高く，使い勝手のよい増幅器として，広く普及している．これに対し，ファイバー・ラマン増幅器は，1 W を超えるような高いポンプ光パワーを伝送路へ送出する必要があり，安全面から，その実装は面倒である．しかし，伝送路長にわたって信号が増幅される，いわゆる分布型増幅器として動作するという，EDFA にはない大きな特徴があるため，実際に商用システムで使用されている．本項では，このラマン増幅の特徴が，どのように信号伝送に有利であるかについて述べる．

8.5 ファイバー・ラマン増幅器

ファイバー・ラマン増幅器が分布型増幅器である一方，EDFA は，離散的な中継点で信号増幅を行う集中型の増幅器である．分布増幅系と集中増幅系とでは，伝送路長にわたっての信号光レベルの変化（これを**レベルダイヤ**という）が異なる．図 8.11 に，その様子を模式的に示す．ここでは，ラマン増幅系は対向ポンプ構成としている．集中増幅系では，ファイバー伝送により減衰した信号光を中継点で一気に増幅して，次の伝送路へ送り出す．そのため，レベルダイヤは立ち上がりが垂直な鋸波状となる．一方，分布増幅系では，伝送信号光は中継点に近づくにつれ，中継点から送り出されているポンプ光によって，徐々に増幅されつつ中継点に達する．そのため，レベルダイヤはたわんだロープのような形になる．両者の特徴的な違いは，分布増幅系の方が，信号レベルの最大値と最小値の差が小さいということである．このような分布増幅系のレベルダイヤは，光信号伝送にとって，二つの点で有利に作用する．

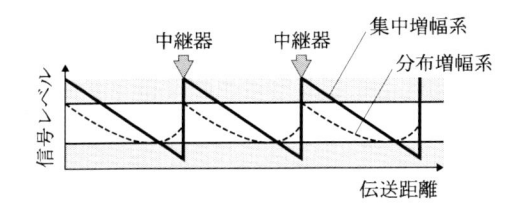

図 8.11 分布増幅系と集中増幅系のレベルダイヤ

まず，第 1 の利点は，受信端での**信号対雑音比**（signal to noise ratio: **SN 比**）が高い伝送系が構築できることである．受信端での SN 比は，厳密には伝送信号光を受信したときの電気信号段で考えるべきであるが，ここでは簡単のため，信号光パワー対雑音光パワーの比（これを**光 SN 比**という）により，その事情を説明する．光増幅器雑音のみを考察する場合には，これで十分である．

一般に，光増幅伝送系では，増幅器への信号入力レベルが大きいほど，高い光 SN 比が得られる．その理由は次の通りである．たとえば，利得 G の光増幅器があったとする．増幅器からは，$(G-1)$ に比例するパワーの自然放出光が出力される（このことは，式 (8.32) から導き出される）．この光パワーを，$a(G-1)$ とする（a：比例係数）．この増幅器に対し，信号光を，光パワー P_{s0} で入力する．信号光は，増幅器内で増幅され，光パワー GP_{s0} で出力される．すると，光増幅出力段における光 SN 比は，$GP_{s0}/\{a(G-1)\} \approx P_{s0}/a$ となる．この考察は，信号入力パワー P_{s0} が大きいほど，増幅器出力段での光 SN 比は高いことを示している．光増幅器から出力された信号光および自然放出光は，同じように伝送損失あるいは次段での光増幅を受けながら，受信端に達する．したがって，増幅器出力での光 SN 比は，そのまま受信端まで受け継

がれる．よって，「増幅器入力：大」→「増幅器出力光 SN 比：高」→「受信端光 SN 比：高」となる．

　以上の話を背景に，光増幅器への信号入力レベルという観点から，分布増幅系と集中増幅系を比べてみる．集中増幅系での増幅器入力レベルは，中継点への到達レベルである．一方，分布増幅系の場合は，中継点に近付いてラマン増幅を受け始める地点が増幅器入力端と考えられ，増幅を受け始めるレベルが入力レベルとなる．図 8.11 からわかるように，こうしてみた増幅器入力レベルは，分布増幅系の方が高い．そのため，分布増幅系の方が，光 SN 比が高い伝送系となる．

　次に，分布増幅系の第 2 の利点について述べる．それは，ファイバーの非線形性の影響を小さくできるということである．これまで述べてきたように，四光波混合や光カー効果などの光非線形性は，光パワーが大きいほど，顕著に現れる．したがって，ファイバー伝送路を伝播する信号レベル，特に最大値が小さければ，その影響は小さくなる．図 8.11 に示すように，分布増幅系の最大信号レベルは，集中増幅系より小さく抑えられている．そのため，集中増幅系よりもファイバー内非線形効果の影響を受けにくい．

　以上のような利点があるため，扱いにくいという難点がありつつも，ファイバー・ラマン増幅は実用システムとして導入されている．ただし，EDFA にも簡便で高利得という利点があり，実際には，両者を併用するのが一般的である．

第9章

ブリュアン散乱

　前章で，格子振動（フォノン）モードの存在を示し，そのうちのひとつである，光学フォノンによる光散乱現象（ラマン散乱）について述べた．本章では，もう一方の格子振動モードである，音響フォノンによる光散乱現象，すなわち，ブリュアン散乱について述べる．

9.1　音響フォノンによる光散乱

　8.1節で述べたように，音響フォノンは，媒質の局所的な粗密波と等価である．一般に，媒質の屈折率は物質の密度に依存するので，これはさらに，屈折率の周期的変化が波のように移動していることと等価とみなせる（図9.1）．そこへ光が入射されると，屈折率段差面で一部が反射され，各段差面からの反射光の位相がそろった場合に，散乱光として観測される．これが，ブリュアン散乱の直感的な発生原理である．

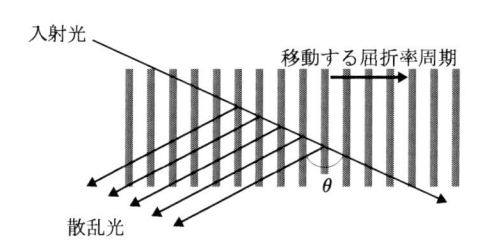

図 9.1　移動する回折格子による光散乱

　ブリュアン散乱光は，移動する屈折率段差面からの反射波なので，ドップラー効果のため，その周波数は入射光からシフトしている．まずは，この周波数シフトについて説明する．

　直線上に速度 v_a で移動する壁に，周波数が f で位相速度が v の波が入射されたとする．このとき，移動壁が感じる周波数 f' は $f' = f\{1-(v_\mathrm{a}/v)\}$（図9.2(a)），移動壁が周波数 f' で発する波動を静止座標で観測したときの周波数 f'' は $f'' = f'\{1-(v_\mathrm{a}/v)\}$（図9.2(b)）であるので，反射波の周波数は，$f'' = f\{1-(v_\mathrm{a}/v)\}^2 \approx f\{1-2(v_\mathrm{a}/v)\} =$

(a) 移動壁への入射　　　(b) 移動壁からの反射

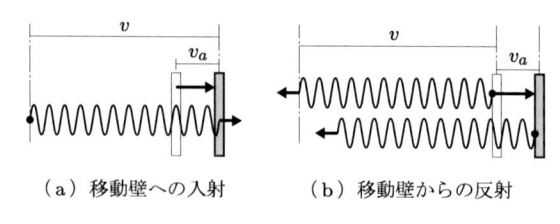

図 9.2　ドップラー効果

$f - 2(v_a/v)f$ となる．すなわち，遠ざかっていく移動壁からの反射波の周波数は，低周波数側にシフトしている．同様にして，近づいてくる移動壁からの反射波は，高周波数側にシフトする．そのシフト量は，いずれも，$2(v_a/v)f$ である．

ここで，周波数シフト量 $2(v_a/v)f$ について考察する．前述のように，各屈折率段差面からの反射波の位相がそろったときに，もっとも効率よく散乱光が発生する．この条件は，直線上の入射，反射の場合，次のように表される．

$$\beta_{\text{in}}\Lambda + \beta_{\text{ref}}\Lambda = 2\pi \quad \rightarrow \quad \beta_{\text{in}} + \beta_{\text{ref}} = \beta_a \tag{9.1}$$

β_{in} は入射波の伝播定数，β_{ref} は反射波の伝播定数，Λ は回折格子の空間周期（格子間隔），β_a は移動する回折格子の伝播定数である．上式は，隣の段差面へ入射波が行って反射波が戻ってくる間の伝播位相が 2π であれば，隣接段差面からの反射光は同位相という考察から得られる．ただし，厳密には，一往復の間にも回折格子は移動しており，その間の伝播位相も考慮しなくてはならないが，光の速度は回折格子の移動速度に比べて十分速いため，その効果は無視した．式 (9.1) を入射光周波数 f_{in}，反射光周波数 f_{ref}，移動回折格子の周波数 f_a で書きなおすと，次のようになる．

$$\frac{2\pi f_{\text{in}}}{v} + \frac{2\pi f_{\text{ref}}}{v} = \frac{2\pi f_a}{v_a}$$

これに，ドップラーシフトの関係式 $f_{\text{ref}} = f_{\text{in}} - 2(v_a/v)f_{\text{in}}$ を代入する．

$$2\frac{f_{\text{in}}}{v}\left(1 - \frac{v_a}{v}\right) = \frac{f_a}{v_a} \quad \rightarrow \quad 2\frac{v_a}{v}f_{\text{in}} = f_a \tag{9.2}$$

ただし，矢印の書き換えでは，$v_a \ll v$ を用いた．式 (9.2) の左辺は，ドップラーシフト量に他ならない．すなわち，ブリリュアン散乱光の周波数シフト量は，音響フォノンの振動周波数に等しい．

音響フォノン振動数（＝散乱による周波数シフト量）は，媒質によって固有の値をとる．図 9.3 に，光ファイバーにおけるブリリュアン散乱光スペクトルの測定例を示す．ファイバーの種類によって多少の違いがあるが，周波数シフト量は，約 11 GHz と

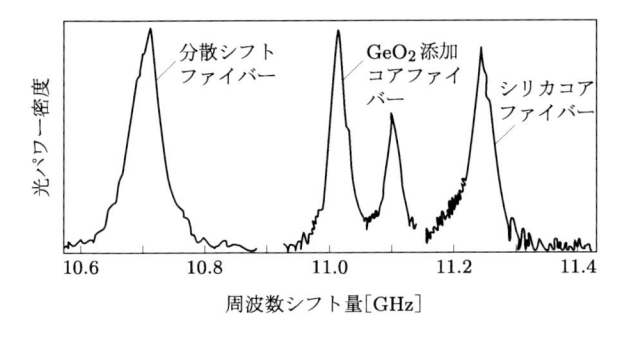

図 9.3 ブリリュアン散乱光スペクトル

なっている．また，スペクトル幅は数 10 MHz 程度である．周波数シフト量は，ファイバーの種類だけでなく，外圧や温度にも依存する．そのため，これらが長手方向にわたって不均一であると，スペクトル幅が拡がってみえる．図 9.3 のスペクトル幅には，その効果も含まれており，ブリリュアン散乱の純粋なスペクトル幅は 10～20 MHz である．

なお，前述のように，遠ざかっていく回折格子からは低周波数側にシフトした散乱光が，近づいてくる回折格子からは高周波数側にシフトした散乱光が，それぞれ発生する．ラマン散乱と同様に，前者をストークス光，後者を反ストークス光とよぶ．

9.2 誘導ブリリュアン散乱

一般に，結晶には，電界をかけると弾性的変形が生じる性質がある．これを**圧電効果**，または**電歪効果**とよぶ．音響フォノンによりブリリュアン散乱光が発生すると，媒質内の光電場は，(入射光)＋(ブリリュアン散乱光) となる．すると，この電磁場が，電歪効果を介して，媒質を弾性的に変形する．媒質の変形は音響フォノン発生と等価であり，これが次のブリリュアン散乱を引き起こし，これがさらに音響フォノンを誘起するという過程が，誘発的に次々と起こる．これを**誘導ブリリュアン散乱**（stimulated Brillouin scattering: SBS）とよぶ．本節では，誘導ブリリュアン散乱が起こることを，式により説明する．

一般に，光電場があると，そこには，次の電磁エネルギー W が存在する．

$$W = \frac{1}{2}PE = \frac{1}{2}\varepsilon E^2 \tag{9.3}$$

P：分極，E：電場，ε：誘電率．すると，電歪効果により，媒質内の微小体積 V は，電磁エネルギーから圧力 p を受ける．微小体積 V が圧力 p を受けて δV 変化したとすると，その際に電磁場が行った仕事のエネルギー量は $p\delta V$ であり，それによる電磁場

エネルギーの変化分は，単位体積当たり $\delta W = p\delta V/V$ と書かれる．これより，p が次のように表される．

$$p = V\frac{\partial W}{\partial V}$$

体積 V が変わると密度 ρ が変わる．両者は逆比例関係にあり，$V\rho =$ 定数 である．これより，$\rho\delta V + V\delta\rho = 0 \to \delta V = -(V/\rho)\delta\rho$ なので，

$$p = V\frac{\partial W}{\partial V} = -\rho\frac{\partial W}{\partial \rho} = -\frac{\rho}{2}\frac{\partial \varepsilon}{\partial \rho}E^2 = -\frac{1}{2}\gamma_\mathrm{B} E^2 \tag{9.4}$$

となる．ただし，

$$\gamma_\mathrm{B} \equiv \rho\frac{\partial \varepsilon}{\partial \rho} \tag{9.5}$$

とした．式 (9.4) で示されているように，電歪効果により，媒質は電場の 2 乗に比例する圧力を受ける．

ここで，この圧力が均一でない，すなわち，右から受ける圧力と左から受ける圧力が異なっていると（図 9.4），その差分は，微小体積を動かそうとする力 F になる．式で表すと，

$$F = p(z) - p(z+\Delta z) \approx p(z) - \left\{p(z) + \frac{\partial p}{\partial z}\Delta z\right\} = -\frac{\partial p}{\partial z}\Delta z \tag{9.6}$$

ということである．単位長さ当たりでは，

$$dF = \frac{F}{\Delta z} = -\frac{\partial p}{\partial z} = -\frac{\partial}{\partial z}\left(-\frac{1}{2}\gamma_\mathrm{B} E^2\right) = \frac{\gamma_\mathrm{B}}{2}\frac{\partial}{\partial z}E^2 \tag{9.7}$$

となる．ただし，p には，式 (9.4) を代入した．

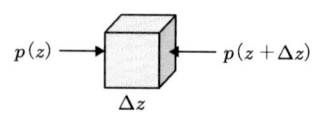

図 9.4　微小体積が受ける圧力

さて，音響フォノンによりブリリュアン散乱光が発生すると，光電場 E は，(入射光) + (ブリリュアン散乱光) となる．これを次のように表す．

$$E = E_0 e^{-i\omega t} + E_\mathrm{B} e^{-i\omega_\mathrm{B} t} + c.c. \tag{9.8}$$

第1項：入射光，第2項：ブリリュアン散乱光．これを式 (9.7) に代入する．

$$dF = \frac{\gamma_\mathrm{B}}{2}\frac{\partial}{\partial z}(E_0 e^{-i\omega t} + E_\mathrm{B} e^{-i\omega_\mathrm{B} t} + c.c.)^2 \tag{9.9}$$

式 (9.9) の 2 乗の掛け算からいくつかの周波数成分が出てくるが，そのなかに，$(\omega-\omega_\mathrm{B})$ という成分がある．この項を書き出すと，

$$dF(\omega-\omega_\mathrm{B}) = \gamma_\mathrm{B}\frac{\partial}{\partial z}\{E_0 E_\mathrm{B}^* e^{-i(\omega-\omega_\mathrm{B})t} + c.c.\} \tag{9.10}$$

散乱光がストークス光の場合，周波数 $(\omega-\omega_\mathrm{B})$ は音響フォノンの振動数に等しい．よって，微小体積は音響フォノン振動数の駆動力を受ける．すると，格子振動と外力が共鳴し，格子は大きく振動する．この際，式 (9.10) の駆動力の大きさはブリリュアン散乱光の振幅 E_B に比例しているので，散乱光が大きいほど，振動は大きい．格子振動が大きくなると，さらに光が散乱され，散乱光が増えるとさらに格子振動が大きくなるという過程が誘発的に起こる．これが誘導ブリリュアン散乱となる．

一方，式 (9.9) には，$(\omega_\mathrm{B}-\omega)$ という周波数成分もある．散乱光が反ストークス光の場合には，これが音響フォノン振動数に一致する．したがって，上記と同様に反ストークス光についても誘導散乱が起こるように思えるが，実はそうはならない．その事情については，次節で明らかにする．

9.3 ブリリュアン増幅

誘導ラマン散乱（8.4 節）と同様に，誘導ブリリュアン散乱にも，信号増幅作用がある．すなわち，強いポンプ光が入射されている非線形媒質に，(ポンプ光周波数) − (音響フォノン振動数) である周波数の光を入力すると，誘導ブリリュアン散乱により増幅される（図 9.5）．

本節では，ブリリュアン増幅が起こることを，式により導出する．導出の手順は，次

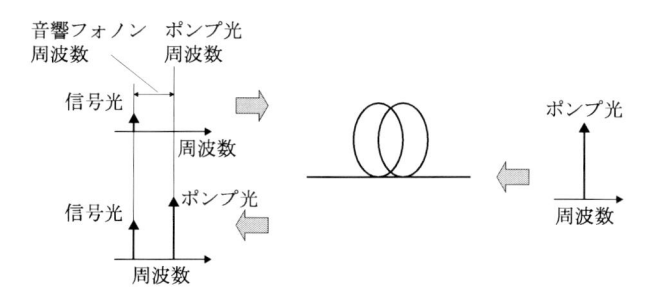

図 9.5 ブリリュアン増幅

の通りである．

① ポンプ光と信号光が存在している場における粗密波（＝音響フォノン）の振幅の表式を導く．
② 粗密波により誘起された非線形分極がある場における信号光の振幅方程式を導く．
③ ①の表式を②の方程式に代入して解き出す．

なお，ここでは，光ファイバーを想定し，粗密波および光の伝播方向は 1 次元（z 方向）とする．

まず，粗密波の振幅方程式を導く．そのために，媒質内の位置 z における微小体積の平衡点からのずれを，$u(z)$ と表記する．$u(z)$ の挙動は，次の運動方程式に従う．

$$\rho \frac{\partial^2 u}{\partial t^2} + \Gamma \frac{\partial u}{\partial t} - T \frac{\partial^2 u}{\partial z^2} = dF = \frac{\gamma_B}{2} \frac{\partial}{\partial z} E^2 \tag{9.11}$$

ρ：媒質密度，T：弾性定数，Γ：現象論的に導入した減衰定数．右辺 = 0 は自由振動の運動方程式であり，それに，電歪効果による外力（式 (9.7)）が，右辺として加わっている．

ここで，式 (9.11) において，外力 = 0 および減衰力 = 0 とすると，その解は，速度 $\sqrt{T/\rho}$ で伝播する波動となる（式 (2.14), (2.15), (2.17) 参照）．つまり，式 (9.11) は，外力および減衰力を受けながら，z 方向へ伝播する粗密波の波動方程式となっている．これに対して，$+z$ 方向へ伝播するポンプ光と $-z$ 方向へ伝播する信号光が入射されたとし，これらを次のように表す．

$$\text{格子振動：} u = u_a(z) e^{i(\beta_a z - \omega_a t)} + c.c. \tag{9.12a}$$

$$\text{ポンプ光：} E(\omega_p) = E_p(z) e^{i(\beta_p z - \omega_p t)} + c.c. \tag{9.12b}$$

$$\text{信号光：} E(\omega_{sig}) = E_{sig}(z) e^{-i(\beta_{sig} z + \omega_{sig} t)} + c.c. \tag{9.12c}$$

上の表式を式 (9.11) に代入して，ゆっくり変化する包絡線近似を適用すると，次式が得られる．

$$\frac{du_a}{dz} = -\frac{\Gamma}{2 v_a \rho} u_a - \frac{\beta_p + \beta_{sig}}{\beta_a} \frac{\gamma_B}{2 v_a^2 \rho} E_p E_{sig}^* e^{i\{(\beta_p + \beta_{sig} - \beta_a)z - (\omega_p - \omega_{sig} - \omega_a)t\}} \tag{9.13}$$

なお，上式では，前出の粗密波速度 $\sqrt{T/\rho} \equiv v_a$，および $\beta_a = \omega_a/v_a$ を用いた．右辺第 1 項は減衰項，第 2 項は局所場で足し合わされる振幅成分である．

式 (9.13) の右辺第 2 項は，$\omega_p - \omega_{sig} - \omega_a \neq 0$ のときには，時間的に振動する項となる．この場合，局所場で足し合わさる成分は平均的にゼロとなり，格子振動は有効に励振され

ない．言い換えると，格子振動が励起されるのは，$\omega_\mathrm{p} - \omega_\mathrm{sig} - \omega_\mathrm{a} = 0 \to \omega_\mathrm{sig} = \omega_\mathrm{p} - \omega_\mathrm{a}$ のときである．そこで，以後は，$\omega_\mathrm{sig} = \omega_\mathrm{p} - \omega_\mathrm{a}$ として話を進める．ところで，9.1 節で，入射光と回折格子が同方向伝播の場合，(散乱光周波数) = (入射光周波数) − (音響フォノン振動数) であることを示した．上の条件式と見比べると，(信号光周波数) = (散乱光周波数) となっている．周波数が同じであれば，伝播定数は同じとなる．ところで，同じく 9.1 節で，$\beta_\mathrm{in} + \beta_\mathrm{ref} = \beta_\mathrm{a}$ を導いた（式 (9.1)）．(信号光の伝播定数) = (散乱光の伝播定数) を踏まえて，この条件をここでの表記に書きなおすと，$\beta_\mathrm{p} + \beta_\mathrm{sig} = \beta_\mathrm{a}$ となる．以上の考察より，式 (9.13) は，次のように書きなおされる．

$$\frac{du_\mathrm{a}}{dz} = -\frac{\Gamma}{2v_\mathrm{a}\rho}u_\mathrm{a} - \frac{\gamma_\mathrm{B}}{2v_\mathrm{a}^2\rho}E_\mathrm{p}E_\mathrm{sig}^* \tag{9.14}$$

ここで，$E_\mathrm{p}E_\mathrm{sig}^*$ は，z_0 から $z_0 + \delta z$ までの微小領域では一定としてみる．すると，上式の解は，

$$u_\mathrm{a}(z_0 + \delta z) = u_\mathrm{a}(z_0)\exp\left[-\frac{\Gamma}{2v_\mathrm{a}\rho}\delta z\right] - \frac{\gamma_\mathrm{B}}{v_\mathrm{a}\Gamma}E_\mathrm{p}E_\mathrm{sig}^*\left(1 - \exp\left[-\frac{\Gamma}{2v_\mathrm{a}\rho}\delta z\right]\right) \tag{9.15}$$

と書かれる．この表式は伝播にともない，u_a が，$u_\mathrm{a}(z_0)$ から $-(\gamma_\mathrm{B}/v_\mathrm{a}\Gamma)E_\mathrm{p}E_\mathrm{sig}^*$ へ向かって，係数 $\Gamma/(2v_\mathrm{a}\rho)$ で，指数関数的に緩和していくことを示している．$\Gamma/(2v_\mathrm{a}\rho)$ が十分大きければ，速やかに，

$$u_\mathrm{a} = -\frac{\gamma_\mathrm{B}}{v_\mathrm{a}\Gamma}E_\mathrm{p}E_\mathrm{sig}^* \tag{9.16}$$

となる．これは，$\Gamma/(2v_\mathrm{a}\rho)$ が十分大きいと，u_a は $E_\mathrm{p}E_\mathrm{sig}^*$ の変化に瞬時に追従するということである．式 (9.14) の右辺第 2 項はもともとが非線形項であり，第 1 項に比べると微小と考えられるため，$\Gamma/(2v_\mathrm{a}\rho)$ が十分大きく，u_a は光電場の変化に瞬時に追従すると考えるのは妥当といえる．そこで，以下では，u_a は式 (9.16) で表されるものとして，話を進める．

次に，粗密波が存在する場を伝播する信号光を記述する式を導く．式 (2.13) より，信号光の非線形伝播方程式は，次のように表される．

$$\frac{\partial^2}{\partial z^2}E(\omega_\mathrm{sig}) - \frac{n^2}{c^2}\frac{\partial^2}{\partial t^2}E(\omega_\mathrm{sig}) = \mu\frac{\partial^2}{\partial t^2}P_\mathrm{NL}(\omega_\mathrm{sig}) \tag{9.17}$$

$P_\mathrm{NL}(\omega_\mathrm{sig})$ は，非線形性から生じる角周波数 ω_sig の分極である．$E(\omega_\mathrm{sig})$ に式 (9.12c) を代入し，ゆっくり変化する包絡線近似を用いると，次式が得られる．

$$\frac{dE_{\text{sig}}}{dz}e^{-i(\beta_{\text{sig}}z+\omega_{\text{sig}}t)} = i\frac{\mu}{2\beta_{\text{sig}}}\frac{\partial^2}{\partial t^2}P_{\text{NL}}(\omega_{\text{sig}}) \tag{9.18}$$

ここで，$P_{\text{NL}}(\omega_{\text{sig}})$ について考察する．分極 P は，$P = \varepsilon E$ と書かれる．粗密波が存在している場では，誘電率 ε が粗密波により変調され，これが非線形分極を誘起する．式で表すと，次式となる．

$$P_{\text{NL}} = \delta\varepsilon \cdot E = \left(\frac{\partial \varepsilon}{\partial \rho}\right)\delta\rho \cdot E \tag{9.19}$$

上式内の密度変化 $\delta\rho$ は，媒質の位置変動量 u により，次のように表される．z_0 と $(z_0 + \Delta z)$ での媒質の相対位置の変化は体積変化となり，体積変化は密度変化となる．相対位置の変化率は $\{u(z_0 + \Delta z) - u(z_0)\}/\Delta z$，体積変化率は $\Delta V/V$ であり，1次元系では両者は同じと考えられるので，

$$\frac{\Delta V}{V} = \frac{u(z_0 + \Delta z) - u(z_0)}{\Delta z} = \frac{\{u(z_0) + (\partial u/\partial z)\Delta z\} - u(z_0)}{\Delta z} = \frac{\partial u}{\partial z} \tag{9.20}$$

となる．ところで，体積と密度は逆比例関係（$\rho V = $ 一定）にある．よって，$\rho\delta V + V\delta\rho = 0 \rightarrow \delta V/V = -\delta\rho/\rho$ である．これを上式左辺に代入する．

$$-\frac{\delta\rho}{\rho} = \frac{\partial u}{\partial z} \tag{9.21}$$

この関係式と式 (9.5) を用いると，式 (9.19) は，

$$P_{\text{NL}} = -\left(\frac{\partial \varepsilon}{\partial \rho}\right)\rho\frac{\partial u}{\partial z}E = -\gamma_{\text{B}}\frac{\partial u}{\partial z}E \tag{9.22}$$

と表される．上式の u に式 (9.12a) を，E に式 (9.12b)，(9.12c) の $E(\omega_{\text{p}}) + E(\omega_{\text{sig}})$ を，それぞれ代入し，ω_{sig} ($= \omega_{\text{p}} - \omega_{\text{a}}$) 成分を書き出す．

$$P_{\text{NL}}(\omega_{\text{sig}}) = -\gamma_{\text{B}}E_{\text{p}}e^{i(\beta_{\text{p}}z-\omega_{\text{p}}t)}\frac{\partial}{\partial z}\{u_{\text{a}}^* e^{-i(\beta_{\text{a}}z-\omega_{\text{a}}t)}\} + c.c. \tag{9.23}$$

これが，粗密波により誘起される非線形分極の表式となる．

それでは，非線形分極の表式 (9.23) が得られたところで，これを式 (9.18) に代入する．

$$\frac{dE_{\text{sig}}}{dz}e^{-i(\beta_{\text{sig}}z+\omega_{\text{sig}}t)} = -i\frac{\mu}{2\beta_{\text{sig}}}\frac{\partial^2}{\partial t^2}\left[\gamma_{\text{B}}E_{\text{p}}e^{i(\beta_{\text{p}}z-\omega_{\text{p}}t)}\frac{\partial}{\partial z}\{u_{\text{a}}^* e^{-i(\beta_{\text{a}}z-\omega_{\text{a}}t)}\}\right]$$

上式に，$\omega_{\rm sig} = \omega_{\rm p} - \omega_{\rm a}$，および $\beta_{\rm p} + \beta_{\rm sig} = \beta_{\rm a}$，さらに，格子振動波についてゆっくり変化する包絡線近似 $|du_{\rm a}^*/dz| \ll |\beta_{\rm a} u_{\rm a}^*|$ を適用すると，次式が得られる．

$$\frac{dE_{\rm sig}}{dz} = \frac{c\omega_{\rm sig}\omega_{\rm a}\mu\gamma_{\rm B}}{2nv_{\rm a}} E_{\rm p} u_{\rm a}^* \tag{9.24}$$

これが，信号光の振る舞いを記述する方程式である．

それでは，最後に，格子振動の振幅の表式 (9.16) を，式 (9.24) に代入する．

$$\frac{dE_{\rm sig}}{dz} = -\frac{c\omega_{\rm sig}\omega_{\rm a}\mu\gamma_{\rm B}^2}{2nv_{\rm a}^2\Gamma} |E_{\rm p}|^2 E_{\rm sig} \tag{9.25}$$

ポンプ光一定（ポンプ・デプレッションなし）とすると，上式より，

$$E_{\rm sig}(z) \propto \exp\left[-\frac{c\omega_{\rm sig}\omega_{\rm a}\mu\gamma_{\rm B}^2}{2nv_{\rm a}^2\Gamma}|E_{\rm p}|^2 z\right] \tag{9.26}$$

が得られる．ここでは，信号光は $-z$ 方向に伝播するとしているので，この式は伝播につれて，信号光の振幅が指数関数的に増加することを表している．すなわち，ブリリュアン散乱現象によりポンプ光と対向する信号光が増幅されることが示された．

上記では，角周波数が $(\omega_{\rm p} - \omega_{\rm a})$ である信号光，すなわちストークス光周波数の信号光について論じた．ブリリュアン散乱としては，角周波数 $(\omega_{\rm p} + \omega_{\rm a})$ の反ストークス光も発生し得る．そこで，次に，この周波数の信号光がポンプ光とともに伝播する場合について考えてみる．前節で述べたように，この周波数にブリリュアン散乱光を発生させるのは，ポンプ光に対向する粗密波である．そこで，関与する粗密波を次のように表す．

$$u = u_{\rm a}(z)e^{-i(\beta_{\rm a}z + \omega_{\rm a}t)} + c.c. \tag{9.27}$$

一方，ポンプ光と信号光の表式は，式 (9.12) と同様に書かれる．ただし，その周波数関係は，$\omega_{\rm sig} = \omega_{\rm p} + \omega_{\rm a}$ とする．これらを用いて，$\omega_{\rm sig} = \omega_{\rm p} - \omega_{\rm a}$ の場合と同様に，伝播方程式を展開していくと，式 (9.25) に対応する式として，次式が得られる．

$$\frac{dE_{\rm sig}}{dz} = \frac{c\omega_{\rm sig}\omega_{\rm a}\mu\gamma_{\rm B}^2}{2nv_{\rm a}^2\Gamma}|E_{\rm p}|^2 E_{\rm sig} \tag{9.28}$$

ポンプ光一定では，この解は，

$$E_{\rm sig}(z) \propto \exp\left[\frac{c\omega_{\rm sig}\omega_{\rm a}\mu\gamma_{\rm B}^2}{2nv_{\rm a}^2\Gamma}|E_{\rm p}|^2 z\right] \tag{9.29}$$

となる．上式は，ポンプ光が存在していると，$-z$ 方向の反ストークス周波数信号光

は，伝播とともに減衰することを表している．すなわち，角周波数 $(\omega_\mathrm{p} + \omega_\mathrm{a})$ の信号光は増幅されない．9.2節で述べた誘導散乱は，自発的に発生したブリリュアン散乱光が，増幅作用を受けて成長する現象とみることができる．よって，以上により，反ストークス光については誘導散乱が起こらないことが導き出された．

9.4 入力光パワー制限

前節で述べたように，誘導ブリリュアン散乱により光増幅が起こる．増幅作用があれば，光増幅器として利用できそうに思える．しかし，ブリリュアン増幅の増幅帯域は数 10 MHz と狭く（図 9.3 参照），変調帯域が数 GHz 以上である光通信には使えない．実は，光通信におけるブリリュアン散乱のもっとも大きな影響は，信号光のファイバーへの入力パワー制限である．本節では，これについて述べる．

◆ 9.4.1 入出力特性

光ファイバーにポンプ光が入射されると，ブリリュアン散乱光が自発的に発生する．発生した散乱光は，ブリリュアン増幅を受けながら，出力端に達する．増幅作用があるのは，ポンプ光に対向する光に対してなので，増幅散乱光はポンプ光入射端から出力される．ところで，前節では，増幅現象の説明を目的としたため，ポンプ光パワー一定としたが，実際には，散乱光発生の分だけポンプ光のパワーは消費される．式 (9.26) で示されているように，ブリリュアン増幅率はポンプ光強度が高いほど大きいので，ポンプ光の入力パワーが高いほど出力される散乱光のパワーは大きく，その分，ポンプ光パワーの消費分は大きい．このため，高ポンプ光入力状態では，ポンプ光入力パワーの増加分が，ほとんど全てブリリュアン散乱光パワーに変換されてしまう．言い方を変えると，入力光のパワーを増やしても，出力端に到達しなくなる．つまり，誘導ブリリュアン散乱のため，光ファイバー内を伝送可能な光パワーには上限がある．

図 9.6 に，ファイバー入出力パワーの測定例を示す．ポンプ光の入力パワーを横軸，ファイバーを透過するポンプ光の出力パワー（○で表示）と，ポンプ光入射端から出力されるブリリュアン散乱光のパワー（×で表示）を縦軸にプロットしてある（矢印は，○が左縦軸，×が右縦軸のスケールであることを意味する）．破線は，参照用の比例直線である．入力光パワーを大きくしていくと，散乱光パワーが急激に増加する様子が示されている．一方，ポンプ光の出力パワーは，散乱光出力パワーが $-5\,\mathrm{dBm}$ のあたりから比例関係からずれ始め，散乱光出力 = 数 $10\,\mathrm{dBm}$，入力光パワー = $10\,\mathrm{dBm}$ 付近で，ほぼ横ばいとなっている．この測定結果は，ブリリュアン散乱のため，ファイバーへ入力可能な光パワーが $10\,\mathrm{dBm}$ 弱に制限されることを示している．

9.4 入力光パワー制限　155

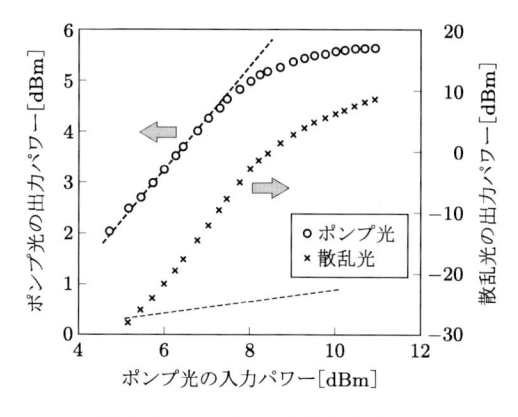

図 9.6　ファイバー入出力光パワー

◆ 9.4.2　結合方程式

前項で述べた現象は，定式的には，以下のように取り扱われる．

まず，単位周波数当たりの散乱光パワー $P_{\rm sp}$ の振る舞いは，次式により記述される．

$$\frac{dP_{\rm sp}}{dz} = \alpha P_{\rm sp} - \frac{g_{\rm B}}{A_{\rm eff}}P_{\rm p}P_{\rm sp} + \frac{g_{\rm B}}{A_{\rm eff}}P_{\rm p}(1+\eta)h\nu \tag{9.30}$$

α：損失係数，$g_{\rm B}$：ブリリュアン増幅利得係数，$A_{\rm eff}$：実効断面積（式 (3.28)），$P_{\rm p}$：ポンプ光パワー，h：プランク定数，ν：散乱光周波数．利得係数 $g_{\rm B}$ には周波数依存性があり，近似的に，次のように表される．

$$g_{\rm B}(\nu) = \frac{g_{\rm B0}}{1 + \{2(\nu - \nu_0)/\Delta\nu_{\rm B}\}^2} \tag{9.31}$$

$g_{\rm B0}$：ピーク利得係数，ν_0：利得ピーク周波数，$\Delta\nu_{\rm B}$：利得帯域．また，η は，

$$\eta = \frac{1}{\exp[h(\nu_{\rm B}/k_{\rm B})T] - 1} \tag{9.32}$$

で定義される係数である（$\nu_{\rm B}$：音響フォノン周波数，$k_{\rm B}$：ボルツマン定数，T：絶対温度）．式 (9.30) の右辺第 1 項は伝搬損失，第 2 項はブリリュアン増幅作用，第 3 項は局所場での発生する散乱光をそれぞれ表す．第 1 項および第 2 項の符号が通常の損失，増幅とは逆のようにみえるのは，$-z$ 方向への伝搬を考えているためである．増幅項がポンプ光パワーに比例するのは，式 (9.26) による．この利得係数に実効断面積が入っているのはファイバー導波光を考えているためで，この事情は，これまでと同様である．第 3 項は，局所場では，単位周波数当たりにその媒体へ 1 光子が入射，増幅されたのと同じだけの自然放出光が発生するという量子力学の要請に基づいている．

この項に付随している η は，散乱光子と音響フォノンからポンプ光子が生成される過程を取り込んだ係数で，その起源は，ラマン増幅と同様である（8.5.3 項の(2)参照）．

一方，ポンプ光については，

$$\frac{dP_\mathrm{p}}{dz} = -\alpha P_\mathrm{p} - \int \frac{g_\mathrm{B}(\nu)}{A_\mathrm{eff}} P_\mathrm{p} P_\mathrm{sp}(\nu) d\nu \tag{9.33}$$

と書かれる．右辺第 1 項は伝搬損失，第 2 項はブリリュアン増幅のためのパワー消費をそれぞれ表す．式 (9.30), (9.33) が，誘導ブリリュアン散乱光の振る舞いを記述する結合方程式となる．

なお，式 (9.30) は，単位周波数当たりについての式である．全散乱光パワーを得るには，ブリリュアン利得帯域内の各周波数成分の計算結果を足し合わせればよい．

$$P_\mathrm{sp}^{(\mathrm{all})} = \int P_\mathrm{sp}(\nu) d\nu \tag{9.34}$$

あるいは近似的には，式 (9.30) に最初からブリリュアン帯域 $\Delta\nu_\mathrm{B}$ を取り込んで，

$$\frac{dP_\mathrm{sp}^{(\mathrm{all})}}{dz} = \alpha P_\mathrm{sp} - \frac{g_\mathrm{B}}{A_\mathrm{eff}} P_\mathrm{p} P_\mathrm{sp}^{(\mathrm{all})} + \frac{g_\mathrm{B}}{A_\mathrm{eff}} P_\mathrm{p}(1+\eta) h\nu \Delta\nu_\mathrm{B} \tag{9.35}$$

としてもよい．

◆ 9.4.3 ブリリュアン閾値

(1) 近似解

誘導ブリリュアン散乱によるファイバーへの入力光パワーの制限を正しく知るには，式 (9.30), (9.33) を数値計算しなければならない．しかし，大まかな値は，以下の近似手法により得ることができる．

まず，ポンプ・デプレッションはないものとする．すると，ポンプ光パワーは，$P_\mathrm{p}(z) = P_\mathrm{p0} e^{-\alpha z}$ と表される（P_p0：ポンプ光の入力パワー）．これを，式 (9.30) に代入する．

$$\frac{dP_\mathrm{sp}}{dz} = \alpha P_\mathrm{sp} - \frac{g_\mathrm{B}}{A_\mathrm{eff}} P_\mathrm{p0} e^{-\alpha z} P_\mathrm{sp} + \frac{g_\mathrm{B}}{A_\mathrm{eff}} P_\mathrm{p0} e^{-\alpha z} (1+\eta) h\nu \tag{9.36}$$

次に，$z=0$ における散乱光パワーは，ファイバー各所で発生した散乱光が線形損失，およびブリリュアン増幅を受けながら，$z=0$ まで伝搬してきたものの足し合わせと考える．式で表すと，まず，ファイバー内のある位置 z' で発生する散乱光パワー $P_\mathrm{sp}^{(\mathrm{local})}(z')$ は，式 (9.30) 右辺第 3 項より，

$$P_\mathrm{sp}^{(\mathrm{local})}(z') = \frac{g_\mathrm{B}}{A_\mathrm{eff}} P_\mathrm{p0} e^{-\alpha z'} (1+\eta) h\nu \tag{9.37}$$

と書かれる．この散乱光は，$z=0$ まで，増幅されながら伝播する．その振る舞いは，式 (9.30) において，右辺を第 1 項と第 2 項のみとした式に従う．

$$\frac{dP_\mathrm{sp}}{dz} = \alpha P_\mathrm{sp} - \frac{g_\mathrm{B}}{A_\mathrm{eff}} P_\mathrm{p0} e^{-\alpha z} P_\mathrm{sp} \tag{9.38}$$

この解は，次式となる．

$$P_\mathrm{sp}(0) = P_\mathrm{sp}(z') \exp\left[-\alpha z' + \frac{g_\mathrm{B}}{\alpha A_\mathrm{eff}} P_\mathrm{p0}(1 - e^{-\alpha z'})\right] \tag{9.39}$$

上式の $P_\mathrm{sp}(z')$ に式 (9.38) の $P_\mathrm{sp}^{(\mathrm{local})}(z')$ を代入し，$z=0$ から $z=L$ まで積分すると，$z=0$ における全散乱光パワーの表式が，次のように得られる．

$$\begin{aligned}
P_\mathrm{sp}^{(\mathrm{total})}(0) &= \int_0^L \frac{g_\mathrm{B}}{A_\mathrm{eff}} P_\mathrm{p0} e^{-\alpha z'} (1+\eta) h\nu \cdot \exp\left[-\alpha z' + \frac{g_\mathrm{B} P_\mathrm{p0}}{\alpha A_\mathrm{eff}}(1 - e^{-\alpha z'})\right] dz' \\
&= \frac{g_\mathrm{B} P_\mathrm{p0}}{A_\mathrm{eff}} (1+\eta) h\nu \exp\left[\frac{g_\mathrm{B} P_\mathrm{p0}}{\alpha A_\mathrm{eff}}\right] \int_0^L e^{-2\alpha z'} \exp\left[-\frac{g_\mathrm{B} P_\mathrm{p0}}{\alpha A_\mathrm{eff}} e^{-\alpha z'}\right] dz'
\end{aligned} \tag{9.40}$$

上式内の定積分は，部分積分法により解くことができ，その解を代入すると，

$$P_\mathrm{sp}^{(\mathrm{total})} = \exp\left[-\alpha L + \frac{g_\mathrm{B}}{A_\mathrm{eff}} P_\mathrm{p0} L_\mathrm{eff}\right] - 1 + \frac{\alpha A_\mathrm{eff}}{g_\mathrm{B} P_\mathrm{p0}}\left(\exp\left[\frac{g_\mathrm{B}}{A_\mathrm{eff}} P_\mathrm{p0} L_\mathrm{eff}\right] - 1\right) \tag{9.41}$$

となる．ただし，$L_\mathrm{eff} \equiv (1 - e^{-\alpha L})/\alpha$ である．$\exp[-\alpha L + (g_\mathrm{B}/A_\mathrm{eff})P_\mathrm{p0} L_\mathrm{eff}] \gg 1$，および $1 \gg (\alpha A_\mathrm{eff}/g_\mathrm{B} P_\mathrm{p0})$ の場合は，次のようになる．

$$P_\mathrm{sp}^{(\mathrm{total})}(0) = (1+\eta) h\nu \cdot \exp\left[-\alpha L + \frac{g_\mathrm{B}}{A_\mathrm{eff}} P_\mathrm{p0} L_\mathrm{eff}\right] \tag{9.42}$$

上式は，ファイバーから出力される散乱光のパワーは，ポンプ光入力パワー P_s0 の増加にともない，指数関数的に増加することを示している．散乱光出力パワーの分だけ，ポンプ光パワーが消費される．ここで，ポンプ光パワーの消費が顕著になるほどに散乱光出力パワーが大きい状態の目安として，(全散乱光出力パワー) = (ポンプ光入力パワー) という状況がしばしば用いられる．すなわち，

$$\int (1+\eta) h\nu \cdot \exp\left[-\alpha L + \frac{g_\mathrm{B}}{A_\mathrm{eff}} P_\mathrm{p0} L_\mathrm{eff}\right] d\nu = P_\mathrm{p0} \tag{9.43}$$

である P_p0 を，散乱光パワーが十分大きくなるポンプ光の入力値とする．この P_p0 はブ

リュアン閾値とよばれ，誘導ブリリュアン散乱によるファイバー入力光のパワー制限値の目安とされている．

例として，図 9.5 の測定に即したパラメーター $g_B/A_{\rm eff} = 0.26\,{\rm m^{-1}W^{-11}}$, $\nu_B = 10\,{\rm GHz}$, $\Delta\nu_B = 30\,{\rm MHz}$, (伝播損失) $= 0.22\,{\rm dB/km}$ を式 (9.43) に代入してブリリュアン閾値を計算すると，$8.5\,{\rm dBm}$ となる．図 9.5 において，ポンプ光出力パワーが飽和し始める値と，ほぼ一致している．

なお，ブリリュアン閾値を見積もるには，上記のように，実際のパラメーター値を式 (9.43) に代入して，数値計算するのが正当的であるが，妥当なパラメーター値を使った結果の近似表式として，次式が知られている．

$$\frac{g_B P_{\rm p0}^{\rm (cr)} L_{\rm eff}}{A_{\rm eff}} = 21 \quad (P_{\rm p0}^{\rm (cr)}: \text{ブリリュアン閾値}) \tag{9.44}$$

これによれば，図 9.6 の測定条件でのブリリュアン閾値は約 $8\,{\rm mW}$ となり，上記の数値計算に近い値が得られる．

(2) 光源のスペクトル拡がりの影響

(1)の計算例は，ブリリュアン閾値が，光通信では日常的なパワーレベルであることを示している．そうすると，ブリリュアン散乱による入力光制限が頻繁に起こってしまいそうだが，実際には，そうはならない．そのトリックは，光源のスペクトル幅にある．

(1)では，ポンプ光は単一周波数の連続光としていた．一方，光通信では，ファイバーへの入力光は信号変調されており，その周波数スペクトルは，変調速度程度（通常は GHz 以上）に拡がっている．すると，ブリリュアン散乱光スペクトル幅が数 10 MHz 程度（図 9.4）なので，拡がった周波数スペクトルのうちの数 10 MHz 幅の成分が，それぞれに誘導ブリリュアン散乱を起こすことになる．したがって，数 10 MHz の分解能でみたときの，周波数スペクトル上のピーク値がブリリュアン閾値以下であれば，入力パワー制限は起こらない．そのため，高速変調された信号光に対する実効的なブリリュアン閾値は，(1)での値よりも高くなる．

この光源のスペクトル幅拡がりの効果を積極的に利用すると，ファイバーへ入力可能な光パワーを上げることができる．たとえば，光パラメトリック増幅（第 7 章）では，増幅利得を得るためには，高いパワーのポンプ光をファイバーに入射する必要があるが，連続光をそのまま用いたのでは，ブリリュアン散乱による入力制限のために，十分な利得が得られない．そこで，ポンプ光に位相変調を加えて，光スペクトルを拡げることが，通常行われる．これにより実効的なブリリュアン閾値を上げて，高パワーのポンプ光をファイバーに入力している．

第10章

周期分極反転デバイス

　これまで，光ファイバー通信における非線形光学現象について，主に，光信号伝送への影響という視点でみてきたが，一方で，それを積極的に応用しようという研究も進められている．波長変換や高速光スイッチといった，全光機能デバイスへの応用である．それらへの応用には，これまで述べてきた光ファイバーの非線形性も利用可能ではあるが，デバイスサイズの点で，使い勝手があまりよくない．これに対し，2次の非線形光学結晶を用いるデバイスは，小型モジュール化が可能である．とくに，近年では，周期分極反転構造により擬似的に位相整合条件を満たす技術の開発が進み，高効率なデバイスが得られるようになってきた．本章では，2次の非線形光学デバイス，特に周期分極反転非線形デバイスについて述べる．

10.1　差周波発生

　2.1.1項で述べたように，2次の非線形媒質に，f_1 と f_2 の二つの異なる周波数光を入射すると，$2f_1, 2f_2, (f_1 - f_2), (f_1 + f_2)$ といった新たな周波数光が発生する．光通信に主に応用されるのは，このうちの，周波数 $(f_1 - f_2)$ の光を発生させる現象，すなわち差周波発生である．発生光周波数を $f_d \equiv f_1 - f_2$ と表記すると，三つの周波数関係は $(f_d - f_1/2) = -(f_2 - f_1/2)$ と書かれ，これを図示すると，図 10.1 となる．差周波数光は，$f_1/2$ を中心にして，f_2 と対称的な周波数位置に発生する．したがって，f_1 が f_2 のほぼ2倍の周波数であれば $(f_1/2 \approx f_2)$，f_2 の近傍に差周波数光が発生することになる．そこで，これを利用して，光周波数 f_s の信号光を同じ波長帯内で波長

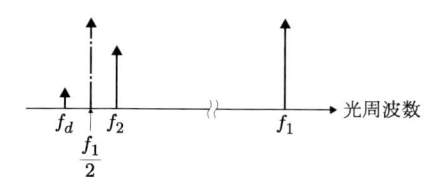

図 10.1　差周波発生の周波数関係

変換する．本章では，光通信への応用を念頭におき，種々の2次光非線形現象の中でも，差周波発生に絞って話を進める．

差周波数光発生の様子は，四光波混合発生と類似の式の展開（3.1.1項）により記述される．まず，次式で表されるポンプ光（角周波数 ω_p）と信号光（角周波数 ω_s）が，2次非線形媒質内を z 方向に伝播しているとする．

$$E = \frac{1}{2}\{A_\mathrm{p}(z)\exp[i(\beta_\mathrm{p} z - \omega_\mathrm{p} t)] + A_\mathrm{s}(z)\exp[i(\beta_\mathrm{s} z - \omega_\mathrm{s} t)] + c.c.\} \quad (10.1)$$

β_k：角周波数 ω_k の光波の伝播定数（$k = \mathrm{p}, \mathrm{s}$）．これを，2次の非線形分極の表式 $P_\mathrm{NL} = \varepsilon_0 \chi^{(2)} E^2$ に代入し，その中から，$\omega_\mathrm{d} = \omega_\mathrm{p} - \omega_\mathrm{s}$ である周波数成分を書き出す．

$$P_\mathrm{NL}(\omega_\mathrm{d}, z) = \frac{\varepsilon_0 \chi^{(2)}}{2} A_\mathrm{p}(z) A_\mathrm{s}^*(z) \exp[i\{(\beta_\mathrm{p} - \beta_\mathrm{s})z - \omega_\mathrm{d} t\}] + c.c. \quad (10.2)$$

これを式 (2.38) の表式に対応させると，非線形分極の振幅は，

$$A_\mathrm{NL}(\omega_\mathrm{d}, z) = \varepsilon_0 \chi^{(2)} A_\mathrm{p}(z) A_\mathrm{s}^*(z) \quad (10.3)$$

となり，その伝播定数は，$\beta_\mathrm{NL} = \beta_\mathrm{p} - \beta_\mathrm{s}$ と書かれる．

式 (10.2) の非線形分極から，角周波数 ω_d の光が発生する．発生光を，

$$E(\omega_\mathrm{d}, z) = \frac{1}{2} A_\mathrm{d}(z) \exp[i(\beta_\mathrm{d} z - \omega_\mathrm{d} t)] + c.c. \quad (10.4)$$

と表記すると，この振幅 A_d は式 (2.40) に従うことになる．式 (2.40) をここでの表式を使って書きなおすと，次式となる．

$$\frac{dA_\mathrm{d}(z)}{dz} = i\frac{\omega_\mathrm{d} \chi^{(2)}}{2cn} A_\mathrm{p}(z) A_\mathrm{s}^*(z) e^{i\Delta\beta z} \quad (10.5)$$

ただし，$\Delta\beta = \beta_\mathrm{p} - \beta_\mathrm{s} - \beta_\mathrm{d}$ である．また，2次非線形光学デバイスの媒質長は短いため，伝播損失は無視した．

ポンプ・デプレッションなしの近似下では，式 (10.5) の解が，次のように得られる．

$$A_\mathrm{d}(L) = \frac{\omega_\mathrm{d} \chi^{(2)}}{2cn} A_\mathrm{p}(0) A_\mathrm{s}^*(0) \frac{e^{i\Delta\beta L} - 1}{\Delta\beta} \quad (L：伝播長) \quad (10.6)$$

この光強度は，次式のように表される（式 (3.16) 参照）．

$$I_\mathrm{d}(L) = \frac{\omega_\mathrm{d}^2 \{\chi^{(2)}\}^2}{2c^3 n^3 \varepsilon_0} I_\mathrm{p}(0) I_\mathrm{s}(0) \frac{\sin^2(\Delta\beta L/2)}{(\Delta\beta L/2)^2} L^2 \quad (10.7)$$

上式は，発生効率は，$\Delta\beta = 0$ のときに最大であり，$|\Delta\beta|$ が大きくなるにしたがって低下することを示している．これは，3.2.4項で述べた位相整合特性に他ならず，その $\Delta\beta$ 依存性は図 3.3 に示されている．

デバイス応用のためには，位相整合条件 $\Delta\beta = 0$ を満たして，発生効率を高くする必要がある．ファイバー内四光波混合では，ファイバーのゼロ分散波長を利用することにより，容易に $\Delta\beta = 0$ となり得た（4.1節）．一方，差周波発生の場合，そのままで $\Delta\beta = 0$ とすることは難しい．これは，関与する光の周波数が，四光波混合ではほぼ同じであるのに対し，差周波発生では大きく異なるためである．四光波混合の位相不整合量は，$\Delta\beta = \beta(f_1) + \beta(f_2) - \beta(f_3) - \beta(f_f) = (2\pi/c)(n_1 f_1 + n_2 f_2 - n_3 f_3 - n_f f_f)$（式 (3.7)）と書かれる（$n_k$：周波数 f_k の光についての屈折率）．ここで，$f_f = f_1 + f_2 - f_3$ であるので，四つの光波の周波数は，ほぼ同じとすることができる．したがって，$n_1 \approx n_2 \approx n_3 \approx n_f$ より，$\Delta\beta \approx 0$ である．もともとの位相不整合量が大きくなく，ゼロ分散波長帯を利用してひと工夫すると，$\Delta\beta = 0$ となる．一方，差周波発生では，$f_d = f_p - f_s$ であるので，三つの光周波数は大きく異なる．たとえば，ファイバー通信波長帯での波長変換を想定すると，$f_d \approx f_s \approx 200\,\mathrm{THz}$（波長 $1.5\,\mathrm{\mu m}$ 帯），$f_p \approx 400\,\mathrm{THz}$（波長 $0.7\sim 0.8\,\mathrm{\mu m}$）である．このように周波数差が大きいと，屈折率差も大きく，位相整合条件を満たすのが容易ではない．一般に，非線形光学では，複屈折を利用して位相整合をとる方法が広く用いられているが，条件の制約から，この方法は $1.5\,\mathrm{\mu m}$ 帯波長変換用としては適当ではなかった．

10.2 擬似位相整合

2次非線形媒質における位相整合の困難さを解決したのが，**擬似位相整合法**とよばれる手法である．非線形結晶に特殊な細工を施す方法で，手法そのものは古くから知られていたが，作製技術の進展により，1990年代後半頃から急速に広まった．主に，レーザー光源では得られない波長のコヒーレント光を発生させる手段として開発が進められ，製品化もされている．本節では，差周波発生を題材にして，擬似位相整合について説明する．

2次の非線形分極は，$P_{\mathrm{NL}} = \varepsilon_0 \chi^{(2)} E^2$ と書かれる．ここで，結晶の作製の仕方により，非線形感受率 $\chi^{(2)}$ の符号をマイナスとすることができる．そこで，図 10.2 に示すように，$\chi^{(2)}$ が正の領域と負の領域が交互に形成されている結晶を作製する．図中の矢印は分極の向きを示す．これを**周期分極反転構造**とよぶ．また，非線形媒質としては，非線形定数の大きさから，ニオブ酸リチウム（LiNbO$_3$）系の結晶を用いるのが一

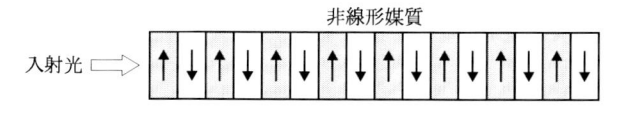

図 10.2　周期分極反転構造

般的であり,周期分極反転構造とした LiNbO$_3$ を **PPLN**(periodic poled LiNbO$_3$)とよぶ.以下,このような結晶構造における差周波発生について考える.考察の手法は,不均一分散ファイバー内の四光波混合で用いたモデルに従う(4.1.2 項).すなわち,結晶の各所で発生した非線形光が,残りの部分を線形に伝播して出力端に到達するものとし,それらを全て足し合わせたものを非線形発生光とする(図 10.3).

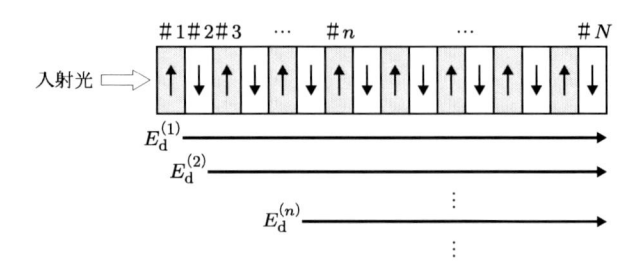

図 10.3 差周波数光の発生モデル

まず,n 番目の領域で発生する差周波数光について考える.この発生電場は,式 (10.1) から出発して,式 (10.6) を導き出したのと同様の手順により得られる.ただし,前節では非線形分極波と差周波数光が同じ地点から伝播し始めるとしたが,ここでは,分極波は結晶入射端から差周波数光が発生し始める地点まですでに伝播してきており,これによる伝播位相を取り込んでおく必要がある.そのようにすると,n 番目領域で発生する差周波数光は,次のように表される.

$$E_d^{(n)}(z_n) = \frac{\omega_d (-1)^n \chi^{(2)}}{4cn} A_p(0) A_s^*(0) e^{i(\beta_p - \beta_s)z_{n-1}} \frac{e^{i\Delta\beta \Delta z} - 1}{\Delta \beta} e^{i\beta_d \Delta z} + c.c. \tag{10.8}$$

z_n:n 番目領域の出力端位置,Δz:1 領域長.$\chi^{(2)}$ の前の $(-1)^n$ は $\chi^{(2)}$ の符号が奇(偶)数番目の領域では正(負)であることを,また中ほどの $e^{i(\beta_p - \beta_s)z_{n-1}}$ は n 番目領域入力端における非線形分極の位相をそれぞれ表している.なお,表記の簡略化のため,周波数項は省略した.

n 番目の領域で発生した差周波数光は,残りの領域を線形に伝播して結晶出力端に達する.すると,その間の伝播位相 $\beta_d(z_N - z_n)$ が,式 (10.8) に付け加わる.

$$E_d^{(n)}(z_n \to z_N) = \frac{\omega_d (-1)^n \chi^{(2)}}{4cn} A_p(0) A_s^*(0)$$
$$\times \frac{e^{i\Delta\beta \Delta z} - 1}{\Delta \beta} e^{i\{(\beta_p - \beta_s)z_{n-1} + \beta_d \Delta z\}} \cdot e^{i\beta_d(z_N - z_n)} + c.c.$$

$$= \frac{\omega_{\mathrm{d}}(-1)^n \chi^{(2)}}{4cn} A_{\mathrm{p}}(0) A_{\mathrm{s}}^*(0) \frac{e^{i\Delta\beta\Delta z}-1}{\Delta\beta} e^{i(\Delta\beta z_{n-1}+\beta_{\mathrm{d}} z_N)} + c.c. \tag{10.9}$$

ただし，N は全領域数（簡単のため偶数とする）．全発生光は，上式の足し合わせとなる．

$$\begin{aligned}
E_{\mathrm{d}}(z_N) &= \sum_{n=1}^{N} E_{\mathrm{d}}^{(n)}(z_n \to z_N) \\
&= -\frac{\omega_{\mathrm{d}} \chi^{(2)}}{4cn} A_{\mathrm{p}}(0) A_{\mathrm{s}}^*(0) e^{i\beta_{\mathrm{d}} z_N} \frac{1-e^{i\Delta\beta\Delta z}}{\Delta\beta} \\
&\quad \times \{\underbrace{1-e^{i\Delta\beta\Delta z}+e^{i2\Delta\beta\Delta z}-e^{i3\Delta\beta\Delta z}+\cdots+e^{i(N-2)\Delta\beta\Delta z}}_{} \\
&\qquad \underbrace{-e^{i(N-1)\Delta\beta\Delta z}}_{}\} + c.c. \\
&= -\frac{\omega_{\mathrm{d}} \chi^{(2)}}{4cn} A_{\mathrm{p}}(0) A_{\mathrm{s}}^*(0) e^{i\beta_{\mathrm{d}} z_N} \frac{1-e^{i\Delta\beta\Delta z}}{\Delta\beta} \\
&\quad \times (1-e^{i\Delta\beta\Delta z})\{1+e^{i2\Delta\beta\Delta z}+e^{i4\Delta\beta\Delta z}+\cdots+e^{i(N-2)\Delta\beta\Delta z}\} + c.c. \\
&= -\frac{\omega_{\mathrm{d}} \chi^{(2)}}{4cn} A_{\mathrm{p}}(0) A_{\mathrm{s}}^*(0) \frac{e^{i\beta_{\mathrm{d}} z_N}}{\Delta\beta} (1-e^{i\Delta\beta\Delta z})^2 \cdot \frac{1-e^{iN\Delta\beta\Delta z}}{1-e^{i2\Delta\beta\Delta z}} + c.c. \\
&= -\frac{\omega_{\mathrm{d}} \chi^{(2)}}{4cn} A_{\mathrm{p}}(0) A_{\mathrm{s}}^*(0) \frac{e^{i\beta_{\mathrm{d}} z_N}}{\Delta\beta} \cdot (e^{-i\Delta\beta\Delta z/2}-e^{i\Delta\beta\Delta z/2})^2 e^{i\Delta\beta\Delta z} \\
&\quad \times \frac{e^{-iN\Delta\beta\Delta z/2}-e^{iN\Delta\beta\Delta z/2}}{e^{-i\Delta\beta\Delta z}-e^{i\Delta\beta\Delta z}} \cdot \frac{e^{iN\Delta\beta\Delta z/2}}{e^{i\Delta\beta\Delta z}} + c.c. \\
&= -\frac{\omega_{\mathrm{d}} \chi^{(2)}}{cn} A_{\mathrm{p}}(0) A_{\mathrm{s}}^*(0) \frac{e^{i\beta_{\mathrm{d}} z_N}}{\Delta\beta} \\
&\quad \times \sin^2\left(\frac{\Delta\beta\Delta z}{2}\right) \frac{\sin(N\Delta\beta\Delta z/2)}{\sin(\Delta\beta\Delta z)} e^{iN\Delta\beta\Delta z/2} + c.c. \tag{10.10}
\end{aligned}$$

ここで,

$$\Delta\beta\Delta z = \pi \tag{10.11}$$

としてみると,

$$E_{\mathrm{d}}(L) = \pm\frac{\omega_{\mathrm{d}} \chi^{(2)}}{cn} A_{\mathrm{p}}(0) A_{\mathrm{s}}^*(0) e^{i\beta_{\mathrm{d}} L} \frac{L}{2\pi} + c.c. \tag{10.12}$$

となる．ただし，L：結晶長である．また，$\Delta\beta\Delta z \to \pi$ では $\sin(N\Delta\beta\Delta z/2)/\sin(\Delta\beta\Delta z)$

$=N/2$, $z_N = N\Delta z = L$, $\Delta\beta = \pi/\Delta z$ を用いた．式 (10.12) の光強度は，

$$I_\mathrm{d}(L) = \frac{\omega_\mathrm{d}{}^2\{\chi^{(2)}\}^2}{2c^3 n^3 \varepsilon_0} \frac{L^2}{(2\pi)^2} I_\mathrm{p}(0) I_\mathrm{s}(0) \tag{10.13}$$

となる．

上式は，発生光の強度が，結晶長 L の 2 乗に比例して増大することを示している．式 (10.13) は $\Delta\beta$ の値によらずに導かれているので，この特性は，$\Delta\beta \neq 0$ であっても成立する．一方，式 (10.7) で示されているように，通常の媒質では，位相整合がとれている場合（$\Delta\beta = 0$）にのみ発生効率は L^2 に比例し，そうでないと，L とともに増えたり減ったりするだけとなる．このように，図 10.2 のような構造の非線形媒質では，物質定数としては位相整合条件が満たされていないのにもかかわらず，位相整合時と同様の特性が得られる．ただし，位相整合時と全く同じというわけではない．式 (10.7) において，$\Delta\beta = 0$ とすると，

$$I_\mathrm{d}(L) = \frac{\omega_\mathrm{d}{}^2\{\chi^{(2)}\}^2}{2c^3 n^3 \varepsilon_0} I_\mathrm{p}(0) I_\mathrm{s}(0) L^2 \tag{10.14}$$

となる．これと式 (10.13) を見比べると，$1/(2\pi)^2$ だけ，式 (10.13) の方が小さい．

$\Delta\beta \neq 0$ であるにもかかわらず，L^2 に比例する発生効率が得られるのは，次の 2 点による．

①非線形分極の符号をプラスとマイナス交互に配置したこと．
② 1 領域長を $\Delta\beta\Delta z = \pi$ となるようにしたこと．

式 (10.10) において，各領域で発生する非線形光の足し合わせの効果は，波線部の，

$$\{1 - e^{i\Delta\beta\Delta z} + e^{i2\Delta\beta\Delta z} - e^{i3\Delta\beta\Delta z} + \cdots + e^{i(N-2)\Delta\beta\Delta z} - e^{i(N-1)\Delta\beta\Delta z}\}$$

で表されている．この表式において，非線形分極の極性が周期的に反転しているため，各項がプラス，マイナス交互に足し合わされており，さらに，$\Delta\beta\Delta z = \pi$ であるために全ての項が同相で足し合わされる．そのため，合計振幅の大きさが領域数に比例し，全光強度は領域数の 2 乗，すなわち，長さの 2 乗に比例する．ただし，1 領域内での位相不整合の効果はそのまま残り，これが上の足し算の直前の項 $(1-e^{i\Delta\beta\Delta z})/\Delta\beta$ に現れている．この項の分だけ，完全に位相整合がとれている場合よりも効率は低い．

なお，実をいうと，擬似位相整合特性を導くには，基本微分方程式 (10.5) を入射端から順次解いていく方が簡単である．しかし，本書でベースとしているモデルに準拠するため，並びに，隣り合う領域で発生する非線形光が同位相となることがポイントであることを示したかったため，ここでは上記のような取り扱いをした．

10.3 帯域特性

前節で述べたように，$\Delta\beta\Delta z = \pi$（式 (10.11)）が満たされると，効率よく差周波数光が発生する．この条件式について詳しくみてみる．まず，$\Delta\beta$ を書き下すと，

$$\Delta\beta = \beta_\mathrm{p} - \beta_\mathrm{s} - \beta_\mathrm{d} = \frac{2\pi}{c}\{n(f_\mathrm{p})f_\mathrm{p} - n(f_\mathrm{s})f_\mathrm{s} - n(f_\mathrm{d})f_\mathrm{d}\} \tag{10.15}$$

となる．ここで，信号光と発生光の屈折率を，$f_\mathrm{p}/2$ の周りでテイラー展開してみる．

$$n(f_\mathrm{s}) \approx n\left(\frac{f_\mathrm{p}}{2}\right) + \frac{dn}{df}\left(f_\mathrm{s} - \frac{f_\mathrm{p}}{2}\right) = n\left(\frac{f_\mathrm{p}}{2}\right) + \frac{dn}{df}\Delta f \tag{10.16a}$$

$$n(f_\mathrm{d}) \approx n\left(\frac{f_\mathrm{p}}{2}\right) + \frac{dn}{df}\left(f_\mathrm{d} - \frac{f_\mathrm{p}}{2}\right) = n\left(\frac{f_\mathrm{p}}{2}\right) - \frac{dn}{df}\Delta f \tag{10.16b}$$

ただし，$\Delta f \equiv f_\mathrm{s} - f_\mathrm{p}/2 = -(f_\mathrm{d} - f_\mathrm{p}/2)$ である（図 10.1 参照）．式 (10.16) を式 (10.15) に代入すると，次式が得られる．

$$\Delta\beta = \frac{2\pi}{c}\left\{n(f_\mathrm{p})f_\mathrm{p} - n\left(\frac{f_\mathrm{p}}{2}\right)f_\mathrm{p} - 2\frac{dn}{df}(\Delta f)^2\right\} \tag{10.17}$$

$f_\mathrm{p} \gg \Delta f$ では，次のようになる．

$$\Delta\beta \approx \left\{n(f_\mathrm{p}) - n\left(\frac{f_\mathrm{p}}{2}\right)\right\}\frac{2\pi f_\mathrm{p}}{c} = \beta(f_\mathrm{p}) - 2\beta\left(\frac{f_\mathrm{p}}{2}\right) \tag{10.18}$$

上式は，$\Delta\beta$ は，ポンプ光とその 1/2 の周波数の光の伝播定数で決まり，信号光の周波数にはよらないことを示している．したがって，ポンプ光とその 1/2 周波数光について $\Delta\beta\Delta z = \pi$ である結晶を用意すれば，どの周波数の信号光に対しても擬似位相整合条件が成り立って，効率よく差周波数光が発生する．ただし，これは，信号光の周波数がポンプ光の 1/2 の周波数近傍であり，信号光の感じる屈折率が式 (10.16) のように近似展開できるとした場合の話である．信号光の周波数がポンプ光の 1/2 周波数から離れてくると，式 (10.16) の近似が成り立たなくなり，その結果，$\Delta\beta\Delta z \neq \pi$ となって発生効率は低下する．長さ 30 mm の $\mathrm{LiNbO_3}$ 結晶について，実際のパラメーターを使い，信号光周波数（波長）に対する発生効率を計算した例を図 10.4 に示す．発生効率が平坦である信号光帯域は，片側約 20 nm となっている．

以上は，ポンプ光とその 1/2 周波数の光の伝播定数についての擬似位相整合条件が成り立っている場合の，信号光の帯域特性であった．それでは，次に，ポンプ光の周波数が $\Delta\beta\Delta z = \pi$ を満たす値から離れたときの帯域特性をみてみる．

まず，ポンプ光周波数 f_p が，$\Delta\beta\Delta z = \pi$ となる値 f_p0 から Δf_p だけずれたとする．

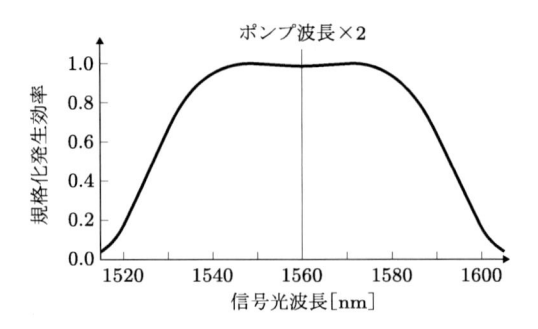

図 10.4 差周波数光発生効率の信号光波長依存性

$$f_p = f_{p0} + \Delta f_p \tag{10.19}$$

次に，ポンプ光が感じる屈折率を，f_{p0} の周りでテイラー展開する．

$$n(f_p) \approx n(f_{p0}) + \left(\frac{dn}{df}\right)_{f_{p0}} \cdot \Delta f_p \tag{10.20a}$$

dn/df の下添え字は，f_{p0} における微分係数であることを表す．1/2 周波数の光が感じる屈折率についても同様に，

$$n\left(\frac{f_p}{2}\right) \approx n\left(\frac{f_{p0}}{2}\right) + \left(\frac{dn}{df}\right)_{f_{p0}/2} \cdot \frac{\Delta f_p}{2} \tag{10.20b}$$

と展開する．そして，式 (10.16), (10.19), (10.20) を位相不整合量の表式 (10.15) に代入すると，次式が得られる．

$$\Delta\beta \approx \left\{n(f_{p0}) - n\left(\frac{f_{p0}}{2}\right)\right\}\frac{2\pi f_{p0}}{c} + \left\{n(f_{p0}) - n\left(\frac{f_{p0}}{2}\right)\right\}\frac{2\pi}{c}\Delta f_p$$
$$+ \left\{\left(\frac{dn}{df}\right)_{f_{p0}} - \frac{1}{2}\left(\frac{dn}{df}\right)_{f_{p0}/2}\right\}\frac{2\pi}{c}f_{p0}\Delta f_p \tag{10.21}$$

右辺第 1 項は擬似位相整合を満たす項，第 2 および第 3 項はそれからのずれを表す項である．後者のため，ポンプ光周波数が所定値から離れると，擬似位相整合条件が満たされなくなり，差周波光の発生効率は低下する．

図 10.5 は，図 10.4 と同様の状況設定における，ポンプ光波長帯域の計算例である．効率が最大である波長が擬似位相整合波長であり，ポンプ波長がそれから離れると，効率が低下する様子が示されている．許容帯域は 0.2 nm と狭く，差周波数光を発生させるためには，ポンプ光波長を高い精度で所定の値に設定しなければならないことが

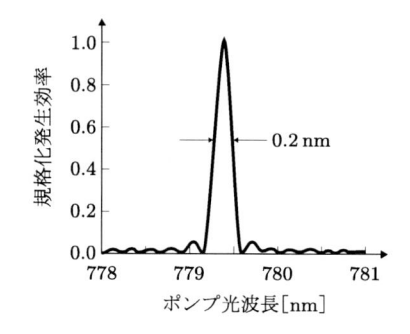

図 10.5　差周波発生効率のポンプ光波長依存性

示唆されている．

10.4　光機能素子への応用

◆ 10.4.1　波長変換

　これまで述べてきた差周波発生を，光通信波長帯での波長変換に応用する研究が進められている．1.5 μm 帯の信号光とともに，波長 0.78 μm の連続ポンプ光を周期分極反転された 2 次非線形媒質に入射すると，1.5 μm 帯の波長変換光が出力される．デバイス応用に際しては，非線形媒質を導波路構造とするのが通例である．式 (10.13) で示されているように，波長変換効率は，ポンプ光強度および伝播長の 2 乗に比例する．そこで，導波路構造により光を狭い領域に閉じ込め，ポンプ光強度を高く，かつ伝播長を長くすることにより，高い変換効率を得る．

　波長変換デバイスとしては，変換先の波長が可変であることが望ましい．ところが，ひとつの波長変換デバイスの反転分極周期 Δz は固定であり，これから擬似位相整合条件を満たすポンプ光波長 λ_p が自動的に決まるため，波長 λ_s の信号光の変換先波長 λ_c は，$1/\lambda_c = 1/\lambda_p - 1/\lambda_s$ に特定される（周波数と波長の関係は $f = c/\lambda$）．この難点を少しでも回避するために，結晶の温度を制御することが，通常行われる．代表的な 2 次の非線形光学結晶であるニオブ酸リチウム（$LiNbO_3$）は，屈折率が温度により変化するため，温度を変えると，擬似位相整合条件が変わり，差周波数光を発生させる波長条件が変わる．これにより，変換波長を変えることができる．ただし，その可変幅はそれほど大きくない．この課題の解決法として，分極反転の周期構造を複雑化して，複数の波長に対して擬似位相整合条件を満たす工夫もなされている．なお，擬似位相整合条件が温度で変わるということは，安定した波長変換動作のためには結晶の温度制御が必要ということでもある．

　1.5 μm 帯での波長変換を行うためには，波長 0.78 μm で高パワーのポンプ光源を

用意しなければならない．使いやすい半導体レーザーでこれに適した光源は得にくいため，通信波長帯の光を第二高調波発生により $0.78\,\mu\mathrm{m}$ に波長変換して，これをポンプ光源として用いることが，しばしば行われる．第二高調波発生（second harmonic generation: SHG）とは，光周波数 f の光から周波数 $2f$ の光が発生する 2 次非線形現象で，その位相整合条件は $2\beta(f) - \beta(2f) = 0$ となっている．ここで，$f = f_\mathrm{p}/2$ としてみると，位相不整合量は，差周波発生のそれと同じ表式となる．すなわち，$f_\mathrm{p}/2$ の周波数の光から f_p の周波数の光を発生させる第二高調波発生過程の位相整合条件と，f_p と f_s の周波数の光から $f_\mathrm{d} = f_\mathrm{p} - f_\mathrm{s}$ の周波数光を発生させる差周波発生過程の位相整合条件は，f_s が $f_\mathrm{p}/2$ の近傍である場合に同じとなる．したがって，同一の周期分極反転構造で，両者を同時に満たすことができる．そこで，周波数 $f_\mathrm{p}/2$ のポンプ光と f_s の信号光を，ひとつの周期分極反転デバイスに入射し，前半部で第二高調波発生により周波数 f_p の光を発生させ，後半部で差周波発生により $f_\mathrm{d} = f_\mathrm{p} - f_\mathrm{s}$ の周波数の光を発生させる．これにより，光周波数 f_s から f_d への波長変換を行う．この構成では，入射ポンプ光波長が通信波長帯でよく，光通信分野で開発された高出力半導体レーザーや高出力ファイバー増幅器が利用できる．

◆ 10.4.2 光パラメトリック増幅

第 3 章および第 4 章で四光波混合について述べ，第 7 章でこれにより光が増幅される（光パラメトリック増幅）ことを示した．同様のことが，差周波発生でも起こる．すなわち，f_s の光と f_p の光から $f_\mathrm{d} = f_\mathrm{p} - f_\mathrm{s}$ が発生する非線形過程の位相整合条件は，f_d と f_p から $f_\mathrm{s} = f_\mathrm{p} - f_\mathrm{d}$ が発生する非線形過程の位相整合条件でもあるため，いったん f_d 光が発生すると，それと f_p 光から f_s 光が発生して，もとの f_s 光に足し合わされ，f_s 光が増加する．すると，f_d 光がさらに発生し，これよりさらに f_s 光が増加するという循環過程が次々と起こり，周波数 f_s の入射光が増幅されて出力される．本項では，これについて述べる．

差周波発生による光パラメトリック増幅の定式的な記述法は，四光波混合のときと，基本的には同様である．まず，相互作用する三つの周波数光を，次のように表す．

$$E(\omega_k) = \frac{1}{2} A_k(z) \exp[i(\beta_k z - \omega_k t)] + c.c. \quad (k = \mathrm{p, s, i}) \tag{10.22}$$

添え字の p, s, i は，それぞれポンプ光，シグナル光，アイドラー光を表しており，$\omega_\mathrm{s} + \omega_\mathrm{i} = \omega_\mathrm{p}$ が満たされているとする．ここでは，パラメトリック増幅の慣例に従って，シグナル光，アイドラー光という名称を用いるが，これらは，これまでの信号光，差周波数光のことである．

次に，全光波を $E = E(\omega_\mathrm{p}) + E(\omega_\mathrm{s}) + E(\omega_\mathrm{i})$ とし，2 次の非線形分極 $P_\mathrm{NL} = \varepsilon_0 \chi^{(2)} E^2$

に代入する．そして，$P_{\rm NL}$ の中から対応する周波数成分を書き出し，各周波数成分についての振幅方程式 (2.40) に代入する．

$$\frac{dA_{\rm p}}{dz} = i\frac{\mu c \omega_{\rm p} \varepsilon_0 \chi^{(2)}}{2} A_{\rm s} A_{\rm i} e^{-i\Delta\beta z} \tag{10.23a}$$

$$\frac{dA_{\rm s}}{dz} = i\frac{\mu c \omega_{\rm s} \varepsilon_0 \chi^{(2)}}{2n} A_{\rm p} A_{\rm i}^* e^{i\Delta\beta z} \tag{10.23b}$$

$$\frac{dA_{\rm i}}{dz} = i\frac{\mu c \omega_{\rm i} \varepsilon_0 \chi^{(2)}}{2n} A_{\rm p} A_{\rm s}^* e^{i\Delta\beta z} \tag{10.23c}$$

ただし，伝播損失は無視した．

$\omega_{\rm p} \approx 2\omega_{\rm s} \approx 2\omega_{\rm i}$ であることを頭においたうえで，上式を 3 次非線形性によるパラメトリック相互作用を記述する結合方程式 (7.2) と見比べると，次の 2 点以外は両者は同じ形であることに気が付く．

①自己位相変調，相互位相変調に相当する項が上式にはない．

②ポンプ光振幅の右辺への入り方が，上式では $A_{\rm p}$，式 (7.2) では $F_{\rm p}{}^2$ となっている．そこで，$A_k = |A_k|\exp[i\phi_k]$ とおいて，式 (7.2) と同様に式を展開していくと，式 (7.4) に類似の次式が得られる．

$$\frac{d|A_{\rm p}|}{dz} = -2\kappa|A_{\rm s}||A_{\rm i}|\sin\theta \tag{10.24a}$$

$$\frac{d|A_{\rm s}|}{dz} = \kappa|A_{\rm p}||A_{\rm i}|\sin\theta \tag{10.24b}$$

$$\frac{d|A_{\rm i}|}{dz} = \kappa|A_{\rm p}||A_{\rm s}|\sin\theta \tag{10.24c}$$

$$\frac{d\theta}{dz} = \kappa\left(\frac{|A_{\rm p}||A_{\rm i}|}{|A_{\rm s}|} + \frac{|A_{\rm p}||A_{\rm s}|}{|A_{\rm i}|} - 2\frac{|A_{\rm s}||A_{\rm i}|}{|A_{\rm p}|}\right)\cos\theta - \Delta\beta \tag{10.24d}$$

ただし，$\kappa \equiv \mu c \omega_{\rm s} \varepsilon_0 \chi^{(2)}/(2n)$，$\theta \equiv \phi_{\rm s} + \phi_{\rm i} - \phi_{\rm p} - \Delta\beta z$（$\phi$ は各光波の位相）である．さらに，式 (7.4) と同様の考察を加えると，$\Delta\beta = 0$ のときには，伝播するにつれてポンプ光が減少し，シグナル光とアイドラー光が増加するという結論が得られる．すなわち，差周波発生を介して，シグナル光が増幅される．

ポンプ・デプレッションなし近似下では，増幅利得の解析解が得られることも，3 次パラメトリック増幅の場合と同様である．式 (10.23b), (10.23c) を書き換えると，

$$\frac{dA_{\rm s}}{dz} = i\kappa A_{\rm p} A_{\rm i}^* e^{i\Delta\beta z} \tag{10.25a}$$

$$\frac{dA_{\rm i}^*}{dz} = -i\kappa A_{\rm p}^* A_{\rm s} e^{-i\Delta\beta z} \tag{10.25b}$$

2次パラメトリック過程では，自己位相変調，相互位相変調がないため，ポンプ・デプレッションなしの近似のもとでは，ポンプ光の振幅 A_p は実定数としてよい．すると，上式は，$A_\mathrm{s} \Leftrightarrow b_\mathrm{s}, A_\mathrm{i} \Leftrightarrow b_\mathrm{i}, A_\mathrm{p} = A_\mathrm{p}^* \Leftrightarrow P_0, \Delta\beta \Leftrightarrow \Delta\beta', \kappa \Leftrightarrow \gamma$ という対応付けにより，式 (7.16) と同じ式になる．したがって，式 (7.16) を解いたのと同じ手順により，シグナル光に対する増幅利得 G_s が，次のように得られる．

$$G_\mathrm{s} = \cosh^2(gz) + \left(\frac{\Delta\beta}{2g}\right)^2 \sinh^2(gz) \tag{10.26}$$

ただし，$g \equiv \sqrt{(\kappa A_\mathrm{p})^2 - (\Delta\beta/2)^2}$ である．このように，2次の非線形性によっても，光パラメトリック増幅が起こる．ただし，相互作用長が短いため，得られる増幅利得は，光ファイバーほど大きくはない．

なお，非線形光学分野では，光パラメトリック増幅というと，本項で述べた2次非線形光学効果による増幅現象を指すのが一般的である．しかし，本書では，ファイバー通信における非線形現象を主題としているため，光ファイバーの3次非線形性による光パラメトリック増幅を主とした．

第11章

半導体光増幅器の光非線形性

　半導体光増幅器は，もともとは，光通信用の光増幅素子として研究されてきた光デバイスである．現在広く普及しているエルビウム添加ファイバー増幅器に比べると，波長分割多重伝送に不向き，雑音性能が劣るなどの難点があり，実用化という点では遅れをとっているが，小型かつ他の光デバイスとの集積化が可能といった利点もあり，それを活かす方向での研究が進められている．ここで，波長分割多重伝送に不向きなのは，波長多重された信号光を半導体光増幅器で増幅すると，信号光間の相互作用が容易に起こってしまうためである．つまり，光非線形性が大きい．これを逆手にとって，光を光で制御する全光機能デバイス応用へ向けた研究も行われている．

　信号増幅用と光機能デバイス応用のいずれにしても，半導体光増幅器の非線形特性を知っておくことは有用である．本章では，この話題を取り上げる．

11.1　半導体光増幅器

◆ 11.1.1　誘導放出

　まずは，半導体光増幅器について説明する．半導体のエネルギー構造は，電子（キャリア）が存在する伝導帯と，正孔（ホール）が存在する価電子帯とからなる．この構造をうまい具合に設計して，そこへ電流を注入すると，同じ領域内で，伝導帯には電子，価電子帯には正孔が同時に存在する状況を作り出すことができる．このような領域を活性層とよぶ．そこへ外部から光が入射されると，入射光に刺激されて電子と正孔が再結合し，それにともなって光が放射される（図 11.1）．これを**誘導放出**とよぶ．

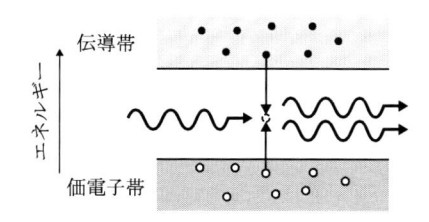

図 11.1　光半導体のエネルギー構造と誘導放出

放射光は，入射光に刺激されて発生するので，その光周波数および位相は，もとの光に同期している．そのため，もとの光に同位相で足し合わされ，入射光が増幅されたのと等価となる．これが，半導体光増幅器の基本動作原理である．

◆ 11.1.2 基本式

前項で述べたように，伝導帯キャリアと光との相互作用の結果，光増幅現象が起こる．したがって，その増幅動作は，キャリア密度に関する式と，光強度に関する式の連立式により記述される．活性層領域におけるキャリア密度の挙動は，**レート方程式**とよばれる次式に従う．

$$\frac{dn(z,t)}{dt} = \frac{J}{ed} - A_g n(z,t) \frac{I(z,t)}{h\nu} - \frac{n(z,t)}{\tau_c} \tag{11.1}$$

n：伝導帯のキャリア密度，J：注入電流密度，e：電荷，d：活性層幅，A_g：微分利得係数，I：活性層内の光強度，$h\nu$：1光子エネルギー，τ_c：キャリア緩和時間．

第1項は，電流注入により活性層に流れ込むキャリアを表す．注入電流密度 J を電荷 e で割っているのは電流をキャリア数に換算するため，活性層幅 d で割っているのは密度に換算するためである．

第2項は，誘導放出によるキャリア密度減少を表す．誘導放出はキャリアと正孔との再結合によって起こり，キャリア密度は，その分だけ減少する．この過程は入射光に刺激されて起こるので，その減少率は，光子数密度 $I/(h\nu)$ に比例する．また，キャリア数が多ければ，誘導放出も起こりやすいので，キャリア密度 n にも比例する．正確には，媒質には吸収があり，それを相殺した残りのキャリアが増幅に寄与するので，第2項はキャリア密度 n から増幅が起こり始める閾値密度 n_0 を差し引いた $(n-n_0)$ に比例するのであるが，ここでは簡単のため，n は十分大きいとして，この効果は無視した．そして，これらの比例関係をまとめた比例係数が，A_g である．この値は媒質によって決まる．

第3項は，自然放出によるキャリア密度減少を表す．伝導帯にキャリア，価電子帯に正孔が存在しているというのは，物質としては，高いエネルギーに励起された状態である．一般に，自然界には，高いエネルギー状態は，低いエネルギー状態へ緩和しようとする性質がある．この性質に従い，キャリアは自然発生的にホールと再結合し，それにともなって，光が放出される．これを**自然放出**とよぶ．これによるキャリア密度の減少を表しているのが，第3項である．自然放出はキャリア密度が高いほど起こりやすいので，この項は n に比例する．その比例係数が $1/\tau_c$ である．ここで，比例係数をわざわざ逆数の形で書いているのは，τ_c に緩和時間の意味合いをもたせるためである．式 (11.1) の右辺を第3項だけとしてみると，その解は $n(t) \propto \exp[-t/\tau_c]$ とな

る．これは，時間が τ_c 経過すると，n が $1/e$ となることを表している．つまり，$1/e$ になるのに要する時間が，τ_c ということである．これは，緩和時間に他ならない．

さて，一方で，増幅器へ入射された光は，誘導放出により光強度を増しながら，増幅器内を伝播していく．この様子は，次式により記述される．

$$\frac{dI(z,t)}{dz} = \frac{A_g}{v} n(z,t) I(z,t) \tag{11.2}$$

v：媒質中の光速．上式は，伝播光に対して，式 (11.1) の右辺第 2 項の誘導放出に相当する成分が足し合わされることを表している．$1/v$ が掛けられているのは，時間変化率を表す式 (11.1) 第 2 項を，単位長さ当たりの伝播光の変化率に換算するためである．なお，厳密には，誘導放出光に加えて，自然放出光の一部も伝播光に付け加わるのであるが，微少量として，ここでは無視した．また，上式で記述されているのは活性層内の光強度であり，伝播光全体について論じるには，活性層外に分布している光電場の効果も取り入れる必要がある．しかし，ここでは，非線形性にかかわる基本特性に焦点をあてるため，その効果は考えないものとする．

以下，式 (11.1), (11.2) を使って，光増幅器の非線形特性をみていく．

◆ 11.1.3　利得飽和

まず，基本として，連続光入力時の定常解を考える．式 (11.1) において $dn/dt = 0$ とおくと，次式が得られる．

$$n = \frac{\tau_c (J/ed)}{1 + (\tau_c A_g / h\nu) I} \tag{11.3}$$

これを，式 (11.2) に代入する．

$$\frac{dI}{dz} = \frac{(A_g/v)\tau_c (J/ed)}{1 + (\tau_c A_g / h\nu) I} I \tag{11.4}$$

パラメーターを置き換えると，上式は，

$$\frac{dI}{dz} = \frac{g_0}{1 + I/I_s} I \tag{11.5}$$

と書かれる．ただし，

$$g_0 = \frac{\tau_c A_g J}{ved} \tag{11.6}$$

$$I_s = \frac{h\nu}{\tau_c A_g} \tag{11.7}$$

である．式 (11.5) より，微小区間 Δz での光強度変化が，形式的に次のように表される．

$$I(z_0 + \Delta z) = I(z_0) \exp\left[\frac{g_0}{1 + I/I_\mathrm{s}}\Delta z\right] \tag{11.8}$$

この表式は，

$$(局所場における利得係数) = \frac{g_0}{1 + I/I_\mathrm{s}} \tag{11.9}$$

であることを示している．

式 (11.9) より，利得係数が光強度に依存することがわかる．光強度が十分小さいときの利得係数は g_0 であり，光強度が大きくなるとそれより小さくなる．このため，増幅利得は，入力光強度が小さい動作領域では一定であり，入力光強度が大きくなると低下する．ここで，光強度の影響がないときの増幅利得を，小信号利得または**未飽和利得**とよぶ．そして，光強度により利得が小さくなる現象を**利得飽和**という．飽和の仕方は，式 (11.7) で定義される I_s によって決まる．I_s が大きければ，利得飽和は起こりにくい．この I_s は**飽和強度**とよばれ，半導体光増幅器の利得飽和特性を表す指標となる．

式 (11.8) は，局所場での解であった．増幅器全体の入出力関係は，式 (11.5) を全長にわたって積分することにより，次のように表される．

$$\frac{I(L)}{I(0)} = \exp\left[g_0 L - \left\{\frac{I(L)}{I_\mathrm{s}} - \frac{I(0)}{I_\mathrm{s}}\right\}\right] \tag{11.10}$$

$I(0)$, $I(L)$ は，それぞれ $z = 0$ および L における光強度である．上式による計算例を図 11.2 に示す．計算では，未飽和利得を 20 dB に設定した．入力光強度が大きくなるとともに，増幅利得が減少する様子が示されている．

利得飽和は，誘導放出によりキャリア密度が減少するために生じる．光強度が小さ

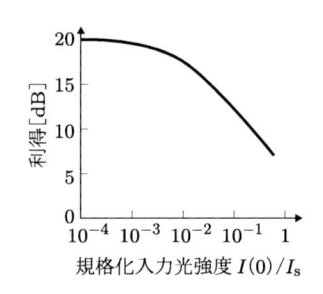

図 11.2 半導体光増幅器の利得飽和

いときには，誘導放出の効果は無視することができ，キャリア密度は，式 (11.1) の右辺第 1 項および第 3 項で決まる一定値となる．このときのキャリア密度で決まるのが未飽和利得である．これに対し，光強度が大きくなると，誘導放出の効果が大きくなり，その分キャリアは消費される．すると，キャリア密度が未飽和時から減少し，増幅利得が小さくなる．

以上で述べた利得飽和現象が，半導体光増幅器の非線形性の源となる．

◆ 11.1.4 時間応答特性

前項で，連続光入射時の定常解について述べた．本項では，変調信号光を入力したときの時間応答特性について考える．

半導体光増幅器の時間応答特性を論じるには，キャリア密度の時間応答特性をみればよい．これは，光強度はキャリア密度に瞬時に追従するためである．以下，キャリア密度の時間応答を記述する式 (11.1) を使って，時間応答特性を考えていく．

時刻 $t = 0$ において，光強度が $I = 0$ から $I = I_0$ へステップ的に変化したとする．すると，キャリア密度 n は，式 (11.1) に従い，$t = 0$ のときの定常値 $n(0)$ から変化する．キャリア密度が変化すると，それにともなって光強度が変化し，それがさらにキャリア密度の変化率を変えるという連鎖過程が，次々と起こる．系の時間応答特性を厳密にみるには，この連鎖過程を全て考慮しなければならない．しかし，ここでは，おおよその性質を論じるために，微小時間内では光強度は I_0 で一定と仮定して，キャリア密度の動きをみていく．

まず，式 (11.1) を，次のように変形する．

$$\frac{dn}{dt} + \left(A_\mathrm{g}\frac{I_0}{h\nu} + \frac{1}{\tau_\mathrm{c}}\right) n = \frac{J}{ed} \tag{11.11}$$

この一般解は，次のように表される．

$$n(t) = C\exp\left[-\left(\frac{A_\mathrm{g} I_0}{h\nu} + \frac{1}{\tau_\mathrm{c}}\right)t\right] + \frac{J/ed}{A_\mathrm{g} I_0/h\nu + 1/\tau_\mathrm{c}} \quad (C：定数) \tag{11.12}$$

初期値 $n(0)$ を用いると，定数 C は，

$$C = n(0) - \frac{J/ed}{A_\mathrm{g} I_0/h\nu + 1/\tau_\mathrm{c}} \tag{11.13}$$

と表される．これを式 (11.12) に代入すると，次式となる．

$$n(t) = n(0)\exp\left[-\frac{t}{\tau}\right] + \frac{J/ed}{A_\mathrm{g} I_0/h\nu + 1/\tau_\mathrm{c}}\left(1 - \exp\left[-\frac{t}{\tau}\right]\right) \tag{11.14}$$

ただし，

$$\tau \equiv \frac{1}{A_\mathrm{g} I_0/h\nu + 1/\tau_\mathrm{c}} \tag{11.15}$$

である．式 (11.14) より，$t = \infty$ では，$n(\infty) = (J/ed)/\{(A_\mathrm{g} I_0/h\nu) + 1/\tau_\mathrm{c}\}$ となる．式 (11.14) の右辺第 1 項は，時間とともに，$n(0)$ から 0 へ指数関数的に変化する．一方，第 2 項は，指数関数的に 0 から $n(\infty)$ へと変化する．両者を考え合わせると，キャリア密度は $n(0)$ から $n(\infty)$ へ向かって指数関数的に変化することになる．そして，その時定数は τ である．この考察より，キャリア密度の時間応答は，式 (11.15) で表される τ により規定されるといえる．

それでは，ここで，τ を詳しく吟味してみる．まず，τ には，キャリア緩和時間 τ_c が入っている．τ_c が小さいと，時定数 τ は短くなり，キャリア密度は素早く変化する．τ_c が小さいということは，式 (11.1) の右辺第 3 項が大きいということである．この項は，自然放出によるキャリア密度減少を表している．つまり，自然放出によりキャリア密度の時間変化が促進されるという過程が，τ_c を介して τ に反映されている．

式 (11.15) の右辺の分母第 1 項は，微分利得係数 A_g および光強度 I_0 からなっている．これらが大きいと，分母が大きくなり，時定数は短くなる．この項の出所は，式 (11.1) の右辺第 2 項である．この項は，誘導放出によるキャリア密度減少を表している．つまり，誘導放出によりキャリア密度の時間変化が促進されるという現象が，時定数 τ の分母の第 1 項として現れている．

図 11.3 に，パルス光入力に対する，時間応答特性の計算例を示す．上から，入力光強度波形，出力端付近のキャリア密度，出力光強度波形である．横軸は，キャリア緩和時間 τ_c で規格化した時刻とした．ステップ状の入力光強度変化に対して，キャリア密度が，定常値へ向かって指数関数的に変化していく様子が示されている．その時定数は，キャリア緩和時間とほぼ同程度である．キャリア密度変化にともなって増幅利得係数も変化し，出力光強度が変化する．キャリア密度変化を詳しくみてみると，入力パルスの立ち上がりの方が，立ち下がり時より速く変化している．これは，パルス入力時には光が存在しているため，誘導放出によりキャリア密度変化が促進されるからである．

なお，キャリア密度変化の時定数の典型的な値は，数 100 ps である．これは，数 Gbps の強度変調信号光の時間変化とほぼ同じオーダーとなっている．このため，数 Gbps の強度変調信号光を利得飽和が起こる光強度で半導体光増幅器に入力すると，波形が歪んで出力される．

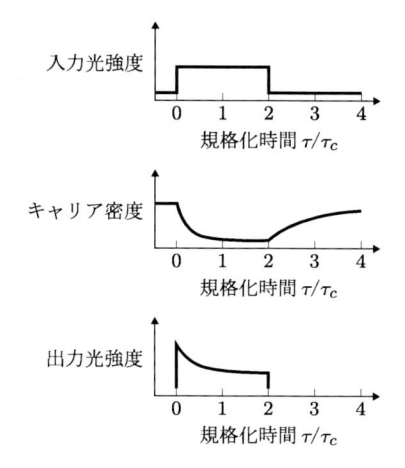

図 11.3 パルス入力時の半導体光増幅器の時間応答特性

11.2 相互利得変調

　前節で述べたように，半導体光増幅器では，キャリア密度が光強度に依存するため，増幅利得が光強度に依存する．この性質は，波長分割多重信号光を増幅する際に，**相互利得変調**（cross gain modulation: XGM）とよばれる非線形現象を引き起こす．相互利得変調は，信号光間にクロストーク（混変調）を生じさせる一方，波長変換などの光機能デバイスへの応用が可能である．本節では，これについて述べる．

◆ 11.2.1 チャンネル間クロストーク

　強度変調された波長分割多重信号光が，半導体光増幅器に入力されたとする．各信号光は独立に変調されているため，全光強度はランダムに変動している．増幅器内では，誘導放出によりキャリア密度が変動する．誘導放出は増幅帯域波長内であればどの波長光に対しても起こるので，キャリア密度は全光強度に追従して変動する．すると，全光強度はランダムに変動しているため，キャリア密度もランダムに変動し，それにともなって，増幅利得もランダムに変動する．増幅利得が変動すれば，各信号光の出力光強度が変動し，これがチャンネル間クロストークとなる．

　相互利得変調によるチャンネル間クロストークを避けるには，誘導放出によるキャリア密度変化が微小である状態，すなわち未飽和利得状態で増幅器を動作させればよい．利得飽和を起こさないためには，小さいパワーレベルで信号光を入力する．言い換えると，相互利得飽和によるチャンネル間クロストークのために，半導体光増幅器へ入力できる信号光パワーは制限される．一方，大きな増幅器出力を得るため，あるいは光増幅器出力段でのSN比をよくするためには（8.5.4項参照），増幅器への入力

パワーを大きくしたい．そこで，多波長光増幅用としては，利得飽和しにくい増幅器が求められる．前節で述べたように，利得飽和特性は飽和強度 I_s で決まる．したがって，式 (11.7) で表される I_s が大きいデバイスが望まれることになる．

なお，光通信で広く使われている光ファイバー増幅器でも利得飽和は起こるが，ファイバー増幅器では，利得飽和によるチャンネル間クロストークは問題とはならない．この違いは，増幅器の時間応答の時定数の違いに起因する．図 11.3 の計算例から示唆されるように，半導体光増幅器の時定数はキャリア緩和時間程度で，具体的には，数 100 ps くらいである．一方，光ファイバー増幅器の時定数は，200 µs 程度となっている．ところで，光通信における変調周波数は数 GHz 以上，時間変化のスケールでいうと，数 100 ps 以下である．これは半導体光増幅器の時定数とほぼ同じであるため，キャリア密度は，光強度変化に応じて変動する．一方，光ファイバー増幅器の応答時間は，信号光の時間変化に比べると，はるかに遅い．そのため，ファイバー増幅器の利得は信号光強度変化に追いつかず，平均値で決まる一定値に保たれる．この結果，光ファイバー増幅器では，利得飽和時であっても，相互利得変調によるチャンネル間クロストークは生じない．

◆ 11.2.2 デバイス応用

相互利得変調は，半導体光増幅器の信号増幅応用への障害となる一方で，全光機能デバイスへの応用が可能である．たとえば，二つの波長光を利得飽和が起こる光強度で入力すると，一方の波長光のオン，オフにより増幅利得が変調され，それに応じて，他方の波長光の出力波形が変調される．したがって，光により光が制御できる．これを利用した全光機能デバイスが，さまざまに研究されている．ここでは，その代表例である波長変換素子を紹介する．波長変換素子とは，波長 λ_1 の信号光を別の波長 λ_2 に変換するデバイスであり，たとえば，4.1.4 項で述べたような光ネットワークの信号経路切り替えノードにおいて（図 4.13 参照），切り替え先の経路で波長が重複しないように，信号光波長を変換するのに用いられる．

図 11.4 に，相互利得変調による波長変換デバイスの基本構成を示す．光強度がオン，オフ変調された波長 λ_s の信号光と波長 λ_c の連続光を，半導体光増幅器に入力する．増幅器内では，相互利得変調のため，λ_s 波長光のオン，オフに応じて，増幅利得が変調される．すると，それに応じて，波長 λ_c の出力光強度が変調される．この変調出力は，λ_s 光の変調信号が転写されたものである．したがって，これはオン，オフの極性が反転しているものの，実効的に，信号光の波長が λ_s から λ_c へ変換されたのと等価となる．増幅器からは増幅された λ_s 信号光も出力されるので，光フィルターにより λ_c 光だけ取り出して，波長変換が完了する．

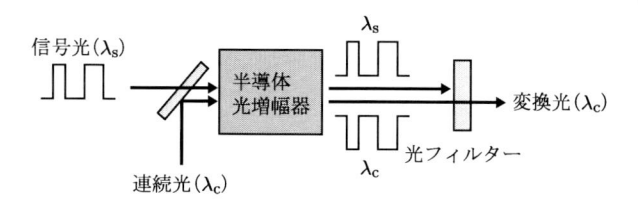

図 11.4　相互利得変調による波長変換

　以上が，半導体光増幅器の相互利得変調を用いた波長変換デバイスの構成，および動作原理である．波長変換としては他にもいくつかの方法が知られているが，それらに比べると，構成が簡便なことが特徴的である．しかし，一方で，図 11.3 に示されているように，キャリア密度が光強度変化に瞬時には応答しないため，高速信号の場合に波形が歪んでしまうという難点がある．

11.3　相互位相変調

　第 6 章で，光ファイバー内の相互位相変調について述べた．複数の波長の光を媒質に入力したときに，ある波長の光強度により屈折率が変化し，それにともなって，他の波長光の位相が変化するという現象である．半導体光増幅器でも同じような非線形現象が生じる．ただし，その原理は光ファイバーとは異なる．本節では，これについて述べる．

　前節で，強度変調信号光を半導体光増幅器に入力すると，誘導放出を介してキャリア密度が変調され，それにともなって増幅利得も変調されることを述べた．実はこのとき，半導体媒質の性質として，利得とともに，屈折率も変調される．すなわち，相互位相変調が起こる．利得係数と屈折率の変化率の比は，次式で定義される α パラメーター（または線幅増大係数）とよばれる物質パラメーターで表される[†]．

$$\alpha \equiv -\frac{\partial \chi_\mathrm{r}/\partial n}{\partial \chi_\mathrm{i}/\partial n} = -\frac{\lambda}{4\pi}\frac{\partial \eta/\partial n}{\partial g/\partial n} \tag{11.16}$$

$\chi_\mathrm{r}, \chi_\mathrm{i}$ はそれぞれ線形感受率の実部と虚部，n：キャリア密度，λ：光の波長，g：利得係数，η：屈折率で，真ん中がもとの定義式，右はそれを利得係数と屈折率で書き換えた表式である．第 2 章で述べたように，感受率の実部と虚部は，それぞれ媒質の屈折率および損失係数とに関係付けられる（式 (2.11), (2.12) および式 (2.33) 参照）．損失係数は，符号を変えれば，利得係数に読み替えられる．上式の波線部は，それらの関係式を使って書き換えられたものである．α パラメーターの具体的な値は，1〜5 程度

[†] M. Osiński, IEEE J. Quantum Electron., vol.QE-23, p.9 (1987).

である.

相互利得変調と同様に，相互位相変調も各種光機能デバイスへの応用が可能である．図 11.5 に，その代表例である波長変換素子の構成を示す．四角で囲った部分が，半導体チップを表しており，その中に，光導波路，光分岐，合波部，および光増幅部が作り込まれている．この光半導体回路に対し，オン，オフ強度変調された波長 λ_s の信号光と波長 λ_c の連続光を，図のように入力する．入力された λ_c 連続光は 2 分岐され，長さの等しい 2 経路を経た後に，再び合波される．ここで，分岐経路の一部は，電流注入された活性層すなわち光増幅領域となっている．一方，λ_s 信号光は，上記分岐経路上の一方の光増幅領域を通過するように構成されている．

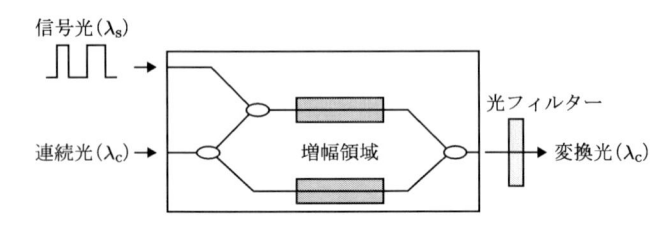

図 11.5 相互位相変調による波長変換

この構成は，λ_c の光に対して，マッハツェンダー干渉計となっている．いったん分波された光が再び合波されると，そこで干渉が起こり，同位相である成分が出力導波路へ結合する．つまり，2 分岐経路の伝播位相差によって，出力光強度が決まる．この干渉計の一方の分岐経路にオン，オフ変調された λ_s 信号光が入力されると，光増幅領域において相互位相変調が起こり，その領域の屈折率が λ_s 光のオン，オフに応じて変調される．すると，この経路を通る λ_c 光の伝播位相が変調され，これにより，合波光の位相差が変調される．位相差が変調されれば，それに応じて，λ_s 光の出力光強度が変調される．この変調信号は，λ_s 光の強度変調信号が転写されたものとなっている．これは，実効的に，信号光の波長が λ_s から λ_c へ変換されたのと等価である．そこで，光フィルターにより λ_c 波長光だけ取り出せば，波長変換機能が得られる．

以上が，半導体光増幅器の相互位相変調を用いた波長変換デバイスの構成，およびその動作原理である．相互利得変調による波長変換と比べると，構成が複雑である一方，位相を π だけ変調すればいいので，入力信号光の強度が小さくてよく，また，オン，オフの極性が反転しないといった利点がある．さらに，詳しくは述べないが，差動構成とすることにより，実効的に高速動作が可能である．

11.4 四光波混合

第 3 章および第 4 章で,四光波混合,すなわち,複数の周波数の光から新しい周波数光が発生する非線形現象について述べた.そこでは,光ファイバーを非線形媒質としていたが,半導体光増幅器でも,同じような非線形現象が起こる.ただし,その原理は光ファイバーとは異なる.本節では,これについて述べる.

◆ 11.4.1 キャリア密度振動

これまで述べてきたように,半導体光増幅器に光を入力すると,光強度に応じてキャリア密度が変化し,それにより,利得係数および屈折率が変化する.ここで,入力光を,周波数が f_s, f_p かつ同一偏波の 2 光波とする.これを,

$$E = \frac{1}{2}E_s e^{i2\pi f_s t} + \frac{1}{2}E_p e^{i2\pi f_p t} + c.c. \tag{11.17}$$

と表記すると,全光強度 I は,

$$I \propto \langle E^2 \rangle = \frac{1}{2}\{|E_s|^2 + |E_p|^2 + 2|E_s||E_p|\cos(2\pi\Delta f t + \Delta\theta)\} \tag{11.18}$$

と表される.ただし,$\Delta f \equiv f_p - f_s$,$\Delta\theta:E_s$ と E_p の位相差である.上式は,干渉効果のため,全光強度は二つの入力光の差周波数で振動することを示している.光強度が振動すると,誘導放出を介して,キャリア密度も振動する.そして,キャリア密度が振動すると,利得係数および屈折率が振動する.すると,各光波の振幅および位相が変調され,その変調側帯波が発生する.側帯波の周波数は,1 次成分の場合,もとの周波数から変調周波数分だけ離れた周波数,すなわち $(f_s \pm \Delta f)$ および $(f_p \pm \Delta f)$ である.書き換えると $(2f_s - f_p), f_s, f_p, (2f_p - f_s)$ であり,入力光の両側の周波数に新たな光が発生することになる(図 11.6).これは,(一部縮退)四光波混合に他ならない.

この現象は,キャリア密度の時間変動が源であるので,その特性は,キャリア密度の時間応答特性に大きく依存する.入力光の周波数差が大きいと,干渉による光強度

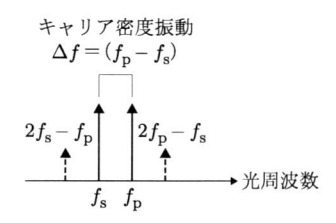

図 11.6 半導体光増幅器における四光波混合

振動が速く，キャリア密度はそれに追従できない．そのため，キャリア密度振動の振幅は小さく，四光波混合の発生効率は低い．この入力光周波数依存性を定量的にみるには，式 (11.1) のキャリア・レート方程式を用いる．この式の光強度 I として，二つの入力光の差周波数で振動する表式 (11.18) を代入すると，次式となる．

$$\frac{dn}{dt} = \frac{J}{ed} - \frac{A_g n}{h\nu}\left[I_0 + \frac{\Delta I}{2}\{e^{-i(2\pi\Delta ft + \Delta\theta)} + e^{i(2\pi\Delta ft + \Delta\theta)}\}\right] - \frac{n}{\tau_c} \quad (11.19)$$

ただし，$I_0 \equiv (c n \varepsilon_0/2)(|E_s|^2 + |E_p|^2)$, $\Delta I \equiv c n \varepsilon_0 |E_s||E_p|$ と表記した．右辺の光強度振動に応じて，キャリア密度も振動する．その周波数は光強度振動と同じとして，これを，

$$n = n_0 + \frac{1}{2}(\Delta n e^{-i2\pi\Delta ft} + \Delta n^* e^{i2\pi\Delta ft}) \quad (11.20)$$

と表す．この表式を式 (11.19) に代入して展開すると，次式が得られる．

$$\Delta n = -\frac{n_0(\Delta I/I_s)e^{-i\Delta\theta}}{1 + I_0/I_s - i2\pi\Delta f\tau_c} \quad (11.21)$$

ただし，式をみやすくするため，$\Delta n \times \Delta I$ の項は微小として無視した．また，先に導入した飽和光強度 I_s（式 (11.7)）を用いている．式 (11.21) は，周波数差 Δf が大きくなると，キャリア密度振動の振幅が小さくなることを表している．振幅の低下の仕方はキャリア緩和時間 τ_c との兼ね合いで決まり，大まかにいって，$2\pi\Delta f\tau_c \approx 1$ であると，振動の振幅は最大時すなわち $\Delta f \approx 0$ のときの半分程度になる．

◆ 11.4.2　バンド内キャリア分布変動

前項では，伝導帯のキャリア密度の振動を源とする四光波混合について述べたが，この他に，伝導帯内のキャリア分布の変動によっても四光波混合が起こる．本項では，これについて述べる．

これまでは，伝導帯内のキャリアは，エネルギー的に一様としていた．これは，伝導帯内の緩和時間が十分速いため，近似的にそのようにみなしてよいからであるが，正確には，伝導帯は連続的なエネルギー準位の集合である．これをエネルギーバンドとよぶ．このようなエネルギー準位構造の媒質に光が入射されると，光の周波数に相当するエネルギー準位のキャリアが誘導放出により消費される．バンド内緩和により，この消費分は他のエネルギー準位から速やかに補充されるのであるが，それでも多少は他のエネルギー準位よりもキャリア密度が小さく，穴が掘られたような形になる．このような現象を，スペクトルホールバーニングとよぶ（図 11.7(a)）．このようにキャリア分布状態が変わると，それにともなって，利得係数および屈折率も変化する．し

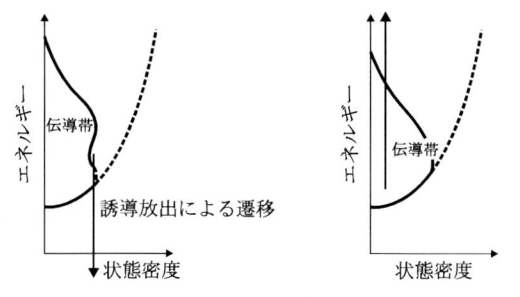

(a) スペクトルホールバーニング　　(b) キャリアヒーティング

図 11.7　スペクトルホールバーニングとキャリアヒーティング

たがって，周波数の異なる二つの光波が入力されると，前項のキャリア密度変調と同様にして，光強度振動→キャリア分布振動→利得および屈折率振動→変調側帯波発生，すなわち，四光波混合発生となる．

さらに，外部入力光による伝導帯内のキャリア分布変化としては，**キャリアヒーティング**とよばれる現象も起こる．これは，光により，伝導帯のキャリアがさらに高いエネルギー準位に励起される現象であり，励起されたキャリアは速やかにもとの準位に緩和するものの，やはりキャリア分布の状態は変化はする（図 11.7(b)）．そこで，周波数の異なる 2 光波が入力されると，スペクトルホールバーニングと同様にして，四光波混合光が発生する．

◆ 11.4.3　発生効率

前項で述べたスペクトルホールバーニングおよびキャリアヒーティングは，その応答速度が，電子と正孔の再結合によるキャリア密度変動に比べて非常に速い（1 ps 以下）．そのため，2 入力光の周波数差が大きくても，四光波混合が起こる．ただし，効率そのものは高くない．光半導体増幅器の四光波混合は，これら三つの現象の足し合わせとなる．

図 11.8 に，四光波混合光発生効率の入力光周波数差依存性を示す．実線は理論値，四角は実験値で，ポンプ光パワー $= 2.7\,\mathrm{mW}$（■）および $0.18\,\mathrm{mW}$（□）としている．縦軸は，$P_\mathrm{f}/(P_\mathrm{p}^2 P_\mathrm{s})$ を dB で表した規格化効率である．ただし，$P_\mathrm{p}, P_\mathrm{s}, P_\mathrm{f}$ はそれぞれ増幅器出力端における周波数 $f_\mathrm{p}, f_\mathrm{s}, f_\mathrm{f}(= 2f_\mathrm{p} - f_\mathrm{s})$ の光パワーである．周波数差が大きくなるに従って，効率が低下する様子が示されている．ここで気が付くことは，低下の仕方が一直線ではなく，高周波数差領域では，直線的傾きから少し盛り上がった形となっていることである．これは，低周波数差領域では，キャリア密度振動の効果が主であるために，周波数差増大にともなうキャリア密度振動の振幅低下がそのまま

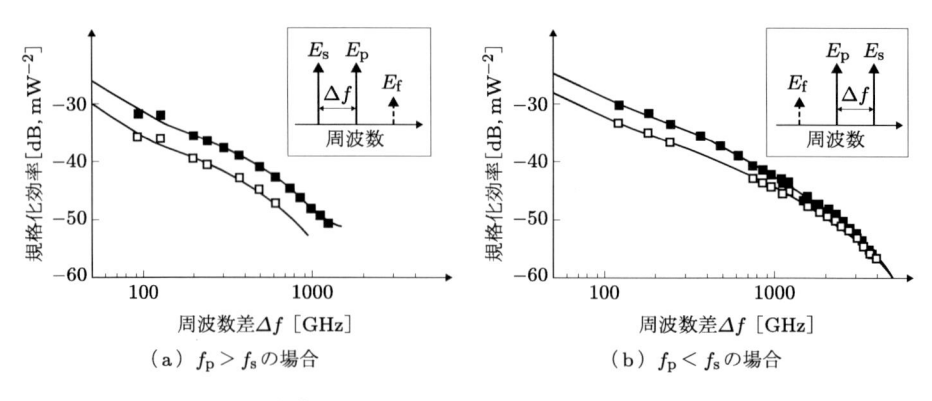

図 11.8 半導体光増幅器における四光波混合の周波数差依存性

みえているのに対し，高周波数領域では，キャリア密度振動効果が減少するのに従って，相対的に，キャリア分布変動（スペクトルホールバーニング，キャリアヒーティング）の効果が現れてくるためである．また，高周波数側と低周波数側とで，四光波混合光の発生効率が違っているのも特徴的である．これは，振幅変調側帯波と位相変調側帯波の位相関係が，高周波数側と低周波数側で異なっているからであり，そのため，両者の足し合わせである全効率は，非対称となる．ちなみに，光ファイバーの四光波混合の場合は，変調側帯波モデルでいうと，位相変調の側帯波のみなので，このような非対称性はない（4.2.4 項の(1)参照）．

◆ 11.4.4　デバイス応用

本節で述べた半導体光増幅器内の四光波混合を，光機能デバイスへ応用する研究が進められている．代表的な応用例は，波長変換である．前項における f_s 光を信号光，f_p 光を連続光とすれば，f_s から $(2f_p - f_s)$ への波長変換となる．相互利得変調や相互位相変調による変換法と比べると，効率が低い，偏波依存性があるなどの難点がある一方，周波数が離れていてもよい，強度変調信号光だけでなく位相変調信号光でも変換可能などの利点を有する．詳しくは述べないが，他の応用例としては，2 光波入力時のみ四光波混合光が発生するという特性を利用した光 AND 回路や，光時分割多重光のチャンネル分離回路などが報告されている．

索　引

◆数字・欧文
α パラメーター　179
$\chi^{(2)}$（カイツー）効果　14
$\chi^{(3)}$（カイスリー）効果　16
EDFA　9
PPLN　162

◆あ行
アイドラー光　113
圧電効果　147
位相感応増幅器　122
位相整合条件　39
位相不整合量　39
ウォークオフ　95
エルビウム添加ファイバー増幅器　9
音響フォノン　129

◆か行
感受率　12
基本ソリトン　90
キャリアヒーティング　183
群速度　78
群速度分散　80
光学フォノン　128
高次ソリトン　90
高非線形ファイバー　38

◆さ行
差周波発生　13
シグナル光　113
自己位相変調　16, 72
四光波混合　16, 28
自然放出　172
実効断面積　35
実効長　36
周期分極反転構造　161
周波数チャープ　75

縮退因子　17
シングルモードファイバー　2
ストークス光　130
スプリット・ステップ・フーリエ法　84
スペクトルホールバーニング　182
線幅増大係数　179
双極子モデル　12
相互位相変調　16, 72, 94
相互利得変調　177

◆た行
第三高調波発生　15
第二高調波発生　13
多重レイリー散乱　142
通常分散ファイバー　5
伝播定数　20
伝播モード　2
電歪効果　147
動的ソリトン　91

◆は行
波長分割多重伝送　9
反ストークス光　130
半導体光増幅器　171
光 SN 比　143
光カー効果　16, 72
光強度　31
光ソリトン　88
光パラメトリック増幅　14, 109, 113
非線形屈折率　72
非線形光学定数　35
非線形シュレディンガー方程式　81
複屈折　6
不等波長間隔配置法　68
ブリリュアン閾値　157
ブリリュアン散乱　129
ブルーシフト　75

分　散　4
分散シフトファイバー　6
分散フラットファイバー　6
分散マネージメント法　67
変調不安定性　125
偏波モード分散　6
飽和強度　174
ポンプ光　113
ポンプ・デプレッション　30

◆ま　行
マルチモードファイバー　2
未飽和利得　174

◆や　行
誘電率　12
誘導ブリリュアン散乱　147
誘導放出　171
誘導ラマン散乱　131

◆ら　行
ラマン散乱　129
ラマン増幅　132
利得飽和　174
レッドシフト　75
レート方程式　172

◆わ　行
和周波発生　14

著者略歴

井上　恭（いのうえ・きょう）

- 1982 年　東京大学工学部物理工学科卒業
- 1984 年　東京大学大学院工学系研究科物理工学専門課程修士修了
- 1984 年　日本電信電話公社（現 NTT）入社
- 1997 年　東京大学より博士（工学）
- 2005 年　大阪大学大学院工学研究科電気電子情報工学専攻教授
  　　　　現在に至る

ファイバー通信のための非線形光学　　　　　　©井上　恭　*2011*

2011 年 3 月 22 日　第 1 版第 1 刷発行　　【本書の無断転載を禁ず】
2023 年 10 月 10 日　第 1 版第 2 刷発行

著　者　井上　恭
発行者　森北博巳
発行所　森北出版株式会社
　　　　東京都千代田区富士見 1-4-11（〒102-0071）
　　　　電話 03-3265-8341／FAX 03-3264-8709
　　　　https://www.morikita.co.jp/
　　　　日本書籍出版協会・自然科学書協会　会員
　　　　JCOPY ＜(一社)出版者著作権管理機構　委託出版物＞

落丁・乱丁本はお取替えいたします　　　　印刷・製本／ワコー
Printed in Japan／ISBN978-4-627-78481-9